과학자의 발상법

과학자의 발상법

1판 1쇄 인쇄 2024. 6. 21.
1판 1쇄 발행 2024. 6. 28.

지은이 이종필

발행인 박강휘
편집 임솜이 디자인 이경희 마케팅 고은미 홍보 강원모
발행처 김영사
등록 1979년 5월 17일(제406-2003-036호)
주소 경기도 파주시 문발로 197(문발동) 우편번호 10881
전화 마케팅부 031)955-3100, 편집부 031)955-3200, 팩스 031)955-3111

값은 뒤표지에 있습니다.
ISBN 978-89-349-3564-3 03400

홈페이지 www.gimmyoung.com 블로그 blog.naver.com/gybook
인스타그램 instagram.com/gimmyoung 이메일 bestbook@gimmyoung.com

좋은 독자가 좋은 책을 만듭니다.
김영사는 독자 여러분의 의견에 항상 귀 기울이고 있습니다.

문제를 해결하고 새로운 지식을 탄생시키는 여섯 가지 전략

과학자의 발상법

이종필

김영사

차례

4부 혁명적 발상 • 249

5부 실패할 결심 • 327

서문

과학은 좋은 것, 합리적인 것, 이성적인 것, 그래서 옳은 것이라는 인식이 널리 퍼져 있다. 때로는 과학이 절대선인 것처럼 이야기되기도 한다. 정치권에서도 과학이라는 말을 많이 쓴다. 과학방역, 과학경호라는 말도 등장했고 어떤 정책을 결정할 때 '과학적 근거'라는 말도 심심찮게 들을 수 있다. 아주 최소한으로 말해보자면, 과학은 당대 최선의 정보, 가장 믿을 만한 지식체계라고 할 수 있을 것이다. 대략 21세기 전후로 나누어 비교해보자면, 예전에는 사람들이 인간과 우주에 대해 알고 싶을 때 주로 철학이나 종교, 인문학에 기대었다면 요즘은 대체로 뇌과학이나 인지과학, 천체물리학, 우주론에서 그 답을 찾는다. 그만큼 우리가 과학으로부터 믿고 들을 수 있는 이야기들이 훨씬 더 많아졌다.

과학은 왜 가장 믿을 만한 지식체계가 되었을까? 과학이 다른 학문과 구분되는 이유는 무엇일까? 과학을 과학답게 하는 요소는 무엇일까? 과학은 왜 그렇게 성공적인 학문으로 아직까지 명성을 떨치고 있을까? 이런 질문들에 한두 마디로 간단하게 답을 하기란 쉽지 않다.

이 질문에 대한 나의 어쭙잖은 답은 2021년 《우리의 태도가 과학적일 때》(사계절)라는 단행본에 정리해두었다. 이 책《과학자의 발상법》은 과학이 왜 과학인가라는 질문에 대한 또 다른 답변이라 할 수 있다.《우리의 태도가 과학적일 때》에서는 과학 자체의 내적 성질을 돌아봤다면 이 책에서는 과학을 수행하는 사람, 즉 과학자들에 초점을 맞추었다. 과학자들은 연구 활동을 할 때 대체 무슨 생각을 할까? 어떻게 저런 아이디어를 낼 수 있었을까? 이런 궁금증을 추적해보는 책이다. 이 과정에서 나는 과학자들의 창의성이 어떻게 발현되는지 한 걸음 더 들어가 알아보고 싶었다.

사실 과학자들이 실제 연구 과정에서 구체적으로 무슨 생각을 어떻게 했는지는 기록으로 자세히 남겨져 있지 않으면 알기 어렵다. 사례들을 수집한다고 해서 그걸 일반화해 분류하는 것도 쉽지 않을 것이다. 왜냐하면 한 명의 과학자가 어떤 아이디어를 떠올리기까지는 그 사람의 성장 배경이나 당시에 처했던 환경, 주변 인물 등 대단히 복합적인 요소들이 작용했을 것이기 때문이다. 특정한 아이디어를 어떻게 떠올렸는지 그 자신이 잘 모르는 경우도 있을 것이다. 나는 그런 과정들을 추적하려는 게 아니다. 또한 나는 심리학자나 뇌과학자가 아니기 때문에 실제로 어떤 기제를 통해 창의적인 발상이 가능한지 알지 못한다.

다만 나는 위대한 과학자들의, 과학사에 한 획을 그은 성취로부터 과학적인 발상법, 혹은 태도라고 할 수 있을 만한 특징을 몇 가지 범주로 나누어보았다. 물론 짐작하겠지만 하나의 창의적인 발상이 딱 하나의 범주로만 분류되지도 않을 것이며, 요즘 유행하는 MBTI 성격 유형 검사에서처럼 서로 다른 요소를 조금씩은 포함하고 있을 것이다. 그럼에도 하나의 특징적인 요소에 주목해 예컨대 T에 가까운지 F에 가까운지를 따져보는 것처럼, 과학자들의 발상법도 특징에 따라 분류해 살펴볼 수 있지 않을까 싶었다.

과학자의 발상법에 흥미를 가지게 된 또 다른 이유는 최근 급속하게 인공지능 기술이 발전하고 있기 때문이다. 인공지능이 처음 등장했을 때, 초기에는 인공지능이 인간의 일들 중 단순하게 반복하는 작업을 대체할 것이며 가장 마지막에 사라질 직업은 창의성이 중요한 예술가나 과학자일 거라는 전망을 흔히 볼 수 있었다. 그러나 챗GPT나 미드저니, SORA 같은 생성형 인공지능이 눈부시게 발전하고 인공 일반 지능AGI, Artificial General Intelligence과 특이점을 멀지 않은 미래의 현실로 고려하고 있는 지금은 상황이 많이 달라졌다. 영화 〈그녀Her〉에 등장했던 인공지능과 매우 비슷해 보이는 GPT-4o가 한국에서 영화가 개봉한 지 꼭 10년이 된 2024년에 현실에 나타났다. 영화 속의 설정 연도였던 2025년보다 1년 빠른 시점이다. 인공지능이 글을 쓰고 음악을 작곡하고 그림을 그리고 영상을 만드는 것은 이제 흔한 일이 되었다. 2023년에는 미국 할리우드의 배우와 작가들이 인공지능의 무차별적인 도입에 항의하는 파업을 벌이기도 했다. 예상과 달리 가장 창의적인 일을 한다고 생각하는 사람들의 일자리가 직접적으로 위협받고 있는 것이다.

과학은 어떨까? 과학이라고 예외일까? 과학도 예외가 아니라면, '인공지능 과학자'는 언제쯤 출현하게 될까? 이미 오래전부터 과학에서는 기계학습 기술을 도입해 연구에 활용해왔다. 최근에는 인공지능이 도입되는 분야와 범위가 점점 더 넓어지고 있다. 뛰어난 패턴 인식 능력으로 데이터를 분석하는 것은 물론이고, 예컨대 복잡한 단백질 구조를 연구하는 일에서도 큰 성과를 내고 있다.

지금의 기술 발전 속도로 가늠해보자면 머지않은 미래에 '인공지능 과학자'가 지식 창조의 최전선에서 큰 성과를 올릴지도 모를 일이다. 생물학자이자 일본 소니 인공지능의 CTO인 키타노 히로아키는 지난 2021년 이른바 '노벨 튜링 챌린지'를 제안했다. 이 제안의 목표는 질적인 면에서 최고의 인간 과학자들이 수행하는 것과 구분할 수 없을 정도로 높은 수준의 과학을 수행할 수 있는 자동화된 인공지능 시스템을 개발하는 것이다.[1] 구체적으로는 2050년까지 노벨상을 받을 정도의 발견을 해내는 '인공지능 과학자'를 만드는 것이 목표이다.

이른바 '챗GTP 충격'을 경험한 지금으로서는 노벨 튜링 챌린지의 도전이 아주 무모해 보이지는 않는다. 인간만이 할 수 있을 것 같은 작업의 영역이 과학에서도 조금씩 좁아지고 있다. 어떤 구체적인 상황에서는 인공지능이 지금까지 알려진 사실들을 바탕으로 예컨대 '이 단백질은 이런 식으로 접힐 것이다' 하는 식의 가설도 세울 수 있다.[2] 여기서 한 걸음 더 나아간다면 아인슈타인처럼 광속불변이라는 대담하고도 추상적인 가설을 제시할 수도 있을 것이다. 일단 이런 가설을 설정하면 그로부터 수학적으로 일관된 이론체계를 구축하는 것은(만약 그런 게 정말로 존재한다면) 비교적 쉬운 일이다.

레이 커즈와일이 자신의 저서 《특이점이 온다》에서 인공지능이 인간 지능을 넘어서는 기술적 특이점singularity이 2045년에 도래할 것이라고 주장했을 때, 다수의 전문가들은 부정적인 의견을 피력했다. 이런 분위기는 챗GPT 충격 이후 급격하게 바뀌었다. 2023년 3월 마이크로소프트의 연구진은 자신들의 인공지능이 인간의 지능과 비슷하거나 이를 능가하는 인공 일반 지능의 초기 버전으로 볼 수 있다는 논문을 발표하기도 했다.[3] 심지어 테슬라의 최고경영자인 일론 머스크는 2024년 4월에 한 인터뷰에서 인간을 능가하는 인공지능이 2년 이내, 빠르면 2025년에 등장할 것으로 예상했다.[4] 머스크의 주장처럼 빠른 시일은 아닐지라도 AGI의 등장이 아주 먼 미래의 일이 아닌 것만은 분명해 보인다.

누군가는 그래도 기계가 대체하지 못하는 인간 특유의 본성이나 기질이 있지 않을까, 의식 자체도 그런 부류이지 않을까, 또는 아직 우리가 알지 못하는 인간 의식 저변에 무언가 아주 특별한 것이 존재하지 않을까 하고 주장하기도 한다.

나는 인간의 창의력이나 의식, 본성, 예술적 감각 등을 신비화하는 태도에 대체로 부정적이다. 그 또한 오랜 진화의 산물에 불과하고, 몇백 그램짜리 뇌의 물리화학적 작용의 결과일 뿐이다. 주변 종들과 비교했을 때도 인간이 생물학적으로 특별히 유별나지 않다. 우리가 우리의 인식 자체를 신비화하려는 경향은 우리의 인식 자체에 대한 메타인지가 충분히 성숙하지 않은 탓일지도 모른다. 우리의 인식 자체가 무엇인지, 어떤 과정을 통해 형성되는지 알지 못하는 것과 비슷하게, 우리는 고성능 인공지능의 내부에서 구체적으로 어떤 일들이 벌어져 놀라운 결과를 내놓는지도 알지 못한다. 그래서 인공지능은 일종의 블랙박스와도 같다.

그럼에도, 딥러닝을 수행하는 인공지능의 내부 파라미터가 조정되는 과정을 일부 역추적해보면, 인공지능이 초보적인 수준이나마 어떤 대상을 '이해'한다고도 말할 수 있는 요소가 없지도 않다. 만약 인공지능의 파라미터가 수백조 개를 넘어간다면 우리도 이해하지 못하는 인공 의식이 생겨나도 우리는 모를 수 있다(다만 그것이 인간의 의식과 같은 생물학적 의식은 아닐 수도 있다). 그 단계에서는 우리가 의식 또는 인식의 범위를 보다 폭넓게 재정의해야 할지도 모른다. 어쩌면 우리가 우리보다 뛰어난 인식을 가진 존재를 정의하는 것 자체가 무리일 수도 있다. 나는 이런 일이 벌어질 가능성이 아주 높다고 본다.

그런 시대가 도래한다면 우리는 우리의 존재 의의를 어디서 찾아야 할까? 과학자들은 어떻게 과학 활동을 수행할까? '인공지능 과학자'는 과연 어떻게 과학 활동을 수행할까? 우리는 인공지능 과학자를 어떻게 훈련시켜야 할까? 이런 질문을 던지다 보면 결국 그 출발점으로 '우리 인간 과학자들은 대체 어떤 생각으로 과학 활동을 수행하는가?'라는 질문을 피할 수 없게 된다. 이 책을 쓰게 된 동기 중 하나도 바로 이것이다.

다만 내가 물리학, 그중에서도 입자물리학 전공자여서 물리 이외의 다른 과학 분야 사례를 많이 소개하지 못한 점은 아쉬운 한계로 남는다. 한 가지 위안이 되는 점이 있다면, 그래도 과학의 역사에서 물리학이 과학 활동의 전범으로서 역할을 해왔다는 점이다. 16~17세기 근대과학이 태동하는 과정이었던 이른바 '과학혁명'은 천문학 혁명으로 시작해 뉴턴역학으로 완성되었다. 양자역학과 상대성이론, 전자혁명과 원자력, 컴퓨터와 인터넷 등의 성과가 있었던 20세기 또한 사람들은 물리학의 세기라 부르기를 주저하지 않는다. 이런 까닭에 물리학의 사례를 통해 과학자들의 발상법을 돌아보는 것이 아주 무리한 일은 아닐 것이라고 스스로를 위로해본다. 그러나 당연히 여기에는 성급한 일반화의 오류가 동반될 여지가 있다. 또한 다른 분야의 사례를 소개할 때 나의 무지함 때문에 잘못된 내용이 있을 수도 있다. 한 가지 바람이 있다면, 생물학(21세기는 생물학의 세기라 하지 않던가!)이든 지질학이든 화학이든, 아니면 공학이든, 다른 분야의 전문가들도 자기 분야의 이야기를 바탕으로 과학자의 발상법을 이야기해줬으면 좋겠다. 나 같은 과학자들이 다름 속에서도 같음을 발견하는 기쁨을 누릴 수도 있고, 과학과 아무런 상관이 없다고 여기는 일반인들은 다양한 분야를 아울러 생각의 폭을 더 넓힐 수 있을 것이기 때문이다.

이 책에서 소개하는 내용, 특히 과학적 성취에 대한 해석은 내가 20대부터 물리학을 연구해오면서 물리학과 과학에 대해 생각해온 것들을 정리한 것이다. 다른 과학자들 또는 과학사학자들은 다르게 해석하거나 평가할 수도 있겠지만, 그래도 독자들이 과학자들의 발상이란 어떤 것인지 들여다보는 데에 도움이 될 것이라 믿는다.

처음 이 책을 기획할 때 고맙게도 마침 일간지에 같은 제목으로 칼럼을 연재할 기회를 얻었다. 이 책의 1부 '워밍업-정량적 발상'에서 수리적 감각과 관련된 내용은 대부분 일간지에 연재된 원고들이다. 그러나 일간지 칼럼의 특성상 긴 호흡의 글보다는 시의성이 높은 주제를 짧은 분량에 녹여내는 글이 점점 많아지기 시작했다. 그래서 애초의 의도와 달리, 칼럼으로 연재했던 글을 이 책이 많이 담지는 못했다. 1부를 제외한 대부분의 글은 다시 썼는데, 1부가 다소 어렵게 느껴지는 독자라면 2부부터 읽는 것도 좋은 방법이다. 원고를 완성하는 데에 예상보다 시간이 많이 걸렸다. 일간지 연재 초기부터 원고에 관심을 갖고 단행본 작업을 제안했던 김영사에서 긴 시간을 기다려준 것에 감사드린다. 또한 원고를 읽고 귀한 의견을 주신 버터북스의 이승희 대표님과, 경상국립대학교의 이강영 교수님, 한양대학교 김항배 교수님께 감사의 말씀을 남긴다.

1부

워밍업 – 정량적 발상

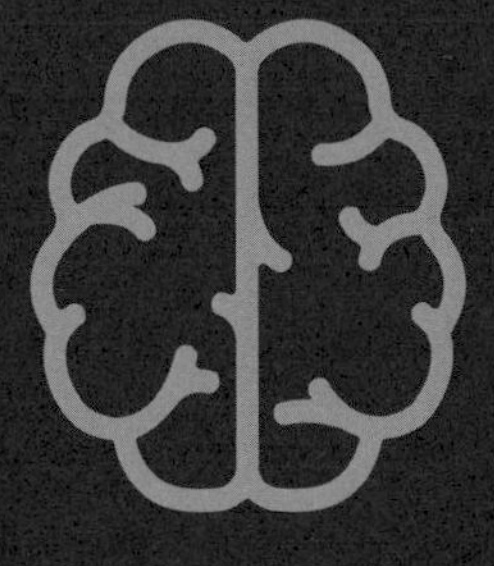

만물의 근원은 수다.
– 피타고라스

과학이 가지는 힘의 원천 중 하나는 객관성이다. 과학은 자연의 규칙이 자연을 관찰하는 인간과 무관하게 독립적으로, 또는 객관적으로 존재한다는 가정에서 시작한다. 그리고 과학자는 그 객관적인 규칙을 발견하고 이해할 수 있다고 믿는다. 이런 맥락에서 과학자는 실재론realism을 신봉하는 사람들이다. 일부 철학자는 과학자의 이런 가정이나 신념을 받아들이지 못할 수도 있다. 그러나 실재론을 포기한다면 과학은 성립하지 않는다.

과학자는 자연의 법칙이 저기 바깥에 저렇게 있다고 주장하는 데에 그치지 않는다. 주장만으로는 객관성을 담보할 수 없기 때문이다. 과학이 유별난 이유는 스스로가 그 객관성을 증명하기 위한 수단들을 발전시켜왔기 때문이다.

자연법칙이 인식의 주체와 무관하게 독립적으로 존재한다는 것을 증명하려면 제3의 누구라도 똑같은 결과를 얻어야 하는데, 이를 위해서는 나의 결과와 남의 결과를 객관적으로 비교할 수 있는 수단이 필요하다. 그중 가장 유력한 수단이 바로 상황을 수치로 표현하는 정량화다. 정량적으로 제시된 결과는 제3자가 언제 어디서든 그 결과를 재현할 수 있는 방법을 제공한다. 제3자가 똑같은 결과를 재현할 수 있으면 그 결과는 객관적일 가능성이 높다. 과학적 검증은 오랜 세월에 걸쳐 여러 차례 진행된다.

요컨대 과학에서는 자기만의 '비법 레시피'를 숨기는 것보다 철저하게 공개하는 것이 미덕이다. 남들로부터 검증을 받아야 결과의 객관성을 확보할 수 있기 때문이다. 예전에 한 재야 과학자가 자기만의 새롭고도 놀라운 이론을 만들었다고 하면서 연구노트 등은 여러 겹의 보안장치가 작동하는 금고 안에 보관해두었다고 주장했다. 그 노트에 얼마나 대단한 계산이 들어 있는지는 몰라도 그런 방식은 전혀 과학적이지 않다. 제3자가 검증할 수 없으면 무용지물이다.

정량화가 얼마나 중요한지는 과학과 전혀 관계가 없는 TV 예능 프로그램이 전 국민에게 잘 보여주었다. 한때 인기를 끌었던 〈백종원의 골목식당〉에서 백종원이 알려주는 식당 운영의 기본 원칙은 레시피의 정량화였다. 정량화를 해야 음식 분량의 많고 적음에 상관없이 항상 일정한 맛을 유지할 수 있기 때문이다. 백종원의 정량적인 레시피 덕분에 전 국민, 아니 전 세계 사람들이 그의 유튜브를 보고 똑같은 맛을 재현할 수 있게 되었다. 이는 맥도날드 같은 프랜차이즈 업체들이 전 세계 어느 매장에서나 똑같은 맛을 내는 비결이기도 하다.

식당에서 음식을 주문할 때 "조금 덜 맵게 해주세요"라고 한다면 그 '덜 맵게'는 과연 어느 정도일까? 원래 음식이 얼마나 매운지는 어떻게 알 수 있을까? 같은 음식도 누구는 맵다고 하고 또 누구는 안 맵다고 할 수 있기 때문에 그냥 '덜 맵게'라고 하면 대단히 주관적인 진술이 된다. 요즘에는 매운맛의 기준 중 하나가 신라면이다. 신라면의 맵기는 객관적으로 정해져 있다. 예컨대 떡볶이가 얼마나 매운지는 사람마다 다를 수 있다. 그러나 신라면보다 매운지 덜 매운지는 누구나 쉽게 구분할 수 있다. 따라서 '신라면 정도의 맵기'를 도입하는 것은 정량화의 출발이 된다. 신라면을 기준으로 그보다 덜 매운 단계와 더 매운 단계로 나눌 수 있기 때문이다.

이 점을 좀 더 분명히 하려면, 신라면처럼 맵기가 잘 알려진 다른 음식을 여럿 도입하면 된다. 예컨대 "신라면보다는 맵지만 불닭볶음면보다는 덜 맵게", "신라면보다는 덜 맵지만 삼양라면보다는 맵게"라는 식으로 맵기의 정도를 세분화할 수 있다. 이제 삼양라면-신라면-불닭볶음면을 기준으로 매운맛의 7단계가 생겼다. 삼양라면보다 덜 매운 1단계, 삼양라면만큼 매운 2단계, 삼양라면보다 맵지만 신라면보다 덜 매운 3단계, 신라면만큼 매운 4단계, 신라면보다 맵지만 불닭볶음면보다 덜 매운 5단계, 불닭볶음면만큼 매운 6단계, 불닭볶음면보다 더 매운 7단계다. 만약 이 기준이 전국의 식당에서 통용된다면, 우리는 어느 식당에 가더라도 "3단계 맵기로 해주세요"라고 주문하면 될 것이다.

물론 이렇게만 맵기의 단계를 정하면 한계가 있다. 1단계와 2단계 사이의 맵기 차이가 2단계와 3단계 사이의 맵기 차이와 다를 수 있고, 어차피 개인의 입맛에 따라 평가하는 것이라 오차가 생길 여지도 있다. 이런 단점을 극복하려면 매운맛을 내는 근본 요소를 찾아내 그 요소가 얼마나 많이 들어 있는지를 따지면 될 것이다. 그 근본 요소를 고추의 매운맛 성분인 캡사이신으로 정하고, 캡사이신의 농도에 따라 척도를 만들면 맵기의 정도를 객관적으로 정량화할 수 있을 것이다. 이것이 스코빌 지수다.

다만 각 음식의 스코빌 지수를 외우고 다니면서 "떡볶이는 스코빌 지수 3300 정도로 해주세요"라고 주문할 수는 없을 것이다. 일상에서는 누구에게나 익숙한 음식을 기준으로 "신라면보다 더 맵지만 불닭볶음면보다는 덜 맵게"가 훨씬 더 직관적이고 정감이 간다. 어느 쪽이든 본질적으로는 정량적인 발상임에는 크게 차이가 없다. '적당히 맵게', '약간 덜 맵게' 같은 표현보다 누구나 알 만한 객관적인 기준을 중심으로 생각을 바꾸면 애매함이 사라진다.

학생들에게 자신이 사용하는 스마트폰의 장단점을 써보라고 하면, "화면이 크다", "스마트폰이 무겁다", "발열이 심하다"라는 식으로 쓰는 경우를 많이 보게 된다. 이런 표현들은 글쓴이의 주관적인 평가여서 다른 사람들이 쉽게 공감하기 어렵다. 위 문장들을 "화면이 6.9인치이다", "1분만 통화해도 손목이 아프기 시작한다", "10분짜리 동영상 하나 보면 따뜻해진다"와 같은 식으로 고치면 스마트폰이 크고, 무겁고, 발열이 심한 상황을 보다 구체적이고 생생하게 전달할 수 있다. 이처럼 글을 쓸 때에도 정량적인 발상을 도입하면 훨씬 더 구체적이고 객관적인 정보를 제공해 독자들의 공감을 더 쉽게 이끌어낼 수 있다.

정량적 발상은 근대 과학의 태동과 궤를 같이했다. 하늘의 비밀을 처음으로 규명했던 17세기 초의 요하네스 케플러는 행성운동의 법칙을 정량적으로 제시했다. 예컨대 이 중 '면적 속도 일정의 법칙'이라고도 하는 제2법칙은 행성이 같은 시간에 훑고 지나가는 부채꼴의 넓이가 똑같다고 말한다. 케플러가 제2법칙을 내놓은 행성의 공전 속도가 항상 일정하지 않다는 사실을 발견하고 나서였다. 즉 행성은 태양 주변을 공전할 때 태양에 가까워질수록 빨리 돌고 멀어질수록 천천히 돈다. 케플러는 이로부터 행성의 궤도가 원형이 아니라 타원형임을 직감했다. 어쨌든 행성의 공전 속도가 태양과의 거리에 따라 달라진다면, 과연 얼마나 빨라지고 얼마나 느려지는지 궁금할 수밖에 없다. 그 정도는 행성이 타원 궤도를 따라 공전할 때 태양과 행성을 잇는 직선이 단위시간당 훑고 지나가는 부채꼴 모양 넓이가 항상 일정하다는 사실에서 도출할 수 있다. 행성은 같은 시간 동안 공전면을 스치고 지나가는 부채꼴의 넓이가 일정하게끔 빨라지고 느려진다. 이 결과를 이용하면, 행성의 공전 속도를 관측함으로써 행성이 태양으로부터 얼마나 멀리 떨어져 있는지를 구할 수 있다. 이것이 정량분석의 위력이다.

케플러의 제3법칙도 마찬가지다. '조화의 법칙'이라고도 불리는 제3법칙에 따르면 행성의 공전 궤도 긴반지름(장반경)의 세제곱은 공전 주기의 제곱에 비례한다. 긴반지름이란 타원의 중심에서 그 둘레에 이르는 가장 긴 거리(장축의 절반)를 말한다. 케플러는 궤도의 긴반지름과 주기 사이의 관계를 온전한 방정식으로 제시하지는 못했다. 한 세대 뒤에 뉴턴이 만유인력의 법칙을 발견하고 나서야 방정식을 완성할 수 있었다. 그러나 정확한 방정식은 모르더라도 케플러의 제3법칙만으로 많은 것을 알 수 있다.

우선 지구를 기준으로 생각해보자. 지구의 공전 궤도 긴반지름은 약 1억 5000만 킬로미터다. 공전 장반경은 태양까지의 평균 거리에 해당한다. 이 값은 통상적으로 1천문단위(1AU)라고 쓴다. 지구의 공전 주기는 1년이다. 장반경을 a, 주기를 T라고 했을 때, T^2을 a^3으로 나눈 값을 지구에 대해 계산하면 1이고, 이를 수식으로 나타내면 다음과 같다.

$$\frac{T^2}{a^3} = \frac{(1yr)^2}{(1AU)^3} = 1\,(yr^2/AU^3)$$

똑같은 계산을 다른 행성들에 대해 수행하면 어떻게 될까? 그 결과는 다음 표와 같다.

	긴반지름 (a in AU)	주기 (T in yr)	T^2/a^3
수성	0.387	0.241	1.002
금성	0.723	0.615	1.000
지구	1.000	1.000	1.000
화성	1.524	1.881	1.000
목성	5.203	11.862	0.999
토성	9.555	29.457	0.995

위 결과에서 보듯이 모든 행성이 신기할 정도로 조화의 법칙을 잘 만족하며, 거의 일정한 (T^2/a^3) 값을 갖는다. 이 관계를 이용하면 미지의 행성을 발견했을 때 그 주기를 관측함으로써 그 행성까지의 거리를 알 수 있다. 역시나 이 사례에서도 정량분석의 위력을 실감할 수 있다.

케플러와 동시대에 살았던 갈릴레이도 수학을 적극적으로 활용해 물체의 역학적인 운동을 기술했다. 특히 자유낙하를 하는 물체의 이동 거리가 이동 시간의 제곱에 비례함을 알아냈다. 갈릴레이도 이 결과를 방정식으로 정식화하지는 못했다. 그러나 케플러의 사례에서처럼 정량적인 비례관계를 발견한 것만으로도 큰 의의가 있었다. 특히 갈릴레이는 수평운동과 수직운동을 조합해 공중으로 비스듬히 쏘아 올린 물체의 궤적이 포물선임을 정확하게 알아냈다.

갈릴레이가 죽은 지 거의 1년 뒤인 1642년에 태어난 뉴턴은《프린키피아》(1687)에서 자신의 운동법칙과 만유인력의 법칙을 발표했다. 뉴턴역학 체계에서는 케플러의 법칙을 유도할 수 있고 조화의 법칙의 비례관계를 정확한 방정식으로 쓸 수 있다. 그 식에는 뉴턴의 만유인력의 법칙에 들어가는 보편적인 중력상수가 중요한 계수로 포함된다. 이뿐 아니라 갈릴레이의 자유낙하운동도 정확한 방정식으로 기술할 수 있으며, 여기에도 중력상수가 중요하게 들어간다.

다른 분야에서도 정량분석이 근대 과학으로 발돋움하는 데에 크게 기여했다. 생리학의 아버지라 불리며 의학계의 과학혁명을 촉발했던 윌리엄 하비의 경우에도 그랬다. 하비는 열여섯 살에 케임브리지대학교에 입학했고, 1597년에는 당시 명성이 높았던 이탈리아의 파도바대학교에 들어갔다. 이 시기는 갈릴레이가 같은 대학에서 수학을 가르치고 있던 때였다. 하비는 갈릴레이의 강의를 청강하기도 했다고 한다. 그는 1602년 파도바대학교에서 의학 박사학위를 받은 뒤 런던으로 돌아와 병원을 개업했고, 제임스 1세와 찰스 1세의 주치의를 지내기도 했다. 그의 박사학위 지도교수였던 파브리치우스는 파도바대학교의 해부학 및 외과 교수로서 1594년에 세계 최초로 해부학 실습 강의실을 열었으며, 판막의 존재를 입증해 보였다.

하비는《동물의 심장과 혈액의 운동에 관한 해부학적 연구》(1628)에서 혈액순환론을 주창했고, 동맥과 정맥의 차이를 규명했다. 그때까지 동물의 혈액은 간에서 만들어져 정맥을 따라 말초로 가서 사라진다는 소멸론이 주류였다. 이 이론의 원조는 2~3세기에 활동하며 네 명의 로마 황제의 시의까지 지냈던 그리스 출신의 갈레노스였다. 갈레노스는 히포크라테스(기원전 460?~377?) 의학을 계승해 고대 그리스 의학을 집대성한 인물이었다. 그는 수많은 동물을 해부해 그로부터 해부학적 지식을 습득했다. 그런 까닭에 그의 해부학에는 오류가 많았지만 그럼에도 갈레노스의 의학은 무려 1000년 이상 유럽을 지배했다.

갈레노스 의학을 무너뜨린 사람은 벨기에 출신으로 파도바대학교에서 해부학 교수를 지낸 베살리우스였다. 그는 파브리치우스의 지도교수이기도 했다. 베살리우스는 동물과 인체를 해부해 갈레노스 의학의 오류를 200여 개 발견했는데, 그 결과를 담은 책이《인체의 구조(파브리카)》(1543)다. 마침 그해에 코페르니쿠스의《천체의 회전에 관하여》가 출판되기도 했다. 그러나 혈액이 순환한다는 이론은 혈관에서 혈류의 방향을 정해주는 판막을 발견한 파브리치우스(베살리우스의 제자이자 하비의 스승)조차 받아들이지 않았다.

하비는 정맥 판막의 방향으로 보아 혈액이 몸의 말초가 아니라 중심 방향으로 흐르는 것이 자연스럽다고 생각했다. 그리고 이러한 발견을 정량적으로 분석했다. 하비가 파악한 바로는 좌심실의 혈액량은 약 56그램이고, 맥박은 분당 약 72회 뛴다. 그렇다면 한 시간 동안 좌심실을 거치는 혈액의 양은 약 242킬로그램이나 된다! 몸무게가 80킬로그램인 성인 남성 체중의 세 배에 이르는 양이다. 하비는 겨우 한 시간 동안 그렇게 많은 양의 혈액이 만들어진다는 사실을 상식적으로 받아들일 수가 없었다. 하비의 결론은 체내에서 혈액이 소멸되지 않고 순환한다는 것이었다. 즉 혈액은 심장에서 나와 온몸을 돌아 다시 심장으로 돌아간다는 것이 하비의 혈액순환론이다.

정량분석은 근대 화학을 태동시킨 화학혁명에서도 큰 역할을 했다. 정량화학의 선구자 또는 창시자는 스코틀랜드 출신의 화학자 조지프 블랙이었다. 블랙은 개량천칭을 개발했으며, 엄격한 중량 분석으로 유명했다. 예컨대 "120그레인의 백악을 421그레인의 염산에 녹일 때, 기포로 소실된 '고정공기'(이산화탄소)의 무게는 40퍼센트가 된다"라는 식이다.[5] 블랙은 이산화탄소의 최초 발견자(1754년)이기도 하다.

화학반응을 좀 더 정밀하게 이해하게 되면서 기존 이론의 허점도 서서히 드러나기 시작했다. 대표적인 사례가 플로지스톤 이론이다. 플로지스톤은 연소 현상을 설명하기 위해 상정했던 물질이다. 독일의 화학자 게오르크 슈탈이 1679년에 처음 제안했다. 이에 따르면 연소란 플로지스톤이 방출되는 현상이다. 잘 타는 물질에는 플로지스톤이 많고 암석이나 광석, 금속 등에는 플로지스톤이 거의 없다.

플로지스톤 이론에서는 금속을 태우면 플로지스톤이 방출되므로 그 결과 금속의 질량이 줄어들어야 한다. 그런데 실제로 금속을 태워 전후의 질량을 비교해보니 오히려 질량이 늘어났다는 사실을 알게 되었다. 이런 식으로 반응 전후의 질량을 더 정밀하게 비교할 수 있었던 것도 정량분석 덕분이다.

그렇다면 금속의 연소 반응 결과 질량이 증가했다는 이유로 플로지스톤 이론이 폐기되었을까? 그렇지 않았다. 한두 번의 실험 결과가 곧바로 모든 것을 바꾸지는 않는다. 똑똑한 과학자들은 예외적인 실험 결과가 나오더라도 그것을 설명할 수 있는 방법을 금세 찾아낸다. 금속의 연소 문제는 어떻게 해결했을까? 아주 간단했다. 플로지스톤에는 양의 질량을 가진 것과 음의 질량을 가진 것이 있는데, 금속에 포함된 플로지스톤은 음의 질량을 가졌다고 하면 된다!

플로지스톤 이론을 완전히 폐기하고 화학혁명을 이끈 사람은 프랑스의 화학자 앙투안 라부아지에였다. 라부아지에는 정량분석 화학의 정점에 있던 사람이었다. 그는 보다 엄밀한 실험으로 그때까지 막연하게 알려져 있던 화학반응에서의 질량보존의 법칙을 발표했으며 올바른 연소 이론을 제시했다. 즉 연소란 산소라는 기체와 결합되는 과정임을 처음으로 규명했다. 또한 그는 뉴턴역학처럼 화학에서도 방정식을 도입해 화학반응을 이해하려고 했다.

라부아지에는 산소를 처음 발견한 화학자 중 한 명이다. 스웨덴의 약국 견습생 출신이었던 칼 빌헬름 셸레가 1771년 무렵 처음으로 기체 산소를 포집했으나 당대의 다른 과학자들처럼 이를 공기의 특정한 상태로 이해했으며, 논문으로 공식 발표한 것도 다소 늦은 1777년이었다. 영국의 조지프 프리스틀리는 1774년에 산소를 분리하는 데 성공했으나 그 또한 산소를 공기의 특정한 상태로 이해했다. 특히 그는 산소를 발견하고도 여전히 플로지스톤 이론의 패러다임

속에서 자신이 발견한 새로운 공기를 이해하려고 했다. 즉 새로운 공기(산소)를 플로지스톤이 많이 부족한 '탈플로지스톤 공기'라 불렀다. 그 이유는 새로운 공기가 연소를 돕는다는 사실을 확인했기 때문이다. 플로지스톤 이론에서는 연소란 플로지스톤이 빠져나오는 현상이므로, 새로운 공기가 플로지스톤이 부족한 상태, 즉 탈플로지스톤 상태라면 물질의 연소를 더 잘 도울 수 있다는 논리다.

프리스틀리는 1774년에 파리를 방문해 라부아지에에게 자신의 발견을 설명했다. 라부아지에도 이듬해에 산소를 분리하는 데 성공했는데, 이를 공기의 다른 상태라 여기지 않고 공기를 구성하는 새로운 기체라고 여겨 원래 '생명의 공기vital air'라고 불렀던 이것을 '산소oxygen'라고 다시 명명했다. 그리고 공기는 두 기체(산소와 질소)가 1:4로 혼합된 것으로 파악했다.

몇몇 사례에서 살펴봤듯이 정량적인 사고는 분야를 막론하고 근대 과학이 성립하는 데에 크게 기여했다. 객관성과 재현 가능성을 확보하기 위한 정량적 사고는 과학적 사고의 출발점이라고도 할 수 있다. 실제 역사 또한 그러했다. 따라서 과학을 온전히 즐기려면 우선 정량화, 또는 정량분석에 대한 감각을 익히는 것이 좋다. 물론 아주 쉽지는 않다. 정량화는 필연적으로 수학을 동반하기 때문이다.

1장

수학이 어려운 진짜 이유

과학 하면 가장 먼저 떠오르는 이미지가 수학이다. 많은 사람들에게 수학은 과학으로 가는 길을 가로막는 큰 장벽이다. 나는 "수학을 못해서 과학을 포기했어요", "수학을 모르면 과학을 할 수 없나요?"와 같은 말을 무수히 많이 들어왔다. 과학이 수학으로 점철된 이유는 그만큼 성공적이고 쓸모가 있었기 때문이다. 근대 과학의 아버지라 불리는 갈릴레오 갈릴레이는 17세기에 "자연이라는 책은 수학의 언어로 쓰여 있다"라고 말했고, 20세기의 물리학자 유진 위그너는 아예 〈자연과학에서 수학의 지나칠 정도의 유효성The Unreasonable Effectiveness of Mathmatics in the Natural Sciences〉이라는 논문을 쓰기도 했다. 자연을 이해하는 데에 수학이 왜 그렇게 유용하고 성공적이었는지 근본적인 이유는 아무도 모른다. 조물주가 수학을 좋아했을 수도 있고, 어떤 다른 초지능적 존재가 이 우주를 수학적으로 시뮬레이션해서 만들었을 수도 있고, 수학으로만 자연을 이해할 줄 아는 어느 별, 어느 행성에 사는 멍청한 족속의 교만 때문일지도 모르겠다.

마지막 가능성이 사실이라면 우리는 그 책임을 고대 그리스의 플라톤에게 돌려야 할 것이다. 플라톤은 자신의 이름이 붙은 다섯 개의 정다면체를 이용해 자연과 우주의 기본 원리를 설명하려고 했다. 예컨대 흙의 본성을 정육면체에 결부시켜 설명하는 방식이 오늘날의 우리에게는 유치해 보일 수도 있다. 그러나 그 시절에는 신화와 전설로 모든 것을 설명하고자 했음을 잊지 말아야 한다. 그렇기에 자연현상에 수학적 구조물을 대응시켜 이해하려고 했던 발상 자체는 놀라운 시도였다. 그의 제자였던 아리스토텔레스는 관찰과 경험을 중심으로 자연을 이해하려고 했다. 플라톤의 기획은 17세기 초 행성의 운동법칙을 발견한 케플러와 갈릴레오, 뉴턴으로 이어졌다. 특히 뉴턴은 미적분학이라는 새로운 수학을 개발했고, 기하학적 방법으로 《프린키피아》를 저술해 근대 과학의 기틀을 확립했다. 이들의 충실한 후예인 현대 과학자들도 크게 다르지 않다. 다른 선택의 여지가 있었는지는 모르겠으나, 과학이 어차피 그런 진화의 길을 걸어왔기 때문에 수학은 과학의 여정에서 피할 수 없는 동반자다.

우리에게는 참 불행한 일이지만 하필 근대 과학이 서유럽에서 태동하는 바람에 과학은 사실상 '남의 것'이라 더욱 익숙하지 않다. 익숙하지 않은 내용이 익숙하지 않은 언어로 적혀 있으니 어려움이 가중되는 건 필연이다. 오히려 이 점을 냉정하게 받아들이면 마음의 평화를 얻을 수도 있다. 즉 보통 사람들에게 과학이 어려운 것은 지극히 당연한 일이다. 즉 머리가 나빠서, 흔히 말하는 '과학머리'나 '수학머리'가 없어서가 아니다. 우리에게 외국어가 낯설고 어려운 것과 마찬가지다. 발음부터 어려운, 모르는 문자와 단어를 많이 외워야 한다. 이 모든 것이 진입장벽으로 작동한다. 그러나 우리는 외국어를 배울 때 이 장벽을 당연하게 받아들인다. 영어에 그 많은 노력과 시간과 돈을 쏟아부었음에도 막상 외국인을 만나면 한마디도 내뱉지 못하는 현실을 덤덤히 받아들인다.

수학이나 과학도 마찬가지다. 외국어와 마찬가지로 원래 남의 것이다. 당연히 진입장벽이 있다. 간단한 사례를 들어보자. 우리는 숫자를 쓸 때 세 자리마다 쉼표(자릿점)를 찍는다. 1,234나 1,200,000…. 지금은 이런 표기에 익숙하지만 사실 우리의 전통적인 숫자 체계와는 잘 맞지 않는 표기법이다. 세 자리 표기법은 세 자리 수마다 새로운 단위가 등장하는 영어식 수 체계와 잘 부합한다. 영어에서는 일one, 십ten, 백hundred, 천thousand이 기본 단위다. 천을 넘어가면 천이 10개(ten thousand), 천이 100개(hundred thousand) 하는 식으로 세다가 천이 1000개 모이면 새 단위인 백만million이 등장한다. 백만이 1000개 모이면 십억billion이다. 즉 한 단위의 천 배가 될 때마다 새 단위가 나오는 체계다. 그래서 세 자리마다 쉼표를 찍으면 읽기 편하다. 123,456,789를 우리말로 읽으려면 쉽지 않지만 영어로는 자릿점에 따라 123(one hundred twenty three) million 456(four hundred fifty six) thousand…라고 보이는 대로 읽으면 된다.

반면 우리의 수 체계에서는 천 다음에 만萬(ten thousand)이라는 단위가 따로 있다. 새로운 단위는 천 배가 아니라 만 배가 될 때마다 나온다. 즉 만의 만 배가 억億이고, 억의 만 배가 조兆다. 따라서 네 자리마다 표시하면 읽기가 훨씬 쉽다. 1,200,000은 120,0000으로 썼을 때 120만으로 읽기가 쉽다. 123,456,789보다 1,2345,6789로 써야 1억 2345만 6789가 한눈에 들어온다. 세 자리로 나누었을 때는 자릿수를 세어봐야 첫 자리가 억 단위임을 알 수 있다. 숫자를 읽는 것부터 우리에게 편하지 않다.

공문서를 작성해본 사람이라면 숫자(특히 액수)를 적는 칸에 '천 원'이라는 단위가 적혀 있는 것을 많이 봤을 것이다. 가령 외부 강연을 신고하기 위해 강연료 30만 원을 천 원 단위로 적으려면 '300천 원'으로 적는 식이다. 물론 이는 300,000을 나름 쉽게 적으려는 시도다. 네 자리를 쓰는 우리에게는 만 원 단위로 적는 게('30만 원') 당연히 편리하고 자연스럽다.

액수가 커지면 천 원 단위가 아니라 그다음 단위인 백만 원 단위로 표기하기도 한다. 그래도 몇십만 원 정도는 일상생활에서 꽤 쓰는 숫자니까 금방 익숙해지지만 가령 '234,000백만 원'이라고 쓰면 일일이 자릿수를 세어봐야 한다. 우리에겐 '2340억 원'으로 써야 편하다.

영어에서는 백만이 천 다음의 새 단위이기 때문에 큰 숫자의 상징이다. 그래서 '백만장자millionaire'라는 단어가 성립한다. 그보다 천 배 더 돈이 많은 갑부는 'billionaire'라고 한다. 직역하면 '십억장자'다. 아무래도 어색하다. 우리에겐 큰 수의 상징이 억이다. 만 다음의 새 단위이기 때문이다. 그래서 billionaire는 '억만장자'로 옮겨야 제맛이다. 영어는 세 자리마다 새 단위가 생기고 우리는 네 자리마다 새 단위가 생기므로 12자리(3과 4의 최소공배수)에서는 영어에서나 우리말에서나 새 단위가 등장한다. 1조, 즉 trillion이다. 'trillionaire'라는 단어도 있다. 우리말로 어떻게 옮겨야 좋을지는 잘 모르겠다. 1조는 billion(10억)의 천 배이면서 1억의 만 배다. 만의 만이 억이고 억의 만이 조라고 생각하면 쉽다.

예를 들어 코로나19 팬데믹 때 정부에서 긴급재난지원금을 준다고 했다. 만약 어느 광역단체장의 주장처럼 전 국민에게 백만 원씩 준다고 하면 얼마의 재원이 필요할까? 우리 인구가 5000만이니까 전체 액수는 5천만×백만 원으로 쉽게 계산할 수 있다. 단위가 큰 액수가 등장하므로 정확한 자릿수를 가늠하기가 쉽지 않다. 간단한 계산이지만 약간만 머리를 써보자. '5천만×백만=5천×만×백×만'으로 생각할 수 있다. 곱하기는 숫자 순서를 바꿔도 되므로 다음과 같이 계산할 수 있다. (5천×백)×(만×만)=50만×억=50조(원). 이런 게 과학자의 생각법이다. 계산 과정을 나누어 비슷하거나 계산하기 쉬운 것끼리 모아 따로 처리해서 나중에 합친다.

물론 과학자는 '지수법칙'이라는 강력한 수학공식을 이용할 수도 있다. 뭔가 거창해 보이지만 학창시절에 다 배운 내용이다. 소설 〈소나기〉가 기억나지 않는다면 핀잔을 들어도 지수법칙을 모른다고 면박을 당하지는 않는다. 이런 풍토도 과학과 수학에 접근하는 장애물 중 하나다.

5000만은 5×10^7이고 100만은 10^6이다. 이 둘을 곱하면 $5\times10^7\times10^6=5\times10^{13}$이 된다. 여기서 밑base이 같은 두 수 10^7과 10^6을 곱했으므로, 두 지수가 더해진다($10^7\times10^6=10^{7+6}=10^{13}$)는 지수법칙이 적용되었다. 1만은 10^4, 1억은 10^8, 1조는 10^{12}이므로 10^{13}은 10조에 해당하는 수다. 따라서 5000만×100만은 50조다.

이 정도 계산은 누구나 암산으로도 처리할 수 있다. 언뜻 보기엔 굉장한 수학적 재능이 필요한 것 같지만 알고 보면 그저 익숙함의 문제다. 지수 7과 6을 더해 새로운 지수 13이 되는 게 어렵다기보다

50,000,000을 5000만이라고 '해석해서' 읽어야 하는 순간부터 어려움이 시작된다. 이건 여러분의 잘못이 아니다.

세 자리마다 새 단위가 생기니까 각 단위를 나타내는 별칭(접두사)도 있다. 천은 킬로kilo, 100만은 메가mega, 10억은 기가giga, 1조는 테라tera, 1000조는 페타peta 하는 식이다. 이들의 역수에도 별도의 이름이 있다. 천분의 1은 밀리milli, 백만분의 1은 마이크로micro, 십억분의 1은 나노nano, 1조분의 일은 피코pico 등이다. 기가와 테라는 요즘 전자기기의 저장용량이나 이동통신의 데이터 전송 속도에 자주 쓰이므로 익숙한 감이 있을 것이다. 기가의 어원은 그리스어 '기가스gigas'로, 거인giant이란 뜻이다. 영어의 'gigantic'도 여기서 파생됐다. 테라의 어원은 역시 그리스어인 '테라스teras'인데 괴물monster이라는 뜻이다. 반면 나노의 어원은 그리스어 '나노스nanos'로 난쟁이란 뜻이며, '피코pico'는 스페인어로 뾰족한 끝, 작은 양量 등을 뜻한다. 역시나 우리에겐 낯설다. 정확히는 '외국어로서' 낯설 뿐이다.

전 세계를 괴롭혔던 코로나19 바이러스의 크기가 대략 100나노미터 정도다. 세균은 바이러스보다 수십 배 정도 커서 그 크기가 보통 수 마이크로미터 이내다. 사람의 머리카락 굵기는 대략 수십 마이크로미터다. 한편 반도체 산업에서 세계 1위인 우리나라 업체들은 반도체 회로 선폭이 수 나노미터에 이를 정도로 미세한 공정 기술을 갖고 있다. 수소원자의 크기는 약 0.1나노미터이므로, 회로의 선폭은 원자가 겨우 몇십 개 들어갈 정도의 크기다.

이 모든 내용이 머나먼 별나라 이야기로 들린다면 지극히 정상이다. 다시 말하지만 여러분의 잘못이 아니다. 태어나면서부터 영어나

프랑스어를 잘하는 사람은 없다. 다만 오래전부터 영어는 경쟁 사회에서 살아남기 위한 필수 요건으로 여겨진 반면 과학과 수학은 그렇지 않았을 뿐이다. 수학적인, 또는 과학적인 마인드를 가지려면 어쩔 수 없이 이 장벽을 넘어서려는 노력이 필요하다. 죽어라 영어 단어를 외웠듯이 말이다. 이 과정을 당연하게 받아들이면 과학이 오히려 쉬워진다.

2장

숫자놀이의 미학

한국에서 '암기'라는 말은 나쁜 교육 방식의 상징처럼 여겨진다. '암기교육'은 우리가 극복해야 할 악습이다. 암기교육의 대척점에 창의교육이 있다. 언제부터인가 '암기과목'은 창의적 사고가 필요 없는, 그저 단순무식하게 외우기만 하면 되는 좀 '수준 낮은' 과목으로 여겨졌다. 암기과목과 가장 거리가 멀어 보이는 과목은 아마도 수학일 것이다. 수학을 잘하려면 기본적인 원리를 알아야 하고 번득이는 순발력과 창의력을 겸해야 한다고 말한다. 틀린 말은 아니다. 그러나 암기와 창의가 서로 배척되는 개념은 아니다.

암기를 잘하면 수학에도 도움이 된다. 예를 들어 구구단은 그냥 외우는 수밖에 없다. 구구단을 모르면 기본적인 계산도 할 수 없다. 마찬가지로 곱셈 공식이나 미적분의 기본 공식 등도 잘 외워두는 게 좋다. 가장 좋은 방법은 연습을 많이 해서 자연스럽게 외우는 것이다. 한국 교육의 문제점은 암기를 많이 시키는 것이 아니라, 쓸데없는 것까지 외우게 해서 꼭 암기해야 할 내용이 무엇인지, 그게 왜 중요한지를 모르게 만든다는 데 있다.

한때 인도 사람들은 20단까지 외운다는 이야기와 함께 20단 외우기가 한국에서도 유행한 적이 있었다. 물론 구구단만 외우는 것보다 20단까지 외우고 있으면 당연히 암산에 유리할 것이다. 그러나 10단 이상은 어차피 구구단의 응용일 뿐이다. 굳이 시간과 노력을 들여 외울 필요가 없다. 다만 제곱수 정도는 알아두면 편리하다.

$10\times10=100$	$14\times14=196$	$18\times18=324$
$11\times11=121$	$15\times15=225$	$19\times19=361$
$12\times12=144$	$16\times16=256$	$20\times20=400$
$13\times13=169$	$17\times17=289$	

이 결과도 기본적인 곱셈 공식인 $(a+b)^2=a^2+b^2+2ab$(완전제곱 공식)를 이용하면 쉽게 얻을 수 있을뿐더러 몇몇은 암산도 가능하다. 예컨대 $11\times11=(10+1)^2=10^2+1^2+20=121$이다. 이 정도 계산은 약간만 연습하면 누구나 암산해낼 수 있다. 물론 완전제곱 공식을 알고 있어야 한다. 이 공식도 학창시절에 열심히 배웠던 것이다. 수학이나 과학과 아예 담을 쌓고 산다면 모를까, 조금이라도 수리적인 감각으로 과학을 이해하고 싶다면 최소한의 노력과 지적 고통은 감수해야 한다.

제곱수를 잘 알고 있으면, 가령 12×13이 대충 얼마인지 쉽게 짐작할 수 있다. 12의 제곱이 144이므로 12×13은 그보다 약간 클 것이다. 이는 $12\times13=12\times(12+1)=12^2+12=144+12=156$으로도 '암산'할 수 있다. 14×16은 대충 15의 제곱인 225와 비슷할 것이다. 정확한 값은 다음과 같다. $14\times16=(15-1)(15+1)=15^2-1=224$.

여기서는 합차의 공식으로 알려진 $(a+b)(a-b)=a^2-b^2$을 이용했다. 역시 학창시절에 숱하게 봤던 공식이다.

위의 몇몇 사례에서 주목할 점은 기본적인 사실을 잘 이해하고 충분히 활용해 새로운 문제를 해결하는 방식이다. 수학 천재(폰 노이만이나 라마누잔 같은)들은 구차한 계산 과정 따위 없이 그냥 답을 적을 수 있다. 대부분의 과학자는 전혀 그렇지 않고, 몇 단계를 거쳐야만 원하는 결과에 이를 수 있다. 이때 내가 잘 알고 있는 지식을 어떻게 경유해야 하는지가 중요하다. 과학자들은 그런 시뮬레이션에 익숙하다. 35×35의 값이 얼마인지 단박에 아는 사람은 극히 드물다. 보통 사람들은 암산을 포기하거나 계산기를 두드린다. 과학자는 머리를 굴린다.

$$35\times35=7\times5\times7\times5=7\times7\times5\times5=49\times25$$
$$=(50-1)\times25=1250-25=1225$$

나눗셈을 할 때도 마찬가지다. 다섯 명이 밥을 먹었는데 총 8만 7000원이 나왔다고 하자. 각자 얼마를 내야 할까? 87을 5로 직접 나누어볼 수도 있다. 하지만 약간만 우회로를 거치면 더 쉽게 계산할 수 있다. $\frac{87}{5}=\frac{87\times2}{5\times2}=\frac{174}{10}=17.4$. 따라서 각자 1만 7400원씩 내면 된다. 87을 5로 직접 나누는 것보다 87을 두 배 해서 10으로 나누는 게 훨씬 더 쉽다.

이런 사고방식은 실생활에서도 꽤나 유용하다. 바지의 치수는 보통 인치 단위로 표시한다. 1인치는 약 2.5센티미터다. 28사이즈의 허리는 몇 센티미터일까? 2.5×28의 계산이 간단해 보이지 않는다. 여기서 2.5×4=10임을 이용하면 쉽게 계산할 수 있다. 이는 5×2=10인 것과 같은 원리다. 즉 다음과 같은 결과가 나온다. 2.5×28=2.5×4×7=10×7=70. 반대로 허리둘레가 80센티미터라면 어떤 사이즈의 바지를 입어야 할까? 당연히 80을 2.5로 나누어야 한다. 이제 대충 어떤 트릭을 써야 할지 감이 왔을 것이다. 값은 다음과 같다. $\frac{80}{2.5}=\frac{80\times4}{2.5\times4}=\frac{320}{10}=32$. 분자와 분모를 네 배 한다는 우회로만 거치면 계산이 아주 간단해진다. 우회로를 모르는 사람에게는 이런 암산조차 천재적인 능력으로 비칠 것이다. 알고 나면 별거 아니다.

또 다른 사례는 부동산 평수 계산이다. 지금은 미터법을 준용해 공식적으로는 면적을 제곱미터로 표기하지만 여전히 평수가 익숙한 것도 사실이다. 1평은 3.3제곱미터에 해당하는 넓이다. 인터넷에 검색해보면 평수를 제곱미터로, 제곱미터를 평수로 변환하는 공식도 나와 있다. 원리를 모르면 오히려 그런 팁이 더 복잡할 뿐이다. 평수 계산의 핵심은 3.3에 3을 곱하면 3.3×3=9.9가 되어 대략 10에 가까운 값이 나온다는 점이다. 이는 5×2=2.5×4=10의 결과만큼이나 유용하다. 주택정책의 기준이 되는 84제곱미터는 몇 평일까? $\frac{84}{3.3}=\frac{84\times3}{3.3\times3}=\frac{252}{9.9}\approx25.2$(평)이다. 여기서 마지막 물결 표시(≈)는 대략 값이 같다는 뜻이다. 9.9로 나눈 값이나 10으로 나눈 값이나 큰 차이가 없기 때문이다. 이 계산에서 84×3을 구하는 것이 조금 어려울 수도 있다. 그래도 84를 직접 3.3으로 나누는 것보다는 훨씬 쉽다. 그러니까 제곱미터를 평수로 바꾸려면 제곱미터를 세 배 해서 10으로 나누면 된다. 반대로 15평은 몇 제곱미터일까? 15×3.3=5×3×

3.3 = 5 × 9.9 ≈ 50(제곱미터)이다. 이 원리만 안다면 평수를 제곱미터로 바꾸기 위해서는 평수를 3으로 나눈 다음 열 배를 하면 된다는 사실을 쉽게 이해할 수 있을 것이다. 무작정 외우려고 하지 말고, 원리를 이해한 뒤에 연습하면 금방 익숙해진다.

이제 우리가 살고 있는 한반도와 지구 전체의 크기로 관심을 돌려보자. '삼천리 금수강산'이라는 말을 모르는 한국인은 없을 것이다. 애국가에도 나오는 '삼천리'는 한반도 남북 방향의 길이에 해당한다. 여기서 '리里'는 미터법 이전의 거리 단위로 1리는 약 400미터다. 보통 10리를 4킬로미터로 기억한다. 따라서 삼천 리는 약 1200킬로미터다. 실제로 한반도의 남북 길이는 약 1000킬로미터다.

한편 한반도는 북위 약 33도(제주도 서귀포시 마라도)에서 북위 약 43도(함경북도 온성군 유포면)에 걸쳐 있다. 위도는 지표상의 어떤 위치를 지구 중심에서 바라봤을 때 적도를 기준으로 몇 도 각도로 떨어져 있는지를 나타낸 수치다. 적도가 0도이고 북극점이 90도다. 한반도가 남북 방향으로 약 10도 간격(33~43도)에 걸쳐 있으므로, 이 길이는 북반구의 남북 방향 길이(0~90도)의 9분의 1이다. 즉 한반도의 남북 방향 길이가 지구 북반구의 남북 방향 길이보다 대략 열 배 정도 작다. 역으로 추정해보자면 북반구 남북 방향 길이는 한반도의 약 열 배, 즉 1만 킬로미터다. 지구 전체의 둘레는 이 값의 네 배이므로 약 4만 킬로미터라고 추정할 수 있다. 놀랍게도 실제 지구 둘레의 길이는 남북 방향으로 4만 7.86킬로미터다. 적도에서 북극까지의 거리인 1만 킬로미터, 즉 1000만 미터는 한때 1미터의 정의에 이용되기도 했다.•

위의 내용은 우리의 일상생활에 널리 알려진 정보를 몇 개 모아서 추론한 결과다. 물론 지구의 반지름이나 둘레가 얼마인지 알고 싶으면 인터넷으로 간단히 검색해보면 된다. 사실 위도가 어디에 그어지는지는 먼저 지구의 크기를 알아야 쉽게 정할 수 있다. 그러나 지구의 평균 반지름이 약 6370킬로미터라는 사실은 우리의 일상생활과 직접적인 관계가 거의 없다. 익숙한 사실들을 경과하는 우회로를 잘 선택하면 많은 정보를 얻을 수 있음을 여기서도 확인하게 된다.

한 걸음만 더 나아가보자. 지구는 얼마나 무거울까? 우리는 지금 아주 전문적인 분석을 하려는 게 아니다. 주변에서 쉽게 얻을 수 있는 정보를 가지고 합리적인 추정을 어디까지 할 수 있는지 알아보는 중이다. 우리 인체부터 생각해보자. 사람의 몸은 대략 1미터 크기이고, 질량은 약 100킬로그램이다. 여기서 1미터, 100킬로그램의 의미는 물리학자들이 즐겨 하는 차수추정order estimation을 해본 결과다. 즉 성인 기준으로 사람의 키는 대체로 10미터보다는 1미터에 가깝고, 몸무게는 10킬로그램보다는 100킬로그램에 가깝다는 뜻이다.

지구의 크기는 위에서 봤듯이 대략 1000만 미터로 사람보다 약 1000만 배, 즉 10^7배 더 크다. 부피는 크기의 세제곱에 비례하므로 지구의 부피는 사람의 부피보다 약 $(10^7)^3 = 10^{21}$배 크다고 추정할 수 있다.

지구의 밀도는 어떨까? 지구에는 물도 많고 암석도 있고 다양한

• 프랑스는 대혁명 뒤인 1791년에 미터법을 제정하면서 적도-파리-북극을 잇는 가상의 선의 1000만분의 1을 1미터로 정의했다.

물질이 아주 복잡하게 분포해 있다. 그건 전문가들이 분석할 일이다. 우리는 대략 지구의 밀도가 아무리 별나봐야 사람 몸의 밀도와 크게 다르지 않을 것이라고 가정할 수 있다. 사람 몸과 지구의 밀도가 크게 다르지 않다면 부피의 차이가 그대로 질량의 차이일 것이다. 즉 지구의 부피가 사람보다 약 10^{21}배 크니까 지구의 질량은 성인의 질량보다 이만큼 더 무거울 것이다. 따라서 약 $10^{21} \times 100 = 10^{21} \times 10^{2} = 10^{23}$(킬로그램)이라고 추정할 수 있다. 정확한 지구의 질량은 약 6×10^{24}킬로그램이다. 추정 값과 차이가 나는 이유는 인체를 지나치게 단순화한 점(인체의 부피는 1세제곱미터에 훨씬 못 미친다)과 실제 밀도의 차이(지구의 평균 밀도가 인체의 평균 밀도보다 약 여섯 배 크다) 때문이다. 그래도 이 정도면 가만히 앉아서 대충 암산한 값치고는 그리 나쁘지 않다.

3장

지구와 태양의 질량을 재는 법

고대 그리스와 헬레니즘 시대의 선현들은 지구에 가만히 앉아서도 지구와 달, 태양의 크기, 그리고 달 및 태양까지의 거리를 알아낼 수 있었다. 사물이 얼마나 큰지 못지않게 궁금한 대목이 얼마나 무거울까 하는 점이다. 지구와 달, 태양은 얼마나 무거울까? 그 질량을 어떻게 알 수 있을까?

천체의 질량에 관한 정보를 얻으려면 당연하게도 그 질량과 관련된 현상을 이용해야 한다. 사실 질량이라는 물성은 크기나 거리만큼 직관적이지는 않다. 크기나 거리는 본질적으로 길이와 관련된 양으로, 공간 속에서 해당 물체가 점유하고 있는 정도를 나타낸다. 넓이나 부피는 길이의 2차원 또는 3차원적 확장에 불과하다. 질량은 이와 같지 않다. 두 사람의 키는 시각적으로 바로 비교할 수 있지만 누가 더 무거운지는 그냥 눈으로 보는 것만으로는 가늠하기 어렵다. 물론 우리는 일상생활에서 물체를 들었을 때 우리의 팔 근육이 느끼는 고통의 정도로, 이를테면 야구공이 탁구공보다 더 무겁다는 식으로 어떤 물체의 무거운 정도를 직관적으로 이해한다.

조금 머리를 쓰면 물체의 무거운 정도를 시각적으로도 보여줄 수 있다. 양팔저울을 이용해 우리가 질량을 측정하고자 하는 물체와, 이미 질량을 알고 있는 규격화된 추를 균형이 맞을 때까지 올려놓으면 된다. 이때 임의의 물체와 균형을 맞출 수 있는 추의 개수의 많고 적음이 곧 대상 물체의 가볍고 무거움을 표현하게 된다. 아주 단순하면서도 '원시적으로' 보이는 이 방법은 놀랍게도 불과 몇 년 전까지 국제도량형국에서 질량을 측정했던 방식과 근본적으로 다르지 않다.

다만 여기에는 한 가지 전제가 있다. 지구가 모든 물체를 그 질량에 비례하는 크기의 힘으로 당기고 있다는 '믿음'이 있어야 한다. 지구가 물체를 당기는 정도에 그 물체의 질량이 반영되지 않는다면 이런 방법으로 질량을 측정할 수 없을 것이다. 저울이나 체중계는 기본적으로 이런 성질을 이용한 기계다. 물체를 끌어당기는 무언가가 아무것도 없는 우주 공간에서는 체중계가 무용지물이다.

지구가 물체의 질량에 비례하는 힘으로 물체를 당긴다는 '믿음'은 일상 경험으로부터 유추할 수 있는 꽤 쓸 만한 믿음이다. 수박 하나보다는 비슷한 크기의 수박 두 개를 들기가 대략 두 배는 더 힘들다. 그러나 지구 밖에 있는 달이나 태양에 대해서도 비슷한 얘기를 할 수 있을지는 쉽지 않은 문제다. 심지어 태양은 지구보다 대략 109배 정도 더 크다. 지구에서 멀리 떨어져 있으면서 지구보다 더 큰 물체를 저울에 매달아볼 수는 없는 노릇이다. 게다가 지구 자체의 질량은 또 어떻게 잰단 말인가.

이런 문제를 해결하기 위해서는 질량을 가진 물체에 대한 어떤 보편적인 '믿음'이 있어야 한다. 이를 자연법칙이라 부른다. 질량과 관련된 가장 중요한 법칙은 역시 뉴턴이 발견한 만유인력의 법칙이다.

이 법칙에 따르면 질량을 가진 두 물체 사이에는 각 질량의 곱에 비례하고 두 물체 사이의 거리의 제곱에 반비례하는 끄는 힘이 작용한다. 법칙의 미덕은 '예외 없음'이다. 지구 위의 사과든 천상의 달이나 태양이든 똑같은 법칙의 지배를 받는다. 뉴턴 이전의 아리스토텔레스적인 세계관에서는 지구 위에서의 운동과 천상에서의 운동을 지배하는 법칙이 완전히 달랐다. 천상은 신성한 공간이고 지상은 불완전한 인간이 사는 곳이니 두 곳의 작동원리가 당연히 다르다고 생각하는 것이 오히려 자연스럽다. 무자비하고 불경스럽게도 뉴턴은 자연법칙에서의 계급주의를 타파하고 보편법칙이라는 민주주의를 확립한 셈이다.

한편 뉴턴은 세 가지 운동법칙을 제시해 자신만의 역학체계를 확립했다. 그중에서 제2법칙은 힘과 질량의 관계를 명확하게 정립하고 있다. 이에 따르면 질량이 클수록 같은 힘을 주었을 때 속도를 변화시키기가 어렵다. 이는 우리의 일상경험과 잘 맞는다. 시속 100킬로미터로 달려오는 승용차를 멈추는 것보다 같은 속력으로 달려오는 기차를 멈추기가 훨씬 더 힘들다. 달리 말하면 질량이 클수록 속도를 일정하게 변화시키려면 그만큼 더 큰 힘을 가해야 한다. 이것이 이른바 힘의 법칙, 또는 가속도(단위시간당 속도의 변화)의 법칙으로 알려진 $F=ma$이다.

뉴턴의 법칙을 잘 조합해서 천체에 적용하면 지상에서 사과가 떨어지는 현상이나 우리가 밤하늘에서 관측하는 천체의 움직임을 정확하게 설명할 수 있고 심지어 예측까지 할 수 있다. 이제 사과가 떨어지는 현상을 보고 지구가 얼마나 무거운지 계산해보자. 나무에 매달려 있던 사과가 땅으로 떨어지기 시작하면 시간이 지남에 따라 그 속도가 일정하게 증가한다. 즉 가속도가 상수인 운동이다. 이를 등가속운동이라 한다. 등가속운동에서는 물체의 이동 거리가 시간의 제곱에 비례한다. 이 사실은 이미 뉴턴에 앞서 갈릴레오가 밝혀냈다. 등가속운동은 뉴턴역학에서 간단한 산수로 쉽게 기술할 수 있다. 예컨대 나무에 매달려 있던 사과가 땅에 떨어지는 현상을 관찰해서 낙하에 걸린 시간과 낙하 거리를 측정하면 사과가 떨어질 때의 가속도를 구할 수 있다. 보통 이 값은 $9.8m/sec^2$으로 알려져 있다. 학창시절 물리학의 기본을 익혔다면 이 값이 기억날지도 모른다. 그러나 이렇게 복잡한 기호 속에 숨겨진 의미를 제대로 아는 사람은 의외로 많지 않다. 다음과 같이 적으면 훨씬 더 이해하기 쉽다. $9.8m/sec^2 = (9.8m/sec)/sec$. 매초 초속 9.8미터의 속도만큼 더 높아진다는 뜻이기 때문이다. 나무에 매달려 있던 사과가 떨어지기 시작하면 정지 상태에서 속도가 높아지기 시작해 1초 뒤에는 초속 9.8미터, 2초 뒤에는 초속 19.6미터가 된다.

뉴턴에 따르면 가속도가 있다는 것은 힘이 작용한다는 뜻이다. 그 힘은 지구와 사과 사이에 작용하는 만유인력, 즉 보편중력이다. 그 힘이 어떻게 작용하는지를 정량적으로 기술한 것이 만유인력의 법칙이고, 그 법칙에 따라 생긴 가속도를 중력가속도라고 한다. 이제 지표면에서 만유인력이라는 힘 때문에 생기는 가속도의 크기가 $9.8m/sec^2$와 같다고 놓으면 하나의 방정식이 생긴다. 이 방정식에 지구의 질량과 지구의 크기, 그리고 만유인력의 법칙에 들어가는 보편상수인 중력상수가 들어간다. 따라서 지구의 질량은 지구의 크기와 중력상수와 지표면에서의 중력가속도를 가지고 구할 수 있다. 중력상수는 모든 물체들 사이에 공통적으로 작동하는 상수이므로 다른 물체를 활용한 실험을 통해 구할 수 있다. 지구의 크기를 측정하는 방법에 대해서는 그 옛날 에라토스테네스가 알려주었다. 이 모든 결과를 종합하면 우리는 책상 앞에 앉아서 지구의 크기와 질량을 계산할 수 있다!

여기서 자연의 보편상수로서 중력상수를 반드시 알아야 한다는 점은 특기할 만하다. 이 상수는 만유인력의 법칙이라는 보편적인 자연법칙과 결부된 상수다. 보편법칙의 위력은 여기서도 엿볼 수 있다. 지구와 상관없이 얻은 상수 값으로 지구의 질량을 잴 수 있다니, 그야말로 하나를 알면 열을 알 수 있는 '가성비' 최고의 아이템이 아닌가.

이 원리를 그대로 적용하면 태양의 질량도 구할 수 있다. 지구-태양의 관계를 아주 단순화하면 태양이 지구보다 훨씬 더 무겁기 때문에(정확한 질량은 곧 계산해봐야 알겠지만) 태양은 거의 움직이지 않고 지구가 그 주변을 거의 원형(실제 궤도는 원에 가까운 타원이다)으로 돌고 있다고 볼 수 있다. 원운동은 속도의 방향이 계속 바뀌는 운동이므로 일종의 가속운동이다. 따라서 이 가속운동을 가능하게 하는 힘이 필요하다. 그 힘이 바로 지구와 태양 사이에 작용하는 만유인력이다. 이는 원리적으로 나무에서 사과가 땅으로 떨어지는 현상과 똑같다. 뉴턴이 한때 지적했듯이 지구 주위를 돌고 있는 달은 지구를 향해 영원히 자유낙하하고 있는 것과도 같다. 마찬가지로 태양 주위를 도는 지구는 태양을 향해 끝없이 낙하하고 있는 셈이다. 그러니까 지구가 사과의 역할을 한다고 생각해서 태양과 지구 사이에 중력이 작용해 지구가 일정한 가속도를 갖는다고 보는 것이다.

이 진술을 수식으로 옮기면 하나의 간단한 방정식을 세울 수 있는데, 조금만 정리하면 태양의 질량이 지구의 공전 궤도와 공전 속도의 제곱을 곱한 값에 비례하는 결과로 주어진다. 그 비례상수는 만유인력의 법칙에 들어가는 중력상수의 역수다. 지구의 공전 궤도는 지구에서 태양까지의 거리이고, 공전 속도는 지구가 태양 주변을 한 바퀴 도는 거리, 즉 지구-태양 간 거리를 반지름으로 하는 원의 원주를 1년(한 바퀴 도는 데에 걸리는 시간)으로 나눈 값이다. 그러니까 태양의 질량은 지구에서 태양까지의 거리와 공전 주기와 중력상수의 간단한 조합으로 구할 수 있는데 그 모든 값을 우리가 손에 쥐고 있다. 세 가지 숫자를 곱하고 나누는 것만으로 우리는 가만히 책상 앞에 앉아서 태양이 얼마나 무거운지 계산할 수 있다!

이 계산에서 지구의 공전 속도를 공전 궤도와 공전 주기로 표현하면 태양의 질량이 공전 궤도의 반지름의 세제곱에 비례하고 주기의 제곱에 반비례함을 알 수 있다. 달리 표현하면 공전 반지름의 세제곱이 공전 주기의 제곱에 비례한다. 놀랍게도 이 결과는 지구와 관련된 정보가 거의 배제된 채 나온 것이다. 따라서 지구 이외의 태양계 내 다른 천체에도 똑같이 적용할 수 있다. 이 법칙이 바로 행성운동에 관한 케플러의 제3법칙(조화의 법칙)이다. 케플러는 뉴턴보다 한 세대 앞서 살았던 천문학자다. 그의 행성운동법칙은 뉴턴이 만유인력의 법칙을 발견하는 데에 크게 기여했다.

4장

치킨집 개수 세기

숫자놀이의 최고봉을 꼽으라면 역시나 원자물리학자 엔리코 페르미(1901~1954)다. 페르미는 갈릴레이 이후 이탈리아가 낳은 가장 위대한 과학자다. 1938년에 중성자를 이용한 방사성 원소 연구로 노벨물리학상을 수상했고, 1942년에 최초로 인공적인 핵반응로 실험에 성공했다. 1944년부터는 맨해튼 프로젝트(미국의 핵무기 개발 계획)의 산실이었던 미국 로스앨러모스 연구소에서 부소장으로 연구를 지휘했다.

히로시마에 핵무기가 떨어지기 약 보름 전인 1945년 7월 16일, 뉴멕시코주의 사막 한가운데서 사상 최초의 핵무기 폭발 실험이 진행되었다. 그날 폭심에서 약 10킬로미터 떨어진 벙커 안에 있던 페르미는 실험용 폭탄이 터진 직후 밖으로 나와 후대의 수많은 과학자들을 좌절시킨 실험을 감행했다. 사상 처음으로 만든 핵무기라 그 위력이 어느 정도일지가 초미의 관심사였다. 페르미는 종잇조각을 찢어 폭심에서 전해진 폭발의 충격파에 날려 보냈다. 약 1.8미터 높이에서 날린 종잇조각은 2.5미터 정도를 날아갔다. 잠깐 계산하던 페르미가 중얼거렸다. “TNT 1만 톤.”

이런 식의 계산법을 '페르미 추정법'이라고 한다. 어떤 문제를 단순화해 핵심적인 결과만 재빨리 얻는 계산법이다. 정확하고 정밀한 값보다는 차수추정이 주목적이다. 대표적인 예가 집회 참가 인원 추산법이다. 한국에서는 지난 2016~2017년 촛불집회와 2019년 검찰개혁을 둘러싼 집회 때의 참가 인원을 둘러싼 논란이 있었다. 가장 간단한 방법은 항공촬영 등으로 집회 참가자가 점유한 지역의 넓이를 측정하고, 집회에 모인 사람들의 밀도(단위면적당 사람 수)를 추정해 곱하는 것이다. 시간에 따른 참가자 수의 변화나 연인원 추산에는 한계가 있지만 가장 손쉽게 시위대 규모를 추산할 수 있는 방법이다. 경찰에서도 기본적으로 이 방법을 쓴다.

페르미 추정으로 유명한 것 중 하나가 피아노 조율사의 수 계산이다. 핵물리학자라고 해서 항상 폭탄의 위력만 계산하는 건 아니다. 300만 명의 인구가 사는 도시 시카고에는 피아노 조율사가 몇 명이나 있을까? 이 문제를 풀기 위해서는 전체적인 풀이 전략이 중요하다. 조율사 수를 추정하는 한 가지 방법은 피아노 조율의 수요와 공급을 헤아려보는 것이다. 즉 한 해에 조율이 필요한 피아노 대수를 추정한 뒤, 조율사 한 명이 1년 동안 조율할 수 있는 피아노 대수를 추정해서 비교하면 조율사의 수를 알아낼 수 있을 것이다.

피아노는 보통 집에 한 대 정도 있을 것이므로 우선 시카고의 가구 수를 추정해야 한다. 평균 3인 가족을 생각하면 시카고에는 약 100만 가구가 살고 있다. 이 값은 당시의 실제 값과 거의 비슷하다. 100만 가구가 모두 피아노를 갖고 있지는 않을 것이다. 몇 가구당 피아노 한 대씩을 갖고 있을까? 한 가구당 한 대가 아니라면, 그다음 생각해볼 수 있는 차수는 열 가구당 한 대다. 이 값은 그럴듯해 보인다. 그다음 차수가 100가구당 한 대일 테니까, 그에 비하면 10퍼센트의 보급률이 좀 더 현실적이다(이런 판단이 차수추정에서 중요하다). 그렇다면 시카고에는 약 10만 대의 피아노가 있을 것이다.

피아노 조율은 얼마나 자주 할까? 1년을 기준으로 따져보자. 1년에 한 번은 그럴듯해 보인다. 1년에 열 번은 어떨까? 거의 한 달에 한 번 꼴이다. 난 피아노를 쳐본 적이 없지만 그렇게 자주 조율할 것 같지는 않다. 설령 그럴 필요가 있다고 하더라도 비용 때문에 전문 조율사를 매달 부르진 않을 것이다. 따라서 1년에 열 번 이상은 아니다. 그럼 1년에 0.1회, 즉 10년에 한 번은 어떨까? 물론 10년에 한 번 조율하는 사람도 있겠지만, 아무래도 10년에 한 번보다는 1년에 한 번 조율하는 경우가 더 많을 것이다. 그렇다면 시카고에서는 1년에 총 10만 대의 피아노를 조율해야 한다. 조율사의 수는 이 수요를 충족하는 숫자일 것이다.

이제 피아노 조율사의 입장에서 생각해보자. 먼저 조율사 한 명이 1년에 몇 대의 피아노를 조율할 수 있을지를 추정해봐야 한다. 1년은 대략 50주다. 한 주에 5일 근무한다고 하자. 하루 노동시간은 약 여덟 시간이 적당할 것이다. 오전 9시부터 오후 6시까지, 점심시간 한 시간을 빼면 여덟 시간이다. 피아노를 조율하고 다음 장소로 이동하는 데에 걸리는 시간은 얼마일까? 한 시간은 좀 모자라 보인다. 그렇다고 세 시간까지는 아닐 것 같다. 대략 두 시간이 적당하다. 정리하자면, 조율사 한 명은 하루 여덟 시간 동안 총 4대(=8/2)의 피아노를 조율할 것으로 예상된다. 주 5일 일하면 일주일에 20대(=4×5)의 피아노를 조율하고, 연간 50주 동안에는 1000대(=20×50)를 조율하게 될 것이다. 지금 시카고에는 연간 10만 대의 피아노가 기다리고 있다. 그렇다면 이 도시에는 대략 100명(10만/1000)의 피아노 조율사가 있을 것이다!

이와 아주 비슷한 문제를 한국 상황에 적용해보자. 온 국민이 즐겨 찾는 치킨집은 과연 몇 개나 있을까? 대한민국의 가구 수는 대략 2000만이다(이 정도는 상식적으로 알고 있다고 하자). 한 가구당 얼마나 자주 치킨을 주문할까? 하루 한 번은 너무 잦다. 한 달에 한 번은 너무 적다. 그렇다면 대략 일주일에 한 번이 적당해 보인다. 즉 대한민국은 일주일에 2000만 마리의 치킨이 필요하다. 이제 이 수요를 충족하기 위한 치킨집의 수를 추론해보자. 한 치킨집에서 하루에 몇 마리나 튀길 수 있을까? 가게마다 차이가 있겠지만 우리에게 중요한 것은 차수추정이다. 하루 열 마리는 (평균적으로 생각했을 때) 너무 적다. 그렇다고 하루 1000마리는 어려울 것이다. 그렇다면 하루 100마리 정도가 적당한 평균값이라고 추정할 수 있다. 이 치킨집이 일주일에 6일 영업한다고 하면 한 가게당 일주일에 600마리의 치킨을 공급할 수 있다. 전체 수요는 2000만 마리다. 따라서 전국의 치킨집 수는 (2000만/600)=약 3만 3000개라고 추정할 수 있다.

이 값은 실제 수치와 얼마나 비슷할까? 2015년 10월 5일 자 〈연합뉴스〉는 한국의 치킨집이 전 세계 맥도날드 매장보다 많다면서 그 수를 약 3만 6000개(2013년 기준)로 제시했다. 최근에는 어떨까? 2019년 6월 3일 자 〈한국경제신문〉의 보도에 따르면 전국의 치킨집 수는 8만 7000개(2019년 2월 기준)다.

3만 3000개와 8만 7000개는 겨우 두어 배 차이이므로 같은 차수라서 만족할 만한 추론이지만, 한 걸음 더 들어가보자. 3만 3000은 2015년의 점포 수 3만 6000과 거의 같은 수치다. 그렇다면 이후 4년 동안 왜 치킨집이 약 2.5배 증가했을까? 갑자기 치킨 소비량이 급증했다고 보기는 어렵다. 그런 차이를 초래할 만큼 우리 식문화에 큰 변화는 없었다. 2018년 7월 17일 자 〈경향신문〉이 한국육계협회의 자료를 인용해 보도한 기사에 따르면 2017년 국내에서 도축된 닭은 9억 3600만 마리다. 이 값을 대략 10억 마리라 하고 2000만 가구로 나누면 가구당 1년에 약 50마리를 소비했다. 1년이 대략 50주이므로, 역시나 가구당 일주일에 한 번은 치킨을 먹은 셈이다. 물론 여기에는 치킨뿐만 아니라 삼계탕, 닭한마리, 닭볶음탕, 닭갈비 등도 포함돼 있지만 우리의 추론이 현실과 크게 다르지 않다는 사실과 2015년 이후로도 전체적인 소비량에 큰 변화가 없었음을 알 수 있다. 그렇다면 2019년의 8만 7000이라는 숫자는 치킨업계의 경쟁이 2015년보다 두 배 이상 치열해졌음을 뜻한다. 실제로 이 수치를 보도한 〈한국경제신문〉의 기사 제목은 "치킨집, 4년째 창업보다 폐업 많아… 손에 쥐는 돈도 계속 줄어"였다.

과학자의 발상법이 왜 중요한지가 이 사례에서 극명하게 드러난다. 첫째, 상식에 기초한 합리적 추론을 통해 직접 세어보지 않아도 치킨집의 개수를 꽤 정확하게 추정할 수 있다. 이 자체로도 흥미롭고 놀라운 일이다. 둘째, 제시된 숫자의 의미도 미루어 짐작할 수 있다. 어쩌면 이게 더 중요하다. 만약 통계청이나 언론에서 제시한 3만 6000과 8만 7000이라는 치킨집 수만 보면 이 숫자의 변화가 어떤 의미인지 알 수 없다. 상식적인 정보를 취합해 3만 3000이라는 숫자를 추정할 수 있는 사람이라면 8만 7000이라는 숫자가 급증한 치킨 수요를 충족하기 위한 점포 수의 증가(커피에서는 이런 현상이 일어났다)라기보다 과다경쟁의 결과라고 해석할 수 있다.

5장

대체 외계인은 어디 있는 거야?

사상 최초의 핵무기 실험 때 종잇조각을 날려 그 위력을 추정했던 페르미에게도 해결하지 못한 궁금증이 있었다. "대체 외계인은 어디 있는 거야?" 1950년 어느 날 동료들과 함께 점심을 먹고 산책하던 페르미가 갑자기 이렇게 물었다고 한다. 우리 우주에는 은하가 수천억 개에서 1조 개가량 있고 각 은하마다 다시 수천억 개의 별이 있다. 우주에 그렇게 많은 별이 있다면 그중에는 분명히 지구 같은 행성을 품은 태양 같은 별이 꽤나 많이 있을 것이고, 그렇다면 인간만큼 또는 인간보다 훨씬 더 뛰어난 문명을 가진 외계 생명체가 존재하리라고 기대할 수 있다. 그중 일부는 아주 수월하게 우주여행을 하거나 자신의 존재를 우주 구석구석에 알릴 수도 있을 것이다. 사실 이런 추정 또한 '페르미 추정'의 아주 간단한 사례라고 할 수 있다.

그럼에도 왜 아직 우리는 단 한 명의 외계인을 만나거나 적어도 그들로부터 아무런 신호를 받지 못했을까? 대체 외계인은 다 어디에 있는 것일까? 이것이 페르미가 제기한 질문의 요지로서, 이를 '페르미 역설Fermi's paradox'이라고 한다.

페르미 역설이 역설의 지위를 가지려면 일단 이 우주에 높은 문명을 건설한 외계인이 상당히 많아야 한다. 얼마나 많을까? 바로 이 질문에 페르미 추정법을 적용해보자. 문제를 간단히 하기 위해 외계 문명도 우리처럼 별로부터 에너지를 공급받는 행성에 기반을 두고 있다고 가정하자. 먼저 우리은하부터 살펴보자면, 우리의 은하수 은하에도 수천억 개의 별이 있다. 나이가 어린 별들은 고도의 문명을 품을 만큼 충분한 시간을 갖지 못했을 것이므로 자격이 없다. 아주 오래 전에 고도의 문명을 건설(영화 〈스타워즈〉의 배경이 그렇다)했다가 멸망한 외계인들도 우리와 접촉할 길이 없으므로 제외된다. 과거부터 지금까지 (우주에 의미 있는 신호를 보낼 수 있는 수준의) 고등 문명을 건설하고 유지할 만큼 충분한 시간을 가진 별들만이 고려의 대상이다. 이런 지적 생명체를 '체티CETI, Communicating Extra-Terrestrial Intelligence'라고 한다.

체티는 우리 은하에 몇 개나 있을까? 과학자들은 문제를 잘게 쪼개서 분석하기를 좋아한다. 고등문명을 충분히 성숙시킬 만큼 시간을 가졌던 별의 개수는 (아주 정확하지는 않지만) 매년 생성되는 별의 개수(R_*)에 고등문명이 유지되는 기간(L)을 곱하면 될 것이다. 문자가 등장했다고 긴장할 필요는 없다. 수학에 대한 두려움을 없애는 첫걸음은 기호에 위축되지 않는 것이다. 이들은 그냥 영어 약자일 뿐이다. R_*는 별(*)이 매년 생성되는 비율Rate의 약자이고, L은 문명 존속기간Longevity의 약자다.

오래된 별이라고 해서 모두 고등 문명을 이룬 행성을 품고 있지는 않을 것이다. 이 과정을 좀 더 잘게 쪼개서 살펴보자. 일단 별이 행성을 품고 있어야 한다. 별 하나가 행성을 가질 비율이 얼마나 될까? 그 비율을 f_p라 하자. 그렇다면 (R_*L)개의 별 중에서 $(R_*L)f_p$개의 별만 이 행성을 거느리고 있을 것이다. 행성이 있다고 해서 모든 행성에 생명이 살 수 있는 것은 아니다. 별 하나당 생명이 있을 법한 행성의 개수를 n_e라 하면 $(R_*Lf_p)n_e$는 생명이 있을 법한 행성의 총 개수가 된다.

행성의 환경이 생명에 친화적이라고 해서 모두 생명체가 태어나는 것도 아니다. 생명 친화적인 행성에서 실제로 생명이 탄생하는 비율을 f_l이라 하면 $(R_*Lf_pn_e)f_l$은 실제로 생명이 발생한 행성의 총 개수가 될 것이다. 여기서 끝이 아니다. 생명이 탄생해도 예컨대 세균 정도에서 진화가 끝나버리면 지적 생명체가 발생할 수 없다. 생명체가 행성에서 태어났을 때 과연 그중 몇 개의 행성에서 지적 생명체가 진화할 것인가를 따져야 한다. 그 비율을 f_i라 하면 $(R_*Lf_pn_ef_l)f_i$는 지적 생명체를 진화시킨 행성의 수와 같다.

마지막 질문. 과연 모든 지적 생명체가 외계와 통신이 가능한 수준으로 고도의 문명을 발전시켰을까? 필요하다면 여기에도 새로운 비율 f_c를 도입하면 된다. 지적 생명체 중에서 외계와 통신할 수 있는 고등 문명의 비율이다. 이 모든 모수들을 곱하면 우리가 원하는 결과를 얻을 수 있다. 즉 우리 은하에서 통신 가능한 외계문명의 개수 N은 $N=R_*Lf_pn_ef_lf_if_c$이다. 이 식을 드레이크 방정식이라고 부른다. 미국의 천문학자 프랭크 드레이크가 1961년에 처음 제시했다. 그 당시의 추정치를 보자면 $R_*=1$(매년 1개의 별 생성), $f_p=0.2\sim0.5$(전체 별의 20~50퍼센트가 행성 보유), $n_e=1\sim5$(별 하나당 1~5개의 생명 친화적 행성 보유), $f_l=1$(생명 친화적 행성은 모두 생명을 탄생시킴), $f_i=1$(생명이 탄생하면 모두 지적 생명체를 진화시킴), $f_c = 0.1 \sim 0.2$(지적 생명체 중 10~20퍼센트가 외계와 통신 가능한 고도의 문명을 발달시킴), $L = 10^3 \sim 10^8$년(고등 문명이 1000년에서 1억 년 지속됨)의 값을 대입해 $N = 20 \sim 50,000,000$의 결과를 얻었다. 최소 수십 개에서 최대 수천만 개까지 가능하다는 말이다. 드레이크 방정식이 아주 엄밀한 값을 주는 것은 아니지만 대략적인 추론을 하는 데에는 부족함이 없다.

가장 최근에 나온 결과 중 하나를 소개하자면 영국 노팅엄대학교의 톰 웨스트비와 크리스토퍼 콘셀라이스가 변형된 드레이크 방정식을 이용해 2020년 통신 가능한 외계문명 수의 최소치를 서른여섯 개로 제시했다. 오차가 아주 크긴 하지만(+175개 또는 -32개) 꽤 희망적인 숫자다. 다만 가장 가까운 문명도 최대 1만 7000광년 떨어져 있으며 이들의 신호를 탐색하는 데만 3000년 이상 걸릴 것으로 추정했다. 아마도 이 결과는 페르미의 궁금증에 대한 답이 될 수도 있을 것 같다. 이는 아주 엄격한 조건을 적용한 결과여서 조건을 조금 느슨하게 적용하면 체티의 수도 늘어나고 거리도 줄어들며 접촉에 걸리는 시간도 줄어든다.

고등 문명을 가진 외계인을 실제로 만나기 어렵다면 영화 속의 외계인으로 눈을 돌려보자. 영화에서는 참으로 다양한 외계인이 등장하는데, 그중 가장 압도적인 스케일을 지닌 외계인은 영화 〈인디펜던스 데이〉에서 만날 수 있다. 〈인디펜던스 데이〉의 외계인은 그들이 타고 온 우주선의 어마어마한 크기만으로도 모든 지구인(영화 속에서나 밖에서나)을 경악시켰다. 물리학자들은 그런 엄청난 구조물을 보면 일단 얼마나 큰지, 그게 어떤 영향을 미칠지 등을 페르미 추정법을 동원해 계산부터 해보려는 습성이 있다. 이와 관련해 미국 센트럴플로리다대학교의 코스타스 에프티미오와 랠프 르웰린이 2006년에 아주 재미있는 분석을 한 적이 있다. 이들의 분석에 따르면 지구방위군이 반격에 나서 외계인들의 우주선을 격침시키면 곧바로 인류에게 재앙이 닥친다.

먼저, 영화에 등장하는 우주선은 납작한 원반 모양이고 그 지름이 무려 24킬로미터에 달한다. 대략 가늠해보면 남북으로는 관악산에서 북한산까지, 동서로는 군자역에서 김포공항까지 정도다. 우주선 하나가 서울의 대부분을 덮는다는 얘기다. 실제 우주선의 원형 단면적을 계산해보면 약 452제곱킬로미터인데, 이는 서울시 면적(약 605제곱킬로미터)의 4분의 3에 달한다. 영화 속 우주선의 둘레(원주)는 75.4킬로미터다. 세계에서 손꼽힐 만큼 긴 지하철 순환선 중의 하나인 서울지하철 2호선의 을지로 순환선의 거리가 48.8킬로미터(지선 포함 총 연장은 60.2킬로미터)다. 그러니까 우주선 내부에 을지로 순환선 하나를 넉넉하게 깔 수 있다.

이렇게 거대한 구조물이 지상으로 추락하면 에너지를 얼마나 방출하는지 추정해보자. 우선 중고등학교 수준의 공식을 하나 소개해보면, 어떤 물체가 지상의 일정한 높이에 있을 때 그 물체가 가지는 에너지는 그 물체의 질량과 지면으로부터의 높이와 중력가속도(9.8m/sec^2)의 곱으로 주어진다. 에프티미오와 르웰린은 우주선이 대략 지상 2킬로미터 상공에 떠 있다고 가정했다. 우주선의 질량은 얼마일까? 질량은 부피와 밀도의 곱으로 계산할 수 있다. 원반형 우주선의 부피를 알려면 우주선의 두께를 알아야 한다. 두 사람은 영화를 보면서 우주선의 두께를 약 1킬로미터로 추정했다. 그렇다면 우주선의 부피는 대략 450세제곱킬로미터, 즉 $4.5 \times 10^{11} m^3$이다.

마지막으로 우주선의 밀도를 추정해야 한다. 우리 주변에서 가장 흔한 물의 밀도는 세제곱미터당 1000킬로그램이다. 지구의 평균 밀도는 물의 약 5.5배, 철은 약 여덟 배, 구리는 약 아홉 배이고 가벼운 금속인 알루미늄이 물의 약 2.7배다. 두 저자는 외계인의 기술이 매우 뛰어나서 우주선의 재질이 무엇인지는 모르나 지구상의 금속보다는 훨씬 가벼워 밀도가 물과 같다고 가정했다. 그렇게 큰 구조물을 만들어서 머나먼 우주를 가로질러올 정도면 충분히 그럴 수 있을 것 같다. 그런데 우주선의 모든 부피를 이 신비의 외계 물질로만 채우지는 않았을 것이다. 예컨대 자동차의 내부 공간이 전부 철판으로 채워져 있지는 않다. 그들은 대략 우주선 전체 부피의 약 10퍼센트 정도만 밀도가 물과 같은 외계 물질로 채워져 있다고 가정했다.

결론적으로 우주선의 질량은 아주 대략적으로 차수만 생각하면 $10^{11} \times 10\% \times 10^3 kg = 10^{13} kg$이다. 여기에 우주선이 떠 있는 높이(2000미터)와 중력가속도를 곱하면 이 우주선이 가지는 에너지(중력퍼텐셜)는 대략 $10^{17} J$(줄)이다. 페르미가 종잇조각을 날려 추정한 핵무기의 위력이 대략 재래식 폭약(TNT) 1만 톤으로, 줄로 환산하면 약 $10^{13} J$이다. 그러니까 우주선 한 대가 추락하면 히로시마에 떨어진 핵폭탄 약 1만 개에 맞먹는 충격이 가해진다. 따라서 지면 근처에서 대형 우주선을 공격해 격추하는 방법은 그리 좋은 선택이 아니다.

6장

복리, 감염병, 핵무기가 무서운 진짜 이유

코로나19 팬데믹 기간 동안 우리에게 익숙해진 단어가 하나 있다. 바로 기초감염재생산지수다. 보통 R_0으로 표기한다. 이 값의 의미는 최초 확진자 한 사람이 2차로 몇 사람을 감염시킬 수 있는지를 나타낸다. 만약 $R_0=2$라면 확진자 한 사람이 평균 두 명을 감염시킨다는 뜻이다. 이때 기존 확진자로부터 새 확진자로 바이러스가 전파되는 데에 걸리는 시간('세대기간')을 d일이라고 하면 매번 d일이 지날수록 확진자 수는 두 배씩 증가한다. 즉 d일이 지나면 확진자는 두 배, $2d$일이 지나면 네 배가 되는 식이다. 이를 일반화하면 Nd만큼의 시일이 지나면 확진자는 2^N만큼 늘어난다. 이 상태로 d일이 열 번 지나면 확진자는 $2^{10}=1024$, 즉 1000배 이상 증가한다. 만약 재생산지수가 $R_0=3$이었다면 $3^{10}=59049$로, 약 6만 배나 늘어났을 것이다. 이런 식의 증가를 흔히 기하급수적이라고 한다. 기하급수라는 말 자체가 일정한 비율로 증가하는 수들의 합을 뜻한다. 기하급수적인 증가는 어떤 양이 지수함수적으로 증가하는 상태다. 물론 R_0 값이 1 이하이면 확진자가 기하급수적으로 증가하지 않는다.

지수함수는 그 어떤 다항함수보다도 빨리 증가하는 특성이 있다.

예컨대 2^x과 x^{100}을 생각해보자. x가 2나 3처럼 작은 숫자이면 2^x보다 x^{100}이 더 크다. 그러나 만약 $x=10{,}000$ 정도로 크다고 생각해보자. x^{100}은 x가 크긴 하지만 곱해지는 횟수가 100으로 제한돼 있어서 최종 결과는 그리 크지 않다. 반면 2^x은 곱해지는 수인 2가 작은 수이지만 곱해지는 횟수인 x가 대단히 크기 때문에 최종 결과는 엄청나게 커진다. 여기서 지수함수의 특징을 알 수 있다. 변수가 증가할수록 곱해지는 횟수가 증가하므로 결국에는 그 어떤 다항함수보다 더 커진다. 기하급수적인 증가가 무서운 이유다.

이와 비슷한 현상을 우리 주변에서 흔히 볼 수 있다. '확진자 한 명이 일정 기간 동안 R_0명에게 바이러스를 전파한다'라는 말을 살짝 바꾸면 '세포 하나가 일정 기간 동안 R_0개로 분열한다'가 된다. 사람의 언어와 그 언어가 기술하는 현상은 전혀 다르지만 그 속을 관통하는 무심한 수학은 모두 똑같다. 단세포인 수정란이 체세포분열을 계속하면 매번 분열할 때마다 두 배의 세포가 생긴다. 인체를 구성하는 세포의 수가 대략 30조 개라고 하는데, 이렇게 큰 숫자도 겨우 45번의 세포분열을 거치면 가능하다. 세포를 사람으로 바꾸면 인구 증가율이 기하급수적인 이유를 설명할 수 있다. 기하급수적인 인구 증가에 대해서는 18세기 말에 영국의 경제학자 토머스 맬서스가 경고한 바도 있다.

어떤 양이 기하급수적으로 증가하는 것은 "그 양의 증가하는 정도가 원래 양에 비례"하기 때문이다. 따옴표를 친 부분을 수식으로 그대로 옮기면 아주 간단한 미분방정식을 얻을 수 있고, 그 방정식을 풀면(대학교 1학년 수준의 미적분학을 아는 사람이라면 이 정도 계산은 암산으로 할 수 있다) 곧바로 지수함수 형태의 풀이가 나온다. 확진자 모두가 바이러스를 주변의 비감염자들에게 전파하면 확진자가 늘어나는 정도는 원래 확진자의 숫자에 비례할 것이다. 그 결과는 기하급수적인 증가다. 인구도 마찬가지다. 중국이나 인도처럼 인구가 많은 나라일수록 (특별한 조치를 취하지 않았을 때) 증가량이 크다. 인구가 10억이라면 1%만 증가해도 무려 천만 명이 늘어나는 것이다. 그들이 교육을 받지 못했거나 계몽되지 않아서가 아니다. 단지 원래 인구가 많았다는 사실 자체가 인구 증가량을 높인다.

이 점을 이해한다면 복리 이자의 원리금이 기하급수적으로 증가한다는 결론을 쉽게 받아들일 수 있을 것이다. 사실 복리 계산은 기하급수 계산의 가장 대표적인 사례다. 복리가 감염병 전파나 세포분열과 같은 원리라는 말이 잘 와닿지 않을 것이다. 자세한 결과를 알려면 수열에 관한 기본적인 지식이 있어야 하지만, 이자에도 이자가 붙는 복리의 기본 원리를 안다면 원리금이 기하급수적으로 증가함을 추정할 수 있다. 왜냐하면 이자가 원금에 더해진 원리금이 새로운 원금처럼 작용해 이자가 붙기 때문이다. 그 결과 원리금의 증가량이 원리금 자체에 비례한다. 반면 단리 계산에서는 원금에만 이자가 붙으므로 원리금의 증가량이 원리금 자체에 비례하지 않는다.

복리 증식은 자본주의의 기본 원리다. 흔히 듣는 "돈이 돈을 번다"라는 말이야말로 복리 증식의 핵심을 가장 정확하게 표현한 것이다. 자본주의 사회에서는 돈이 돈을 벌기 때문에 돈이 많은 사람일수록 그 돈의 증가량이 그만큼 더 커진다. 따라서 그 결과는 기하급수적 증가임을 추정할 수 있다. 월급이 통장을 스쳐가기 바쁜 월급쟁이는 말하자면 '돈의 재생산지수'가 1 이하라고 할 수 있다. 반면 재벌가의 재생산지수는 1보다 훨씬 클 것이다. 달리 말해, 재산이 1억인 사람과 100억인 사람의 차이가 100배라고 말하는 것은 본질을 흐릴 수 있다. 왜냐하면 재산이 100억인 사람은 이후 그 재산이 기하급수적으로 늘어날 가능성이 높기 때문이다. 시간이 지날수록 부익부빈익빈 현상이 심해질 수밖에 없다. 조세정의를 실현하고자 한다면 부자들에게 더 많은 세금을 매겨야 하는 이유이기도 하다.

기하급수적 증가의 무서움을 가장 잘 보여주는 사례는 아마도 핵폭발일 것이다. 원자번호 92번인 우라늄은 양성자를 92개 갖고 있다. 천연 우라늄의 0.7퍼센트는 중성자를 143개 갖고 있는 우라늄235(92+143=235)이다. 이 원자핵에 중성자를 발사하면 원자핵이 더 가벼운 원소인 크립톤과 바륨으로 쪼개지면서 2~3개의 중성자와 함께 에너지가 방출된다. 전체 에너지 양은 대략 우라늄 원자핵 질량의 1000분의 1 정도로, 연소 같은 화학반응에서 나오는 에너지보다 약 1000만 배에서 1억 배 더 많다.

한편 핵분열 때 방출되는 중성자는 이웃한 우라늄235 원자핵을 두들겨 다시 원자핵을 둘로 쪼개면서 중성자를 방출시킨다. 결과적으로 핵분열 과정이 기하급수적으로 진행된다. 이를 핵 연쇄반응이라 한다. 이 과정은 바이러스가 퍼져나가는 상황과 똑같다. 평균 두 개의 중성자가 이웃한 원자핵을 쪼갠다면 기초감염재생산지수 R_0가 2인 것과 같다. 실제로 핵분열 연쇄반응에서 중요한 인수를 '재생인자(또는 유효 중성자 증식인자) k'라 부른다. k는 평균적으로 중성자 하나가 원자핵을 쪼갰을 때 그다음 세대에서 방출되는 중성자의 개수를 의미한다. 중성자를 바이러스로 바꾸면 R_0와 그 의미가 사실상 똑같다. 쉽게 예상할 수 있듯이 k〈1이면 핵 연쇄반응이 유지되지 않을 것이고, k=1이면 연쇄반응이 항상 같은 수준으로 유지될 것이고, k〉1이면 기하급수적인 핵분열 연쇄반응이 일어날 것이다. 당연하게도 k=1인 경우가 핵발전소이고, k〉1인 경우가 핵폭탄이다.

k=2이면 한 단계를 거칠 때마다 2의 거듭제곱으로 원자핵이 쪼개지면서 에너지가 방출된다. 바이러스가 첫 확진자로부터 2차 감염자에게 전파되는 데에는 며칠이 걸릴 수도 있지만 하나의 원자핵이 쪼개지면서 방출되는 중성자가 다음 원자핵을 쪼개는 데에는 극히 짧은 시간만 소요될 뿐이다. 대략 100만분의 1초 동안 무려 80세대까지 핵분열이 일어난다. 한 세대가 늘어날 때마다 쪼개진 원자핵이 두 배 늘어나므로 80세대에서는 2^{80}개, 약 10^{24}개의 원자핵이 쪼개진다. 그 결과 전체적으로 엄청나게 큰 에너지가 짧은 순간에 방출된다. 이렇게 만들어진 물건이 핵무기다. 천연 우라늄의 대부분을 차지하는 우라늄238의 경우 하나의 핵이 쪼개질 때 나오는 중성자가 이웃한 원자핵을 다시 분열시키지 못한다. 그 결과 핵 연쇄반응이 일어나지 않고, 따라서 핵폭탄으로 만들 수 없다. 핵폭탄을 만들려면 우라늄235를 90퍼센트 이상 농축해야 한다. 우라늄235의 농축도를 3~5퍼센트로 대폭 낮춰 에너지가 폭주하지 않도록 조절한 장치가 핵발전소다.

핵폭탄이 위험물질을 인위적으로 농축해 연쇄 핵분열을 일으키는 것이라면 자연에는 원자가 불안정해 스스로 입자를 방출하면서 붕괴하는 원소들도 있다. 그 결과 원래 물질의 양이 줄어든다. 이런 원소를 방사성 원소라 한다. 어떤 원자가 붕괴할 것인지는 확률적으로 정해지지만 결국 원자가 많을수록 붕괴하는 원자도 많을 수밖에 없다. 즉 방사성 원소 또한 그 변화량이 원래 자신의 양에 비례한다. 따라서 방사성 원소의 양도 기하급수적으로 변한다는 것을 알 수 있다. 다만 방사성 원소는 시간이 지남에 따라 물질의 양이 늘어나지 않고 줄어든다(입자를 방출하기 때문이다)는 차이가 있을 뿐이다.

방사성 원소가 얼마나 빨리 줄어드는지를 나타내는 중요한 지표가 반감기다. 반감기는 어떤 물질이 원래 양에서 절반으로 줄어드는 데에 걸리는 시간이다. 갑상선 암의 원인이 되기도 하고 치료에도 쓰이는 방사성 요오드의 반감기는 8일로 굉장히 짧은 편이다. 반면 핵무기의 또 다른 원료인 플루토늄239의 반감기는 약 2만 4000년이다.

플루토늄239는 대단히 위험한 방사성 물질로 자연 상태에서는 극미량만 존재하나 핵발전소에서 나오는 사용후핵연료에 약 1퍼센트 정도 포함돼 있다. 반감기가 세 번 지나면 원래 양의 8분의 1(12.5퍼센트)이 남고 네 번 지나면 16분의 1(6.25퍼센트)이 남으므로 원래 양의 10퍼센트 미만으로 줄어들기까지 대략 네 번 이상의 반감기가 지나야 한다. 플루토늄239의 경우 네 번의 반감기가 지나려면 9.6만 년, 즉 대략 10만 년이 걸린다. 반감기가 스무 번(48만 년) 지나면 $(1/2)^{20} \approx 10^{-6}$이므로 원래 양의 100만분의 1 밑으로 떨어진다.

사용후핵연료에는 다른 방사성 원소들도 포함돼 있다. 이를 안전하게 처리할 방법을 인류는 아직 모른다. 그나마 땅속에 오래 묻어두는 방법(영구처분)을 핀란드에서 시도하고 있을 뿐이다. 한국의 경주 방폐장은 중저준위 폐기물을 처리하는 곳으로, 고준위 폐기물에 해당하는 사용후핵연료를 어디서 어떻게 처리할지는 아직 결정하지 못했다.• 필요한 관리 기한은 최소 1만 년에서 최대 100만 년 정도, 통상 수십만 년 정도로 추정된다. 수십만 년의 시간 척도는 우리에게 피부에 와닿지 않는 기간이다. 현생인류인 호모 사피엔스가 출현한 것이 지금으로부터 대략 30만 년 전이다. 앞으로 30만 년 뒤를 상상하기란 무척 어렵다.

그나마 믿을 만한 것은 숫자니까, 사용후핵연료를 영구처분장에 묻고 10만 년 동안의 관리비를 대략적으로 차수추정 해보자. 아주 간단하게 관리 인원을 100명, 이들의 연봉을 1억 원으로 잡으면 연간 인건비만 100억 원이 소요된다. 이 액수로 10만 년을 유지하려면 1000조 원의 인건비가 들어간다. 실제 운영비는 당연히 더 많을 것이다. 2018년 어기구 국회의원이 산업통상자원부와 원자력환경공단에서 제출한 자료를 바탕으로 추정한 결과에 따르면 영구처분시설 건설비는 약 6조 9000억 원, 78년 운영비는 약 27조 5000억 원이다. 대략 10년에 3조 원이 소요된다고 보면 단순 계산으로 10만 년 유지비용은 무려 3경 원에 달한다. 이 값은 원전 36기에 대한 추정치다. 넉넉하게 100기당 비용이라 하더라도 원전 1기당 사후 관리비용으로 300조 원을 상정해야 한다.

10년 뒤도 내다보기 힘든 세상에 10만 년 뒤를 예측하기란 불가능

• 방사성 폐기물은 폐기물의 방사능 준위에 따라 분류해 처리한다. 중저준위 폐기물로는 방사선 관리구역에서 작업자들이 사용했던 작업복, 장갑, 기기 교체 부품 등이 있고, 고준위 폐기물로는 원자로의 연료로 사용된 사용후핵연료 등이 있다.

하다. 물론 기술이 발전하면 이 액수는 극적으로 줄어들지도 모른다. 그러나 적어도 지금의 기술 수준에서 우리가 누리는 원전의 혜택에 숨은 비용이 대략 어느 정도 규모인지는 알고 있어야 한다.

7장

바닷물을 퍼내면 몇 잔이나 나올까?

앞서 말했듯이 암기 자체가 꼭 나쁜 것은 아니다. 뛰어난 암기력은 그 자체로 대단한 능력이다. 다만 우리 공교육이 수십 년 동안 암기 교육이라는 원죄를 짊어지고 비난의 대상이 된 것은 암기만으로 다른 모든 것을 대체하려는 경향이 강했기 때문이다. 특히 수학이나 과학처럼 논리적 추론이 중요한 분야에서는 문제를 풀기 위한 공식을 모두 암기하는 것보다 근본 원리로부터 필요한 공식을 유도하는 능력이 더 중요하다. 여기서 중요한 점은 근본 원리의 내용과 의미를 잘 '암기'하고 있어야 한다는 것이다. 그러니까 암기 자체가 문제라기보다 쓸데없는 암기에 목을 매는 것이 문제다. 이왕 암기하려면 부차적이고 지엽적인 내용보다 더 근본적인 내용을 암기하는 편이 효과적이다.

다른 식으로 말하자면 정말로 무엇이 중요하고 근본적인지를 모르는 학생은 이것저것 닥치는 대로 외우게 된다. 시간과 노력을 많이 들이고서도 학습의 효과를 누리지 못하는 대표적인 사례다. 반면 공부를 잘하는 학생은 무엇이 중요하고 근본적이며, 무엇이 부차적이고 유도된 내용인지를 잘 알고 있다. 이런 체계가 잘 잡혀 있으면 최소한의 암기로 최대의 효과를 누릴 수 있다. 공부를 잘하는 학생일수록 대체로 암기를 싫어한다는 경험법칙에는 이런 이유가 있다.

과학에는 이 우주의 근본적인 성질을 대변하는 숫자들이 여럿 있다. 이들을 물리상수 또는 근본상수라고 부른다. 그 이유는 적어도 지금 우리가 알기로 이들이 더 근본적인 다른 어떤 것으로부터 유도되지 않으며 이 우주의 성질을 담지하고 있기 때문이다. 그중에서 숫자 감각을 키우는 데에 도움이 되는 상수로 아보가드로 상수라는 것이 있다.

아보가드로 상수는 1몰mole이라는 단위 속에 들어 있는 입자의 개수로서 그 값(아보가드로수)은 $6.02214076 \times 10^{23}$($mol^{-1}$)이다. 예전에는 이 값을 실험으로 측정했으나, 2019년 국제도량형국에서 국제단위계를 물리상수 중심으로 재정의하면서 이 값은 아보가드로 상수로 '정의'되었다.

그렇다고 저 숫자를 모두 외울 필요는 없다. 대략 6×10^{23}, 또는 그 차수인 10^{23} 정도만 알아도 충분하다. 원래 이 수는 이탈리아의 과학자 아메데오 아보가드로가 기체들의 화학반응을 설명하기 위해 1811년에 도입했다. 이 과정에서 아보가드로는 분자의 개념을 처음으로 제시했다. 아보가드로에 따르면 일정한 온도와 압력에서 같은 부피의 기체는 그 종류에 상관없이 같은 개수의 분자를 가진다고 주장했다. 이를 아보가드로의 법칙이라고 한다. 그리고 아보가드로의 수만큼 모인 단위를 1몰이라고 한다.

아보가드로수의 의미를 직관적으로 설명하자면 이렇다. 천문학적으로 많은 개수의 원자가 모이면 그 전체 질량이 우리가 거시적인 일상에서 쓰는 단위인 그램과 비슷해진다. 수소원자가 1몰 있으면 그 질량은 거의 1그램이다. 이 관계를 정확하게 정립하는 기준이 되는 원소는 탄소12였다. 2019년 이전에 1몰의 정의는 12그램의 탄소12에 포함된 원자의 개수였다. 탄소12에는 양성자가 여섯 개, 중성자가 여섯 개 있다. 양성자와 중성자의 질량이 거의 비슷하므로 전자의 질량을 무시하면 탄소12는 양성자 한 개만 갖고 있는 수소보다 약 열두 배 무겁다.

(작은 오차를 무시하면) 수소원자가 아보가드로수만큼 모여야 1그램이 된다는 사실로부터 우선 두 가지 정보를 얻을 수 있다. 첫째, 수소원자 하나의 질량은 1그램을 아보가드로수로 나눈 값과 거의 같다. 아보가드로수가 약 6×10^{23}이므로 수소원자 하나의 질량은 약 $\frac{1}{6}\times10^{-23}\approx1.67\times10^{-24}$그램임을 알 수 있다. 이는 물론 양성자의 질량과 거의 같다. 둘째, 아보가드로수는 미시세계와 거시세계의 차이를 극명하게 드러내는 숫자다. 10^{23}은 우리 일상생활에서 접하거나 심지어 상상하기조차 힘든 수다. 질량이 수십 킬로그램인 성인을 구성하는 양성자나 중성자(이들을 뭉뚱그려 핵자라고 부른다)의 개수는 약 10^{28}개다. 앞서 내용을 탐독한 독자라면 지구의 질량이 대략 얼마인지 기억할 것이다. 똑같은 원리로 간단히 계산해보면 (아마 암산도 가능할 것이다) 지구에 얼마나 많은 핵자들이 있는지 쉽게 알 수 있다.

양성자 또는 수소원자가 왜 그렇게 작고 미세한가 하는 질문은 대단히 인간 중심적인 사고의 결과다. 어쨌든 양성자는 이 우주에서 가장 흔한 원소이지만 인간은 전혀 아니지 않은가. 그렇다면 올바른 질문은 '인간이란 생명체는 왜 그리도 많은 개수의 핵자들로 만들어졌는가'가 될 것이다. 이런 관점에서 보자면 만물의 영장이라는 인간조차 원자 이하의 미시세계와 그 세계를 지배하는 원리인 양자역학을 직관적으로 이해할 수 없음은 너무나 당연해 보인다.

아보가드로수가 얼마나 엄청난 숫자인지를 거시적인 상황으로 바꾸어 생각해보자. 이 예는 19세기의 위대한 물리학자인 켈빈 경(윌리엄 톰슨)이 처음 소개한 것으로 알려져 있다. 지금 수도꼭지에서 물 한 잔을 받아 바다에 뿌렸다. 이 물이 전 지구의 바다에 골고루 잘 퍼지도록 뒤섞은 다음, 바다에서 물 한 잔을 퍼올렸을 때, 여기에는 원래 수도꼭지에서 나온 양성자나 중성자가 몇 개나 들어 있을까?

여기에 답을 하려면 우선 물 한 잔의 양과 바닷물 전체의 양을 비교해야 한다. 이 질문이 당황스럽다면, 그건 한 손에 딱 잡히는 물 한 잔과 비행기를 타고도 몇 시간을 날아야 건너갈 수 있는 대양을 비교해야 한다는 점 때문일 것이다. 잔에 담긴 물의 양은 잔의 크기 등에 따라 달라지겠지만, 대략 한 변이 5센티미터인 정육면체의 부피(125세제곱센티미터)와 비슷하다고 추정할 수 있다. 여기서는 차수만 생각해서 잔에 담긴 물의 부피를 100세제곱센티미터라고 하자. 1세제곱센티미터(cc)의 부피는 1밀리리터(ml)와 같고 물은 비중이 1이므로 이 부피에 해당하는 물의 질량은 100그램이다. 보통 소주병이나 작은 생수병의 부피가 약 300밀리리터이므로 우리의 추정이 꽤나 적절해 보인다.

바닷물의 부피는 얼마일까? 인터넷에서 검색해봐도 원하는 답을 찾을 수 있겠지만, 지금까지 우리가 이야기했던 수리적 감각을 동원해서 대략적으로 추정해보자. 생각하는 힘과 수리적 감각을 키우려면 인터넷에서 곧바로 답을 구하는 습관부터 조금씩 고쳐야 한다. 지구의 반지름은 약 6400킬로미터이고, 지구 표면에서는 바다가 육지보다 더 넓다. 한편 바다의 평균 수심은 아마도 100미터는 당연히 넘겠지만 1만 미터는 넘지 않을 것이다. 지구에서 가장 깊은 해저로 알려진 마리아나 해구의 깊이가 대략 1만 미터 정도다. 따라서 바다의 평균 수심은 차수만 따졌을 때 약 1000미터로 추정하는 것이 합리적이다. 이제 바닷물이 지구 표면 전체를 1000미터 정도의 두께로 덮고 있다고 가정하고, 계산하기 편하게 지구 반지름을 1만 킬로미터(1000만 미터)라고 하면 이 부피는 $4\pi\times(10^7)^2\times10^3\approx10^{18}$세제곱미터다(4π는 10 정도 된다). 1세제곱미터는 $(100)^3=10^6$세제곱센티미터이므로 바닷물 전체의 부피는 약 10^{24}세제곱센티미터라고 추정할 수 있다. 질량으로 환산하면 10^{24}그램 $=10^{18}$톤이다.

이 값은 실제 값과 얼마나 비슷할까? (이 단계에서는 인터넷 검색이 아주 유용하다.) 한국해양과학기술원에 따르면 바다 전체의 평균 수심은 약 3700미터이고 바닷물의 양은 약 1.4×10^{18}톤이다. 우리의 간단한 추정치와 대단히 비슷하다.

이 부피와 물 한 잔의 부피를 비교하면 $10^{22}(=10^{24}\div10^2)$배의 차이가 난다. 역시나 상상하기 힘든 엄청난 차이다. 그러나 아보가드로수를 기억한다면 이 차이가 그리 대단하지 않게 보일 것이다. 한 잔의 수돗물을 바다 전체에 풀어 뒤섞으면 전체 바닷물 속에 약 10^{-22}의 확률로 원래 수돗물 원자들이 존재할 것이다. 이렇게 뒤섞은 바닷물에서 다시 잔으로 100그램을 퍼올리면 그 속에 있는 핵자들 중 10^{-22}의 비율만큼은 수돗물에서 온 것이 된다. 앞서 우리는 수소 1몰의 질량이 대략 1그램이라고 했다. 그러니까 100그램 속에는 약 100몰의 핵자, 즉 6×10^{25}개의 핵자들이 존재할 것이다. 10^{-22}이라는 비율이 천문학적으로는 미약하지만 1몰의 양이 워낙 압도적으로 크기 때문에 새로 퍼올린 100그램의 물 한 잔 속에는 대략 6000개의 원래 수돗물 핵자들이 포함돼 있다. 물(H_2O) 분자는 두 개의 수소원자와 한 개의 산소원자로 구성돼 있고 산소원자 속에는 양성자와 중성자가 각각 여덟 개씩 포함돼 있으므로 물 분자 하나에는 열여덟 개의 핵자가 들어 있다. 따라서 물 분자의 개수로 따지자면 원래 수돗물 분자 중 대략 수백 개가 새로 퍼올린 물속에 포함돼 있다고 추정할 수 있다.

분자나 원자는 우리 눈에 보이지도 않고 우리가 감각적으로 느낄 수 있는 존재도 아니다. 이들이 얼마나 작은지, 그래서 물 한 컵에 얼마나 많은 분자가 모여 있는지 상상하기 어렵다. 그게 어느 정도인가 하면 이 행성을 뒤덮고 있는 바닷물을 모두 조그만 물잔으로 퍼냈을 때 그 잔의 개수보다도 수십 배는 더 많다. 아니, 따지고 보면 우리가 오대양의 크기를 직관적으로 짐작할 수 있다는 말도 허구에 가깝다. 자연을 있는 그대로 바라보기 위해서는 역시 인간 중심의 사고방식을 버리고, 우리에게 익숙한 감각 경험도 의심해야 한다.

8장

코로나 진단키트와 양성 예측도

코로나19 바이러스가 전 세계를 휩쓸었을 때, 한국이 방역 선진국으로 우뚝 선 데에는 진단키트를 빨리 개발해 광범위하고 집요하게 추적 검사를 시행한 것이 큰 역할을 했다. 상식적으로 생각할 때 진단키트의 성능은 감염자를 감염자로 판정하고 비감염자를 비감염자로 판별하는 능력일 것이다. 이는 코로나19 감염증뿐만 아니라 다른 모든 질병에 대해서도 마찬가지다. 이를 일반화해서 정리하면 다음의 표와 같다.

	검사 결과 양성	검사 결과 음성
질병 있음	진양성(True Positive, TP)	위음성(False Negative, FN)
질병 없음	위양성(False Positive, FP)	진음성(True Negative, TN)

질병이 있는 사람을 검사해 양성이 나왔다면 이는 좋은 결과다. 이를 진양성(TP)이라 한다. 한편 질병이 없는 사람을 검사해 음성이 나와도 좋은 결과다. 이를 진음성(TN)이라 한다. 반면 질병이 있는데 음성으로 판정하거나(위음성, FN), 질병이 없는데 양성으로 판정(위양

성, FP)으로 판정한다면 이는 좋지 않은 결과다.

위의 표에서 알 수 있듯이 진양성과 위음성의 수를 더하면(TP+FN) 질병이 있는 사람의 총수, 즉 환자의 총수가 된다. 실제 환자들 중에서 얼마나 많은 사람을 양성으로 판정할 것인가는 모든 진단체계에서 중요한 지표가 될 것이다. 이 표현을 수식으로 옮기면 다음과 같다. $f_s = \frac{TP}{TP+FN}$. 이 값을 민감도sensitivity라 한다. 이와 비슷하게, 질병이 없는 사람들 중에서 얼마나 많은 수를 음성으로 판정할 것인가도 중요한 지표다. 이는 $f_p = \frac{TN}{FP+TN}$ 으로 표현할 수 있다. 이 값을 특이도specificity라고 한다. 한편 환자(TP+FN)와 건강한 사람(FP+TN) 전체(N=TP+FN+FP+TN)에 대해 질병이 있는 사람을 양성으로 판정하고 질병이 없는 사람을 음성으로 판정하는 능력도 하나의 지표로 만들 수 있다. 이 값, $f_a = \frac{TP+TN}{N}$ 을 정확도accuracy라고 부른다.

진단키트를 개발했거나 어느 기구의 승인을 받았다는 기사를 보면 보통 민감도와 특이도, 정확도에 관한 정보가 나와 있다. 팬데믹 기간 중에 읽은 어느 기사에 따르면 R사에서 2020년 봄에 개발한 항체 진단키트의 민감도는 100퍼센트, 특이도는 99.8퍼센트였다. 민감도가 100퍼센트라는 말은 코로나19 바이러스에 감염된 사람은 모두 양성으로 판정한다는 얘기다. 여기서 말을 살짝 바꾸어보자. 감염 여부를 모르는 사람이 이 진단키트로 양성 판정을 받았을 때, 이 사람이 진짜 바이러스에 감염되었을 확률은 얼마일까?

우리 일상의 언어로는 그 말이 그 말 같다. 그러나 감염된 사람을 양성으로 판정할 확률과, 양성으로 판정된 사람이 실제 감염됐을 확률은 엄연히 다르다. 전자는 앞서 말했던 민감도로서, 위 표의 '질병 있음' 가로줄에서 (TP+FN)에 대한 TP의 비율이다. 반면 후자는 위 표에서 '검사 결과 양성'의 세로줄에서 (TP+FP)에 대한 TP의 비율이다. 이 값을 양성 예측도PPV, positive predictive value라고 한다. 즉 $ppv = \frac{TP}{TP+FP}$이다. 한마디로 말하자면 이렇다. 진단키트로 양성 판정을 받았을 때, 여기에는 실제로는 감염되지 않았으나 양성으로 판정되는 경우(FP)까지 포함된다는 뜻이다.

R사의 진단키트로 당시 우리 상황에서 양성 예측도를 계산해보자. 중앙방역대책본부에 따르면 2020년 9월 1일 기준으로 코로나19 누적 확진율이 1.1퍼센트다. 편의상 이 값을 전체 인구 N에 대한 감염자의 비율, 즉 유병률 f_v라 하자(실제 값은 다를 수도 있다). 이 정의에 따라 $f_v = \frac{TP+FN}{N}$임을 쉽게 알 수 있다. 진양성자의 수는 실제 감염자 중에서 양성으로 판정받은 수이므로 실제 감염자 수인 $N \cdot f_v$ $(=TP+FN)$에 민감도 f_s를 곱하면 된다. 각 변수의 정의를 대입하면 그 결과가 TP임을 쉽게 알 수 있다.

한편 위양성(FP)은 실제로는 감염되지 않았으나 양성으로 판정된 사람의 수다. 실제 감염된 사람의 비율이 f_v이므로 감염되지 않은 사람의 수는 $(1-f_v) \cdot N$이다. 이들이 감염되지 않았다고 올바르게 판정할 확률이 특이도 f_p이므로 이들이 감염되었다고 잘못 판정할 확률은 $(1-f_p)$이다. 따라서 위양성은 $FP = (1-f_p)(1-f_v)N$이 됨을 알 수 있다. 여기서 내가 한 일이라고는 일상의 언어를 그냥 기호를 써서 정의에 따라 표현했을 뿐이다. 곱하기와 나누기 정도의 산수 실력만 있으면 각 변수의 정의로부터 위 결과를 간단하게 유도할 수 있다.

이 값들을 모두 대입하면 양성 예측도는 $ppv = \frac{f_s f_v}{f_s f_v + (1-f_p)(1-f_v)}$임

을 쉽게 알 수 있다. 다소 복잡해 보이지만 그 뜻은 명확하다. $f_s f_v$는 감염자를 양성으로 판정할 확률이다. $(1-f_p)(1-f_v)$는 비감염자를 비음성, 즉 양성으로 판정할 확률이다. 일단 진단키트로 양성 판정을 받았다면, 감염됐는데 양성으로 나왔을 경우와 감염되지 않았는데 양성으로 나왔을 경우를 모두 고려해야 한다. 그 두 가지 경우에 대해 내가 실제 감염됐을 확률이 양성 예측도이므로 위의 결과가 나온다. 실제 숫자를 대입하면 그 결과는 약 84.8퍼센트임을 알 수 있다.

민감도가 100퍼센트인 진단키트로 검사했는데 왜 실제 감염됐을 확률은 100퍼센트가 아닐까? 그 이유는 진단키트가 비감염자를 양성으로 판정할 확률이 0이 아니기 때문이다. 달리 말하자면 특이도, 즉 비감염자를 음성으로 판정할 확률이 100퍼센트가 아니기 때문이다. 만약 비감염자를 100퍼센트의 확률로 음성으로 판정한다면 특이도 $f_p=1$이 되고 위의 ppv 식에서 분모의 둘째 항 $(1-f_p)(1-f_v)$이 사라진다. 그 결과 양성 예측도는 1이다. 말로 풀어보면 이렇다. 특이도가 1이면 비감염자는 100퍼센트 음성으로 판정되므로, 양성으로 판정된 사람은 모두 감염자에서 나올 수밖에 없다. 따라서 이 경우 양성 판정을 받았을 때 실제 감염됐을 확률은 당연히 100퍼센트다.

ppv 식을 보면 이 값이 1이 되는 또 다른 경우가 있다. 즉 유병률 $f_v=1$일 때다. 이 경우에는 모든 인구가 감염된 상황이므로 자명한 결과다.

위 식을 잘 살펴보면 유병률이 낮을수록 양성 예측도가 감소한다는 것을 알 수 있다. 유병률이 낮다는 말은 감염자 수가 적다는 말이고, 따라서 비감염자 수가 많은 상황이다. 그렇다면 비감염자를 양성으로 오판할 확률($1-f_p$)이 극히 낮다 하더라도 0이 아닌 이상 비감염자의 숫자가 충분히 크다면 ppv의 식에서 분모의 둘째 항이 상당히 커질 수 있다. 그 결과 전체 비율은 작아진다.

양성 예측도는 수학에서 말하는 이른바 조건부 확률의 대표적인 사례다. 조건부 확률이란 특정한 사건이 일어났다는 제한조건하에서 따지는 확률이다. 앞선 예에서는 양성 판정을 받았다는 사실이 제한조건이 된다. 양성 판정을 받은 사건을 A, 바이러스에 감염된 사건을 V라 하고, 각각의 사건이 일어날 확률을 각각 $P(A)$, $P(V)$라고 하자. 이때 양성 예측도는 A가 일어났다는 조건하에서의 V가 일어날 확률로, 보통 $P(V|A)$로 표기한다. 정의에 따라 이 값은 (V와 A가 동시에 일어날 확률)/(A가 일어날 확률)로 쓸 수 있다. 교집합 기호를 써서 사건 V와 A가 동시에 일어난 사건을 $V \cap A$라 쓰면 $P(V|A) = \frac{P(V \cap A)}{P(A)}$가 된다.

이제 $P(V|A)$에서 V와 A의 역할을 바꾸면, $P(A|V) = \frac{P(A \cap V)}{P(V)}$로 쓸 수 있다. 그런데 A와 V가 동시에 일어날 확률은 V와 A가 동시에 일어날 확률과 같으므로 $P(A \cap V) = P(A|V) \cdot P(V) = P(V \cap A)$로 쓸 수 있다. 따라서 양성 예측도는 $P(V|A) = \frac{P(V \cap A)}{P(A)} = \frac{P(A|V)P(V)}{P(A)}$가 된다.

분자의 $P(A|V)$는 감염됐다는 조건(V)하에서 양성으로 판정(A)할 확률이므로 이는 정확히 민감도의 정의 f_s와 똑같다. $P(V)$는 감염될 확률이므로 유병률 f_v와 같다. 한편 분모의 $P(A)$는 양성으로 판정할 확률이므로, 감염자를 양성으로 판정할 확률 $P(A \cap V)$와 비감염자를 양성으로 판정할 확률 $P(A \cap V^c)$를 더해야 한다. 여기서 V^c는 사건 V

의 여사건으로서 감염되지 않은 사건을 나타낸다. 앞선 식에서 $P(A \cap V) = P(A|V)P(V)$이므로(감염자이면서 양성일 확률은 감염될 확률과 감염되었을 때 양성으로 판정될 확률의 곱과 같다) 마찬가지로 $P(A \cap V^c) = P(A|V^c)P(V^c)$임을 쉽게 알 수 있다. 이는 감염되지 않은 사람 중에 양성으로 판정될 확률은 비감염 확률 곱하기 비감염이라는 조건 속에서 양성으로 판정될 확률의 곱과 같다는 뜻이다. 따라서 $P(A) = f_s f_v + (1-f_p)(1-f_v)$이고 $P(V|A) = ppv$임을 알 수 있다.

조건부 확률에 관한 위의 공식은 그 유명한 베이즈 공식으로 알려져 있다. 토머스 베이즈는 18세기 영국의 목사이자 수학자였다. 베이즈 공식으로 표현된 양성 예측도를 다시 살펴보자.

$$P(V|A) = \frac{P(A|V)P(V)}{P(A)}$$

우변의 $P(V)$는 감염될 확률이다. 좌변의 $P(V|A)$는 양성으로 판정되었을 때 실제 감염되었을 확률이다. 따라서 $P(V|A)$는 $P(V)$와 비교했을 때 A라는 사건이 개입된 차이가 있다. 달리 말하면 $P(V|A)$는 A를 통한 $P(V)$의 업데이트라고도 할 수 있다. 즉 베이즈 공식을 통해 우리는 사건 V가 일어날 확률이 사건 A가 개입됐을 때 어떻게 '진화'할 것인지를 알 수 있다. 그 연결고리는 $P(A|V)$로서, 이를 가능도likelihood라고 한다. 이런 방식의 알고리즘은 기계학습에 유용하게 쓰일 수 있다.

9장

심슨은 왜 무죄판결을 받았을까?

영원히 미제로 남을 것만 같았던 이른바 '화성 연쇄 살인사건'의 범인이 2019년 9월 극적으로 밝혀졌다. 범인은 무기징역을 선고받고 교도소에 수감 중이던 이춘재였다. 범인을 이춘재로 특정할 수 있었던 데에는 DNA 검사가 결정적인 역할을 했다.

DNA는 Deoxyribo Nucleic Acid(디옥시리보핵산)의 약자로 생명체의 유전정보를 담고 있는 물질이다. DNA는 신체를 이루는 각 세포의 핵 속에 존재한다. 지문은 장갑을 끼면 숨길 수 있지만 DNA는 모든 세포에 들어 있으므로 머리카락이든 피부든 살점이든 혈액이든 어디서나 추출할 수 있다. DNA는 아데닌, 구아닌, 사이토신, 티민이라는 네 종의 염기로 구성된다. 인간의 DNA에 포함된 염기는 약 30억 쌍에 이른다. 염기가 늘어선 순서를 염기서열이라고 하는데, 유전정보를 포함하는 구간과 그렇지 않은 구간(비부호화 구간)이 있다.

보통 시료의 DNA와 용의자 홍길동의 DNA를 비교할 때 염기서열이 반복되는 구간을 사용한다. 사람에 따라 어떤 염기서열이 반복되는 횟수가 다르기 때문에 이런 구간을 여럿 골라서 비교하면 시료의 DNA와 홍길동의 DNA가 일치하는지 확인할 수 있다.

그러나 DNA가 일치하는 결과가 나왔다고 해서 끝이 아니다. 앞서 소개했던 양성 예측도의 개념을 떠올려보면 어떤 질병에 대한 검사 결과 양성으로 나왔을 때 실제 질병에 걸렸을 확률과, 실제 질병에 걸렸는데 양성으로 판정될 확률은 다를 수 있다. 범죄현장에도 같은 논리를 적용해보면, 현장의 증거물에서 홍길동의 DNA와 일치하는 DNA가 나왔을 때 홍길동이 범인일 확률과, 홍길동이 범인일 때 증거물의 DNA가 일치할 확률은 다르다.

만약 홍길동이 범인이라면, 증거물에서 나온 DNA와 홍길동의 DNA는 일치할 것이다. 이때 현재의 DNA 분석기술 수준에서 증거물의 DNA가 홍길동의 DNA임에도 불구하고 불일치 결과가 나올 확률은 0이다. 이는 바이러스 검사에서 바이러스에 감염되었음에도 진단키트가 음성으로 판정하는 위음성의 확률이 0인 경우와 같다. 따라서 이때는 검사 결과 100퍼센트의 확률로 DNA 일치 판정이 나온다. 즉 DNA 검사의 민감도는 100퍼센트다. 한마디로 말해, 범인이 남긴 DNA는 반드시 범인의 DNA로 판정된다. 물론 일란성 쌍둥이를 포함해 우연히 범인과 같은 유전자를 갖고 있는 극히 드문 경우도 있다. 이 경우 서로 다른 염기서열을 같다고 판정한 것이 아니므로 검사 자체에는 문제가 없다. 편의상 이처럼 극히 드문 경우는 논외로 하자.

한편 범인이 아닌 다른 사람의 DNA를 범인의 DNA로 잘못 판정할 확률은 예전에 10만분의 1에서 100만분의 1 정도였다. 이는 바이러스가 없음에도 진단키트가 양성으로 판정하는 위양성의 경우에 해당한다. 만약 DNA를 잘못 판정할 확률이 10만분의 1, 즉 0.001퍼센트라면, 해당 유전자가 없을 때 DNA가 일치하지 않는다고 올바르게 판정(진음성)할 확률은 99.999퍼센트다. 보통 DNA 검사의 정확도를 말할 때 나오는 숫자가 이 값으로, 감염병 진단에서 특이도라 부르는 값이다.

이제 현실에서 문제가 되는 상황을 살펴보자. 증거물의 DNA와 일치하는 홍길동을 붙잡았을 때 홍길동이 범인일 확률은 얼마일까? 이는 감염병 진단에서 양성 예측도에 해당하는 확률이다. 예를 들어 DNA 검사의 특이도를 99.999퍼센트라고 하면 증거물에서 검출한 DNA와 무죄인 사람의 DNA가 일치한다고 판정할 확률이 10만분의 1(0.001퍼센트)이다.

만약 재판에서 이런 DNA 증거가 나왔을 때, 홍길동을 기소한 검사와 홍길동의 변호인은 어떻게 대응할까? 아마도 검사는 이렇게 말할 것이다. "홍길동이 무죄임에도 DNA 판정이 잘못될 확률은 10만분의 1이므로, 99.999퍼센트의 확률로 홍길동이 범인입니다."

변호사는 검사의 말이 채 끝나기도 전에 이의를 제기하며 이렇게 주장할 것이다. "이 숫자 자체는 굉장히 작지만 확률이 아주 작더라도 시행 횟수를 늘리면 실제 일어나는 사건은 많을 수 있습니다. 무죄임에도 DNA가 일치한다고 잘못 판정할 확률이 10만분의 1이므로, 대한민국 5000만 인구 중에 무려 500명이나 잘못된 판정의 희생자가 될 수 있습니다. 따라서 홍길동이 범인일 확률은 500분의 1, 즉 0.2퍼센트에 불과합니다. 99.8퍼센트의 확률로 홍길동은 무죄입니다."

누구의 말이 맞을까? 먼저, 검사의 주장은 특이도와 양성 예측도를 구분하지 못한 (또는 일부러 안 한) 결과다. 이를 '검사의 오류'라고 한다.[6] 그렇다면 변호사의 주장이 옳을까?

만약 연쇄 살인사건과 관련된 정보가 아무것도 없다면 대한민국 인구 전체를 용의자로 볼 수도 있다. 그렇다면 홍길동이 범인일 확률은 5000만분의 1에서 500분의 1로 급격히 상승한 셈이다. 그러나 현실에서는 수사를 통해 여러 정보들이 취합되면서 용의자의 범위가 상당히 줄어든다. 무죄임에도 DNA가 일치한다고 잘못 판정될 피해자가 생길 수는 있으나 그 대상이 대한민국 전체 인구일 필요는 없다. 범행의 성격에 따라 어린이나 노약자는 제외될 가능성이 많고 특정 연령대로 제한될 수도 있다. '이춘재 사건'의 경우 당시 수사 용의선상에 오른 사람이 2만여 명, 지문 검사를 한 사람이 4만여 명이었다고 한다. 범위를 좀 더 넓혀 사건이 일어난 화성시 전체를 대상으로 하더라도 당시 인구는 20만 명이 채 되지 않았다. 만약 경찰이 수사 정보를 바탕으로 범인은 반드시 화성 거주자라고 확신할 수 있다면 DNA 검사가 필요한 대상은 20만 명 정도로 줄어든다. 이 중에서 범인이 아님에도 DNA 검사가 일치한다고 잘못 판정되는 사람은 확률적으로 단 두 명이다. 이처럼 변호사가 특정 증거나 다른 수사 정보의 유효함을 무시하는 경향을 '피고 변호사의 오류', 또는 '피고의 오류'라고 한다.

실제로 비슷한 논쟁이 있었다. 1990년대 전 세계를 떠들썩하게 했던 'O. J. 심슨 사건'이 바로 그것이다. 전설적인 미식축구 선수였던 심슨은 1994년 로스앤젤레스의 한 저택에서 일어난 끔찍한 살인사건의 범인으로 기소되었다. 피해자는 심슨의 전부인과 그녀의 남자

친구였다. 사건 현장의 모든 증거는 심슨을 가리키고 있었다. 현장에서 검출된 '산더미 같은' 108개의 DNA 증거는 심슨의 DNA와 일치하는 것으로 판명되었다.

이에 맞서 심슨의 초호화 변호인단은 DNA 증거가 대부분 오염되었거나 경찰에 의해 조작되었다는 주장을 폈다. 검찰 측에서는 현장에서 발견된 혈흔이 심슨의 것과 일치했고 이는 400분의 1의 확률에 해당한다고 주장했다. 심슨의 변호인단은 그 정도 확률이라면 로스앤젤레스 인구 중에 같은 피를 가진 사람들로 미식축구 경기장을 가득 채울 것이라고 맞섰다.

이런 논란을 잠재우려면 검사의 특이도를 높이면 된다. 특이도가 올라가면 무고한 사람의 DNA가 증거물의 DNA와 일치하지 않는다고 옳게 판정할 확률이 높아지므로 그 반대로 판정할 확률은 낮아진다. 만약 이 정밀도가 10만분의 1에서 100만분의 1로 낮아지면 인구 20만 명 중에 0.2명만이 범인으로 잘못 판정될 것이므로 홍길동이 범인일 확률은 1/1.2 = 83퍼센트로 높아진다. 오판할 확률이 1000만분의 1로 떨어지면 홍길동이 범인일 확률은 98퍼센트까지 올라간다. 각 DNA에서 비교하는 염기서열의 개수가 많아질수록 정밀도가 높아질 것이다. 심슨 사건이 발생한 1994년은 미국에서도 DNA 분석기법이 수사에 활용된 초기였고 그 정밀도는 약 1만분의 1에 불과했다.

정밀도를 높이는 것이 과학자의 역할이라면, 경찰은 용의자 범위를 최대한 줄여야 한다. 한 도시의 인구 전체가 용의자라면 경찰은 사실상 아무런 수사도 하지 않았다는 얘기일 것이다. 실제로 이춘재를 연쇄살인범으로 특정할 수 있었던 것은 사건의 증거물에서 새로 검출한 DNA를 수감자의 DNA 자료와 대조한 결과였다. 당국이 운용하는 DNA 데이터베이스에 수감자와 구속 피의자 등 약 22만여 명의 DNA가 보관되어 있다고 하니 숫자로만 보자면 당시 화성시의 인구와 비슷한 규모다. 만약 DNA 분석의 정밀도가 10만분의 1이고 20만 회에 걸쳐 분석을 시행했다면 누군가는 잘못되게 DNA가 일치한다는 결과가 나올 것이다. 하지만 이춘재 사건의 경우 오랜 세월 미제사건으로 남아 있었으므로 그렇게라도 DNA 대조를 할 수밖에 없었을 것이다.

다행히도 한국의 DNA 분석기술은 세계 최고 수준이라 수많은 검사 횟수에서 비롯되는 약점을 상쇄하고도 남을 만큼 정밀도를 크게 낮추었다. 언론 보도에 따르면 이춘재 사건의 경우 발견된 DNA가 이춘재의 그것과 일치하지 않을 확률이 10의 23제곱분의 1이라고 한다. 이렇게 특이도가 높아진 이유는 염기서열을 비교하는 부위가 예전 3~4개에서 최근 20개로 대폭 늘어났기 때문이다. 10의 23제곱이면 앞에서 다루었던 아보가드로수에 맞먹는 숫자다. 세계 인구를 100억 명으로 잡으면 세계 인구 전체에 대해서도 10의 13제곱, 즉 10조분의 1명이 무고하게 범인으로 지목될 것이다. 이 경우 양성 예측도, 즉 DNA 일치 결과가 나왔을 때 이춘재가 범인일 확률은 약 99.9999999999퍼센트다. 만약 재판이 다시 열려서 그 어떤 드림팀이 변호를 맡더라도 이 숫자를 뒤집을 수는 없을 것이다.

물론 이렇게 정밀도가 높은 분석도 DNA 시료가 없다면 무용지물일 것이다. 지금은 1나노그램, 즉 10억분의 1그램만 있어도 PCR(중합효소 연쇄반응)이라는 증폭 기술을 이용해 DNA를 분석할 수 있다.

코로나19 바이러스를 높은 정확도로 진단하는 데에 적용되는 기술과 근본적으로 같다. 범인을 잡기 위해 오랜 세월 꼼꼼하게 증거를 보존해온 경찰의 집념이 드디어 첨단과학과 만나 기적 같은 성과를 낸 셈이다.

심슨은 1995년 무죄판결을 받고 풀려났고, 최근까지 전립선암 투병을 하다가 2024년 4월 미국 라스베이거스에서 사망했다.

10장

숫자로 유무죄를 가릴 수 있을까?

친자 확인이나 범죄 수사에 적극 활용되고 있는 DNA 분석기법의 정확도를 99.999퍼센트로 소개하는 경우가 많다. 일상적인 용어로 보통 사람들이 이 숫자를 받아들이는 의미를 풀어보면 이렇다. "만약 두 DNA가 DNA 검사에서 일치한다면 두 사람이 같은 사람일 확률이 99.999퍼센트다." 엄밀하게 말하면 이는 정확한 표현이 아니다.[7]

99.999퍼센트라는 숫자는 질병 진단에서의 특이도에 해당하는 값으로, DNA 검사에서 해당 유전자가 없을 때 일치하지 않는다고 판정할 확률이다. 예를 들어 범죄현장에서 수집한 증거물에서 채취한 DNA가 실제로는 무죄인 홍길동의 DNA와 일치하지 않는다고 옳게 판정할 확률이다. 이것의 여사건(주어진 한 사건에 대하여 그 사건이 일어나지 않는 사건)으로 설명하자면, 해당 유전자가 없음에도 DNA가 일치한다고 잘못 판정할 확률이 0.001퍼센트라는 뜻이다. 알리바이가 확인된 홍길동의 DNA와 일치할 확률이 이만큼 작다. 위양성 비율은 1에서 특이도를 뺀 만큼, 즉 1-(특이도)이다(편의상 우연히 다른 사람과 유전자가 일치할 가능성은 없다고 가정하자).

용의자가 범인일 때 DNA가 일치할 확률과, DNA가 일치할 때 용의자가 범인일 확률은 엄연히 다르다. 전자는 확률이 100퍼센트다. 왜냐하면 지금의 기술 수준에서 범인의 DNA를 범인의 것이 아니라고 판정할 확률은 0이기 때문이다. 그러나 현실에서 범죄를 수사할 때에는 누가 범인인지 알 수가 없다. 따라서 후자의 확률이 중요하다.

후자의 확률, 즉 DNA 검사가 일치 판정을 내렸을 때 실제로 용의자가 범인일 확률은 질병 진단에서 양성 예측도에 해당하는 값이다. 만약 놀부의 DNA가 증거물의 DNA와 일치한다는 판정이 나왔을 때 놀부가 범인일 확률은 얼마일까의 문제다. DNA 일치라는 사건에는 범인의 DNA를 옳게 판정한 경우와 결백한 자의 DNA를 잘못 판정한 경우가 함께 포함돼 있다. 알리바이가 확인된 홍길동도 재수가 없으면, 낮은 확률이지만 DNA 일치 판정을 받을 수 있다.

여기서 위양성 비율이 10만분의 1로 작다 하더라도 검사 대상이 100만 명이면 열 명은 무죄임에도 증거물과 DNA가 일치한다고 잘못 판정될 수 있다. 그 결과 양성 예측도는 내려간다. 다행히 요즘 DNA 검사의 위양성 비율은 극히 낮아서 '이춘재 사건'에서는 이 값이 10의 23제곱분의 1까지 이른다. 위양성 비율이 100억분의 1 이하로 떨어지면 현재 지구상의 인구 가운데 DNA가 일치한다고 잘못 판정받을 사람은 한 명 미만이다.

이처럼 위양성 비율이 극도로 낮다면 무죄임에도 DNA가 일치할 확률이 극도로 낮아지고 따라서 양성 예측도, 즉 DNA가 일치할 때 범인일 확률은 대단히 높아진다. 물론 양성 예측도가 몇 퍼센트까지 올라가야 놀부가 범인이라고 단정할 수 있을지는 사회적 합의나 판사의 판단에 달려 있는 문제일 것이다. 어쨌든 어떤 기준을 넘어섰을 때 놀부가 범인이라고 지목하는 것은, 놀부가 무죄라 가정했을 때 무죄임에도 DNA가 일치할 확률이 너무나 낮으니까(예컨대 100억분의 1), 즉 무죄라고 하기에는 너무나 희박한 사건이 일어난 셈이니까, 그 정도로 희박한 확률의 사건이 일어났으면 그냥 범인이라고 보자는 뜻이다.

양성 예측도 말고 판사가 참고할 수 있는 지표가 있다. 가능도 비율이다. 한마디로 놀부가 범인이 아닌데도 증거가 나올 확률(분모) 대비 놀부가 범인일 때 증거가 나올 확률(분자)의 비율을 말한다. 가능도 비율의 분모에 들어가는 확률은 다름 아닌 위양성 비율이다. 분자에 들어가는 확률은 용의자가 범인일 때 DNA가 일치할 확률이므로 이는 100퍼센트다. 따라서 이 경우 가능도 비율은 위양성 비율의 역수와 같다. 만약 위양성 비율이 10만분의 1이면 가능도 비율은 10만이다. 물론 이 값을 어떻게 받아들일지는 재판부의 몫이다.

어떤 판사가 DNA 판정의 위양성 비율이 100만분의 1 이하인 경우 범인으로 특정하겠다는 기준을 세웠다고 하자. 법정에서 검사는 아마도 공신력 있는 DNA 검사 결과를 제출하면서 그 검사의 위양성 비율이 판사의 기준을 만족함을 주장할 것이다. 예컨대 검찰이 확보한 DNA 검사 결과의 위양성 비율이 1000만분의 1로서 판사가 정한 기준보다 더 희박한 확률이므로 놀부가 범인이 틀림없다고 주장할 것이다. 이때 검찰이 유죄를 확신하려면 자신이 제시한 위양성 비율이 판사의 기준보다 더 작아야 한다. 즉 판사가 제시한 기준보다 더 희박한 사건이 일어났음을 보여야 한다.

이에 맞서 변호사는 정확히 검사와 반대 방향으로 가려 할 것이다.

검사가 제시한 DNA 검사 방식에 문제를 제기하거나(O. J. 심슨의 변호사들이 그랬던 것처럼), 또는 다른 검사 결과를 제시하며 의뢰인에 대한 검사의 위양성 비율이 판사가 제시한 기준보다 더 높다고 강조할 것이다.

위에서 소개한 논의를 보면서 아마도 수학시간에 배웠을 귀류법을 떠올리는 사람이 많을 것이다. 귀류법이란 어떤 명제를 증명할 때 일단 그 명제를 부정한 뒤 모순을 이끌어내 원래의 명제가 옳음을 증명하는 방식이다. 대표적으로 $\sqrt{2}$가 무리수임을 증명할 때 이 방법을 쓴다. 먼저 $\sqrt{2}$가 무리수가 아닌 유리수라 가정하고 모순을 이끌어낸다. 이로부터 모순의 원인이 되는 첫 번째 가정, 즉 $\sqrt{2}$가 유리수라는 가정이 틀렸음을 보이는 것이다. 헬레니즘 시대의 수학자 유클리드가 집대성한《기하학원론》에서 소개한 증명법이다.

DNA 검사 결과를 해석하는 검찰의 논리를 살펴보자. 일단 용의자 놀부가 무죄라고 가정한다. 이는 놀부를 유죄로 기소한 검찰의 결론을 뒤집는 가정이다. 그랬을 때 DNA가 일치할 확률이 너무 낮으니까, 매우 그럴듯하지 않은 상황이 발생했으므로 원래 가정을 기각한다는 논리다.

이 과정을 일반화해보자. 내가 증명하고 싶은 어떤 명제가 있다. 먼저 이 명제와 결부된 영가설null hypothesis(또는 귀무가설)을 만든다. 영가설이란 한마디로 "아무런 특별한 일도 일어나지 않았다"라는 가정이다. 즉 원래 명제의 효과를 무위로 설정하는 가정이다. 다음으로 영가설이 옳다는 가정 아래 내가 관측한 사건 또는 그보다 더 극한(또는 더 드문) 사건이 일어날 확률을 구한다. 이 값을 p값이라 한다.

만약 p값이 미리 정해둔 어떤 기준보다 작으면 영가설을 받아들이지 않는다. 이 기준을 유의수준significance level이라 한다. 보통 0.05나 0.01의 값을 이용한다. 이 같은 검정의 과정을 유의성 검정이라 한다. 현대 통계학의 기초를 세운 로널드 피셔가 제시한 방법이다. 피셔의 유의성 검정은 p값을 통해 영가설이 얼마나 믿을 만한가를 판단하는 기제다.

놀부의 재판을 예로 들면, 검찰의 입장에서 검찰의 영가설은 "놀부는 무죄다"가 된다. 이런 가정 아래 DNA 검사로 얻을 수 있는 결과는 증거물의 DNA와 놀부의 DNA가 일치하는 사건과 일치하지 않는 사건 둘 뿐이다. 이때 DNA가 일치하는 사건이 벌어졌고, 그보다 더 드문 사건은 없으므로 간단히 이때의 확률을 p라 할 수 있다. 이 값이 판사가 제시한 기준보다 낮으면 '놀부는 무죄'라는 영가설을 받아들이지 않는다.

피셔의 유의성 검정에서 중요한 개념이 p값이다. p값은 지금도 학술 연구에서 통계적인 검정을 할 때 늘 등장한다. p값은 영가설이 옳다고 가정했을 때, 특정한 사건 하나가 일어날 확률이 아니라 그 사건 이상으로 더 드문 사건이 일어날 확률이다. 예컨대 동전의 앞면과 뒷면이 대칭적으로 만들어졌다고 가정할 때 동전을 100번 던져서 앞면이 80회 나왔다면 이 사건과 관련된 p값은 동전의 앞면이 80회 이상 나올 확률에 해당한다.

영가설이 옳다는 가정 아래 얻은 p값이 아주 작다면 이는 극히 드문 일이 일어난 경우이므로 영가설을 받아들이지 않겠다는 것이 피셔의 논지다. 보통 p값이 유의수준보다 작으면 통계적으로 유의하다는 결론을 내린다. 여기서 주의할 점은 p값에 과도한 의미를 부여하거나 잘못된 해석을 하면 안 된다는 점이다. 우선 p값은 영가설이 옳다는 조건에서의 조건부 확률이다. 따라서 p값 자체가 영가설이 옳을 확률을 말하지 않는다. p값은 이미 영가설이 옳다는 전제를 깔고 있으므로, p값이 크거나 작다는 사실이 영가설이 옳거나 틀릴 확률을 말하지 않는다. p값이 작으면 영가설이 옳다는 전제 아래 그만큼 드문 사건이 발생한 것이고, p값이 크다면 영가설이 옳다는 전제 아래 그만큼 흔한 일이 일어났음을 뜻할 뿐이다. 그 결과를 어떻게 받아들일지는 사람의 몫이다.

만약 유의수준보다 높은 p값을 얻었다면 어떻게 될까? 영가설이 옳다는 가정 아래 비교적 흔한 일이 일어났으므로 영가설은 기각되지 않는다. 그러나 기각되지 않았다고 해서 영가설이 '증명'된 것은 아니다. 그 사건이 영가설과 양립 가능하다는 사실을 말할 뿐이다.

무엇보다 p값은 영가설의 검증에만 관여하는 숫자다. 원래의 명제가 얼마나 믿을 만한가와는 직접적인 관련이 없다. 영가설이 옳다는 가정과 관측 데이터가 얼마나 모순적인가, 또는 얼마나 양립 가능한가를 따질 뿐이다.

현대의 통계적 가설 검정법은 피셔의 유의성 검정법과 네이만-피어슨의 가설 검정법이 결합된 형태다. 네이만-피어슨의 검정법에는 영가설에 더해 대안 가설이 하나 더 등장한다. 한마디로 경쟁하는 가설 중에 무엇을 선택할 것인가라는 의사결정 기제라 할 수 있다. 이런 의미에서 네이만-피어슨 가설 검정법을 귀납적 행위라고 하고, 피셔의 유의성 검정법을 귀납적 추론이라 한다.

p값을 둘러싼 논란과 오용이 얼마나 심했던지 2016년 미국통계학회는 p값의 해석과 이용에 관한 여섯 가지 원칙을 제시했다. 첫째, p값은 특정 통계모형과 데이터가 얼마나 양립 불가능한지를 나타낼 수 있다. 둘째, p값은 검토 중인 가설이 참일 확률, 또는 데이터가 무작위적인 우연에 의해서만 만들어졌을 확률을 측정하지 않는다. 셋째, 오직 p값이 특정한 문턱값을 넘었는지의 여부에만 근거해서 과학적 결론과 사업 또는 정책적 결정을 내려서는 안 된다. 넷째, 적절한 추론을 하려면 완전한 보고와 투명성이 필요하다. 다섯째, p값 또는 통계적 유의성은 어떤 효과의 크기나 결과의 중요성을 측정하지 않는다. 여섯째, p값 자체는 모형이나 가설과 관련된 증거를 제대로 측정하지 못한다.

요컨대 p값을 너무 믿지 말고 과도한 의미부여를 하지 말라는 뜻이다.

11장

수능 점수와 정규분포

대한민국이 매년 치르는 국가지대사 중의 하나가 수능시험이다. 나는 30여 년 전에 학력고사를 보고 대학에 입학했다. 이른바 '선지원 후 시험' 제도여서 시험을 치기 전에 원하는 대학 학과에 먼저 지원하고 지원한 대학에 가서 학력고사 시험을 봤다. 시험 결과는 냉정한 숫자로 나오고, 점수에 따라 당락이 결정되었다. 요즘의 복잡한 입시제도와 비교하면 정말 단순하다. 당시에는 학력고사 점수만 중요했지만 지금은 원점수, 표준점수, 백분위, 등급 등 용어부터가 복잡하다.

수능 원점수란 말 그대로 수능시험 답안을 채점해서 나온 원래 점수를 말한다. 원점수는 내가 몇 점을 받았는지를 알려주지만, 전체 수험생 중에서 나의 위치를 알려주지는 못한다. 해마다 시험의 난이도가 다르기 때문이다. 이를 보완하기 위해 도입한 지표가 표준점수다. 표준점수의 정확한 의미를 제대로 이해하려면 정규분포부터 알아야 한다.

정규분포란 간단히 말해 어떤 양이 종 모양의 좌우대칭으로 퍼져 있는 분포다. 전국 성인 남성의 키나 영아의 몸무게 같은 양은 거의 정확하게 정규분포를 이룬다. 이 분포를 처음으로 자세하게 연구한

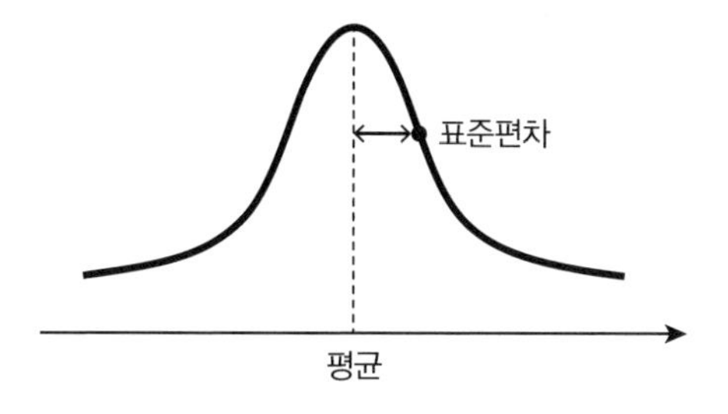

정규분포 그래프

독일의 수학자 카를 프리드리히 가우스의 이름을 따서 가우스분포라고도 한다.

수학적으로 정규분포는 연속적인 실수값에 대한 분포이고 현실의 수능 점수 분포는 불연속적인 수능 점수에 대한 분포다. 현실의 분포를 이상적인 정규분포로 이해하겠다는 것은 이런 차이가 그리 중요하지 않아서 무시할 수 있을 정도인 경우에 가능하다.

정규분포에서 가장 눈에 띄는 특징은 한가운데 봉우리를 중심으로 데이터가 집중적으로 모여 있다는 사실이다. 봉우리에 해당하는 데이터 값은 다름 아닌 전체 분포의 평균값(m이라 하자)이다. 즉 정규분포에서는 데이터가 평균 근처에 집중적으로 모여 있고 평균에서 멀어질수록 급격하게 데이터 수가 줄어든다. 그 줄어드는 정도가 '기하급수적'이라는 사실이 정규분포의 가장 중요한 특징이다. 수학적으로는 정규분포를 나타내는 곡선의 함수가 확률변수(데이터 값)의 제곱에 대한 지수함수의 역수로 주어진다. 이 때문에 확률변수(데이터 값)가 조금만 변해도 그 분포가 급격하게 줄어든다.

예컨대 통계청에서 공개한 2019년 기준 병역 판정 검사 현황을 보면 장정들의 평균 키는 173.8센티미터다. 이 값이 포함된 구간인 171~175센티미터에 속하는 장정의 수는 대략 10만 명, 166~170센티미터 구간과 176~180센티미터 구간의 장정 수는 대략 7만 명대임에 비해 161~165센티미터, 181~185센티미터 구간은 2만 명대로 줄어들고 156~160센티미터 구간은 3000명대, 186~190센티미터 구간은 5000명대로 급격히 줄어든다. 정규분포를 나타낼 때 각 데이터 값에 해당하는 사람 수 대신 전체 사람 수로 나눈 값으로 표현하면 이는 곧 확률분포로 바뀐다. 이렇게 되면 예컨대 키 171~175센티미터 구간에 해당하는 분포가 10만여 명이 아니라 33.6퍼센트로 바뀐다. 정규분포를 표현할 때 이렇게 전체 데이터 값으로 나눈 확률분포를 이용하면 훨씬 더 편리하다.

정규분포의 두 번째 특징은 이 분포의 성질이 오직 평균과 표준편차만으로 결정된다는 점이다. 표준편차는 분산의 제곱근에 해당하는 값으로 보통 그리스 문자 시그마(σ)로 나타낸다. 분산이란 각 데이터와 평균의 차이를 제곱한 양의 평균이다. 따라서 표준편차란 전체 데이터가 평균을 중심으로 얼마나 흩어져 있는지를 나타내는 지표다. 정규분포에서 표준편차가 크면 종 모양이 평균을 중심으로 납작하게 퍼져 있고 표준편차가 작으면 종 모양이 좁게 나온다. 그리고 평균이 m이고 분산이 σ^2인 정규분포를 보통 $N(m, \sigma^2)$으로 쓴다.

정규분포의 세 번째이자 수학적으로 가장 중요한 특징은 표준편차와 관계가 있다. 정규분포는 일종의 확률분포이므로, 정규분포의 특정 구간에 속할 확률은 정규분포 곡선 아래의 해당 구간 넓이에 해당

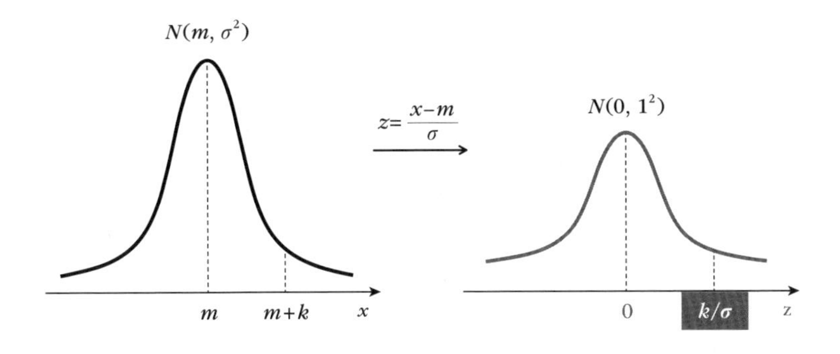

정규분포의 표준화

한다. 곡선 아래쪽의 넓이는 수학적으로 적분으로 계산한다. 마침 정규분포는 평균을 중심으로 좌우대칭이므로, 한가운데 평균 m에서 특정한 양 A만큼 떨어진 구간 사이의 넓이(=확률)를 알면 간단한 덧셈 뺄셈을 통해 임의의 구간 사이의 확률을 구할 수 있다.

이때 모든 정규분포에 대해 m에서 A까지의 넓이(확률)는 오직 A가 평균으로부터 표준편차의 몇 배만큼 떨어져 있는가로 결정된다. 이는 단지 수학적인 결과다. 넓이는 적분으로 계산하는데, 정규분포 곡선이 제아무리 복잡해도 적절하게 변수를 바꿔서 치환적분을 하면 결국 원하는 구간점이 평균에서 표준편차의 몇 배인가라는 양만 남게 된다.

이 말을 수식으로 옮겨보자. A가 m에서 얼마나 떨어져 있는가는 (A-m)으로 계산할 수 있다. 이 값이 표준편차의 몇 배인지 알아보려면 표준편차로 나눠보면 된다. 따라서 우리에게 중요한 값은 $\frac{A-m}{\sigma}=Z$이다.

입시에 관심이 많은 수험생이라면 이 값이 수능에서 표준점수를 구할 때의 'Z점수'임을 알 수 있을 것이다. 즉 Z점수는 (원점수-평균)/(표준편차)로 계산한다(물론 수능 점수분포가 정규분포를 이룬다고 전제한다. 이는 경험상으로도 충분히 그럴듯한 가정이다). 그러니까 수능 Z점수란 자신의 원점수가 전체 평균으로부터 표준편차의 몇 배만큼 떨어져 있는가를 나타내는 양이다. 만약 Z점수가 양수로 크다면 원점수가 평균으로부터 상당히 상위로 멀리 떨어져 있음을 뜻한다. 임의의 정규분포는 Z의 정의를 써서 Z의 확률분포로 바꿀 수 있다. 이때 Z의 평균은 0이고, 표준편차는 1이다. 그러니까 이 세상 모든 정규분포는 적어도 구간별 확률에 관한 한 수학적으로 평균이 0이고 표준편차가 1인 Z의 분포와 똑같다.

예를 들어 평균으로부터 좌우로 표준편차의 1배, 즉 1시그마 떨어진 구간인 $m-1\cdot\sigma \le X \le m+1\cdot\sigma$에 속할 확률은 Z의 입장에서는 $-1 \le Z \le +1$인 확률과 똑같다. 이 값을 계산하면 68.3퍼센트다. 이 값에서 다시 우리는 정규분포의 특징, 즉 평균 중심으로 데이터가 모여 있음을 알 수 있다. 좌우로 2시그마 이내에 있을 확률은 무려 95.4퍼센트, 3시그마 이내에 있을 확률은 99.7퍼센트에 이른다.

그렇다면 내 성적이 평균 중심으로 3시그마 바깥에 있을 확률, 즉 $Z<-3$이거나 $Z>3$일 확률은 0.3퍼센트다. 정규분포는 좌우대칭이므로 내가 $Z>3$의 점수를 얻었다면, 나의 원점수가 전체 학생들 중에서 상위 0.15퍼센트 이상이라는 뜻이다.

실제 표준점수는 국어와 수학 등의 경우 Z점수에 20을 곱한 뒤 100을 더한다. 이는 Z값을 20배 한 뒤에 100만큼 옮긴 변환이므로 평균이 100이고 표준편차가 20인 정규분포에 해당한다. 즉 표준점수 $T=20Z+100$이라 하면 $Z=\frac{T-100}{20}$이므로 위의 Z 정의에 따라 평균이 100이고 표준편차가 20임을 쉽게 알 수 있다. 이는 자신의 수능 원점수가 평균이 100점이고 표준편차가 20점인 시험에서 몇 점에 해당하는지를 나타내는 지표다. 따라서 Z점수보다 훨씬 현실적인 느낌을 주지만 수학적으로 큰 의미는 없다.

사실 확률분포에서 수학적으로 의미가 없기는 백분위도 마찬가지다. 백분위는 내 점수 뒤로 몇 퍼센트의 학생이 있는가를 나타내는 숫자다. 백분율 자체가 우리 일상에서 아주 익숙하지만 숫자 100을 기준으로 한다는 사실 자체가 다분히 임의적이고 인간 편의적이다. 반면 정규분포에서 그 특성을 드러내는 지표는 표준편차다. 평균으로부터 표준편차의 몇 배만큼 떨어져 있는가로 자신의 위치를 가늠할 수 있기 때문이다. 따라서 표준편차는 정규분포 자체의 특성을 품고 내장돼 있는 분포 고유의 요소다. 그러니까 Z점수는 정규분포 고유의 언어이고 표준점수나 백분위는 우리에게 익숙한 인간의 언어다. 내가 받은 점수가 전체 수험생들 중에서 어느 위치인지 파악하고 이를 바탕으로 입시전략을 세울 때는 물론 친숙한 인간의 언어로 '번역'된 표준점수나 백분위를 이용하면 된다. 그러나 분포 자체의 고유한 성질을 (수학적으로) 이해하려면 인간의 언어가 아닌 수학의 언어, 즉 Z점수에 익숙해져야 한다.

수능 성적을 이해하는 또 다른 지표는 등급이다. 보통 표준9등급, 즉 스테나인stanine 등급을 사용한다. 아홉 등급에서 중간에 있는 5등급이 정규분포의 한가운데, 즉 평균이 되게 잡고 표준편차의 0.5배

(0.5시그마)만큼의 폭을 따라 새로운 등급을 만든다. 표준편차의 0.5배만큼 증가할 때마다 등급이라는 변수가 1씩 변하므로 스테나인의 표준편차는 2(2×0.5=1)이다. 따라서 스테나인 등급은 $SN = 2Z+5$로 계산된다. 각 등급의 폭이 일정하므로 종 모양의 정규분포에서 평균을 포함하는 한가운데 등급(5등급)의 확률이 가장 크고 가장자리 등급(1등급 또는 9등급)의 확률이 가장 작다. 또한 스테나인 등급의 평균이 5이고 한 등급의 폭이 0.5시그마이므로 5등급은 평균을 중심으로 좌우가 0.25시그마인 영역에 해당한다. 정규분포 표를 이용해 이 확률을 계산해보면 약 20퍼센트임을 알 수 있다. 6등급은 5등급의 오른쪽 끝 지점인 $m+0.25\sigma$부터 다시 0.5시그마 떨어진 지점, 즉 $m+0.75\sigma$지점까지의 영역이다. 이런 식으로 계속하면 7등급은 0.75시그마 이상 1.25시그마 미만, 8등급은 1.25시그마 이상 1.75시그마 미만, 9등급은 1.75시그마 이상의 영역이다. 정규분포 표를 이용해 간단히 계산해보면 6등급은 17퍼센트, 7등급은 12퍼센트, 8등급은 7퍼센트, 9등급은 4퍼센트다. 5등급보다 하위인 4~1등급도 이와 똑같은 원리로 나뉜다. 결국 가장 중요한 지표는 Z점수로서, 내 원점수가 전체 학생들의 평균으로부터 얼마나 떨어져 있는가를 나타낸다. 이것이 분포 자체의 언어로 자신의 위치를 파악하는 방법이다.

12장

4할 타자가 사라진 이유

시험 결과를 나타낼 때 표준점수가 필요한 이유는 시험 난이도가 다른 선택과목들 사이의 난이도를 반영하기 때문이다. 예컨대 똑같은 80점을 받았더라도 쉽게 출제된 과목에서 받은 80점과 어렵게 출제된 과목에서 받은 80점은 의미가 다르다. 그 의미를 정량적으로 비교하기 위한 방법 중 하나가 표준점수다.

예를 들어 홍길동이 수학과 영어에서 모두 80점을 받았는데, 수학 과목 평균은 50점, 영어 과목 평균은 70점이라 가정해보자. 표준편차는 모두 편의상 20점이라고 한다. 그렇다면 홍길동의 수학 점수는 평균에서 30점 멀리 떨어져 있으므로 표준편차(20점)의 1.5배 멀리 있는 셈이다. 즉 수학 점수는 1.5시그마 떨어져 있다. 반면 영어는 평균에서 10점 떨어져 있으므로 표준편차의 0.5배, 즉 0.5시그마 떨어져 있다.

이제 홍길동의 수학과 영어 점수를 표준점수로 환산해보자. 표준점수는 평균을 100으로 하고 표준편차가 20인 정규분포다. 표준점수든 원점수든 Z점수든 중요한 것은 '평균에서 표준편차의 몇 배만큼' 떨어져 있는가이다. 홍길동의 수학 점수는 평균에서 1.5시그마 떨어져 있다. 이 말을 표준점수에 적용해보자. 표준점수의 평균은 100점이고 표준편차는 20점이다. 따라서 홍길동의 수학 표준점수는 100+20×1.5=130점이 된다.

반면 영어 점수는 평균에서 0.5시그마 떨어져 있다. 이를 식으로 옮기면 영어 표준점수는 100+20×0.5=110점이 된다. 같은 점수라도 시험 문제가 어려워 평균이 낮을수록 표준점수가 올라감을 알 수 있다. 이는 그만큼 평균에서 멀리 떨어져 있기 때문이다.

일반적으로 시험이 쉬울수록 평균은 올라가고 표준점수의 최고점은 내려가는 경향이 있다. 반대로 시험이 어려울수록 평균은 내려가고 표준점수의 최고점은 올라간다. 평균이 높고 낮음은 시험의 난이도를 달리 표현한 말이라고 할 수 있다. 표준점수 최고점이 평균과 반대 방향으로 움직이는 건 왜일까? 간단한 예를 들어보자.

A라는 과목이 너무 쉬워서 평균이 80점이라고 하자. 표준편차는 여전히 20점이다. 그렇다면 아무리 시험을 잘 봐서 100점 만점을 받더라도 평균으로부터 1시그마(=(100-80)/20)밖에 안 떨어져 있는 셈이다. 만점 이상을 받을 수는 없으므로 평균이 올라갈수록 평균과 만점 사이의 거리는 좁아질 수밖에 없고, 결과적으로 이 과목의 최고점수는 평균에서 멀리 떨어질 수가 없다. 만점자라 하더라도 표준점수로 환산하면 100+20×1=120점밖에 안 된다.

반면 B과목이 너무 어려워서 평균이 30점이었다고 하자. 최고점자는 70점을 받았다. 70점은 평균으로부터 40점 떨어져 있으므로 표준편차(20점)의 두 배에 해당한다. 즉 최고점자는 2시그마만큼 떨어져 있다. 표준점수로는 100+20×2=140점이다. 평균이 낮으면 그만큼 고득점자는 평균에서 더 멀어질 여지가 있다. 흔하지는 않겠지만, 정말 잘하는 학생은 홀로 평균과는 아주 멀리 떨어진 고득점을 받을 수 있다. 그렇게 되면 표준점수는 높아질 수밖에 없다.

야구에서 4할 타자가 사라진 이유도 이와 똑같은 원리로 설명할 수 있다. 그 설명을 해낸 사람은 다소 생뚱맞게도 미국의 저명한 고생물학자 스티븐 제이 굴드다. 굴드는 역사, 예술, 건축, 스포츠 등 다방면에 걸쳐 엄청난 지식을 뽐냈던 르네상스형 인물이다. 그는 생물의 진화가 점진적이지 않고 단계적이며 급진적으로 도약한다는 단속평형설을 주창한 것으로 유명하다. 《이기적 유전자》의 저자인 리처드 도킨스와 진화의 본질과 속성을 두고 지난한 논쟁을 벌이기도 했다.

엄청난 야구광이자 뉴욕 양키스의 열렬한 팬이었던 굴드는 자신의 책 《풀하우스》에서 미국 메이저리그에서 4할 타자가 사라진 이유를 분석했다. 메이저리그의 마지막 4할 타자는 1941년 테드 윌리엄스로, 그의 타율은 4할 6리(0.406)였다. 윌리엄스 이전에도 4할 타자가 꽤 있었다. 한국에서는 프로야구가 출범했던 원년인 1982년에 선수 겸 감독으로 활약했던 백인천이 유일무이한 4할 타자로 남아 있다. 그의 타율은 4할 1푼 2리(0.412)였다. 당연하게도 이 기록은 한국 프로야구의 최고 타율로 남아 있다.

언뜻 생각하기로는 투수나 야수들의 수비 기량이 계속 향상되었기 때문에 4할 타자가 사라진 게 아닐까 싶다. 하지만 투수와 야수의 기량이 향상되는 동안 타자의 타격 기술도 분명히 향상되었을 것이므로 이런 추측은 4할 타자가 사라진 이유를 명쾌하게 설명하지 못한다.

그렇다면 왜 4할 타자가 사라졌을까? 굴드가 찾은 이유는 이렇다.

첫째, 투수든 야수든 타자든 선수들의 전반적인 경기력이 향상되었다. 투수나 수비수의 기량뿐만 아니라 심지어 타자들의 기량도 향상되었다. 굴드는 이 사실을 증명하기 위해 메이저리그의 방대한 자료를 뒤졌다. 야구는 기록의 스포츠이므로 오랜 세월 동안 쌓인 데이터를 분석해보면 야수들의 수비력뿐만 아니라 공격력도 함께 향상되었는지 아닌지 알 수 있을 것이다. 사실 그렇게 엄밀하게 따져보지 않더라도, 야구팬이라면 예전에 비해 정성적으로라도 타자들의 타격 기량이 월등하게 좋아졌음을 알 수 있다. 배트 속도가 빨라졌다든지, 투수가 던진 공의 궤적에 따른 대처가 뛰어났다든지, 선구안이 좋아졌다든지 하는 다양한 방식으로 타자들의 기량이 훨씬 좋아졌다. 한국 프로야구에서도 마찬가지다.

둘째, 그렇다고 해서 타자들의 평균 타율이 계속 높아지는 것은 아니다. 여기에는 경기 외적인 요소가 개입하기도 한다. 타자들의 평균 타율이 3할을 넘어서면 어떻게 될까? 투수놀음이라는 야구가 재미없어진다. 이른바 '타고투저' 현상인 것이다. 타자가 너무 잘 치면 메이저리그 사무국이나 KBO는 타율을 낮추는 방법을 강구한다. 실제로 한국에서도 스트라이크 존을 넓히거나 야구공의 반발력을 낮추거나 하는 방식으로 평균 타율을 조절하는 조치를 취한 적이 있다. 메이저리그에서는 초기 타자들의 평균 타율이 2할 6푼 정도였다고 하는데, 메이저리그 사무국이 각종 조치를 통해 이 정도 타율이 계속 유지되도록 관리해왔다고 한다. 말하자면 타자들의 기량도 계속 향상했지만 평균 타율은 크게 변하지 않도록 타자들에게 좀 더 가혹한 상황을 만든 셈이다.

셋째, 인간의 능력에는 신체적 한계가 분명히 존재한다. 아무리 타자들의 타격 능력이 좋아졌더라도 투수의 공에 반응하는 속도가 무한정 짧아지거나 배트 속도가 무한대로 빨라지지는 않는다. 타격 뒤 1루로 뛰어나갈 때의 주루 속도에도 한계가 있다. 아무리 신체능력이 향상되었다고 해도 100미터를 7초 안에 뛰지는 못한다(그런 선수는 육상선수로 전업하는 게 옳다!).

첫째와 셋째 항목이 말하는 바를 한마디로 정리하자면, 타자들의 기량이 '상향 평준화'되었다는 것이다. 메이저리그 초기에 비해 20세기 후반으로 갈수록 선수들의 기량이 인간의 한계치에 더 가까이 몰리게 되었다는 것이다. 그렇다면 평균에서 아주 멀리 떨어져 기량이 뛰어난 선수가 존재할 확률은 대단히 희박해진다. 시험 난이도가 낮아서 평균 점수가 상당히 높아진 것과 같다. 그렇다고 해서 학생들이 받을 수 있는 점수의 상한선, 즉 만점이 변한 것은 아니다. 모든 학생의 성적이 만점이라는 상한선을 향해 상향조정되면서 평균을 중심으로 몰려 있게 된다. 그런데 타자들의 평균 타율은 이런저런 조치로 인해 2할 6푼을 유지하고 있다. 그 결과 평균 타율 2할 6푼에서 멀리 떨어진 타율이 나오기가 굉장히 힘들어진 것이다. 이는 시험이 쉬우면 평균은 올라가고 표준점수 최고점이 낮아지는 상황과 정확히 똑같다. 선수들의 기량이 상향 평준화되면서 인간의 한계치에 더 근접함에 따라 평균보다 월등하게 뛰어난 '변이'가 급격하게 감소할 수밖에 없다는 것이 핵심 내용이다.

나는 이런 현상을 구구단으로 설명하기도 한다. 구구단을 처음 배

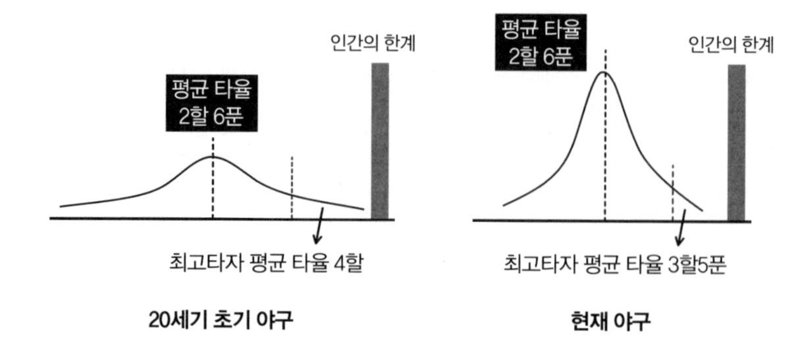

4할 타자가 사라진 이유

우는 초등학교 저학년에게는 구구단의 '4할 타자'를 따지는 것이 의미가 있겠지만, 고등학생들 사이에서 구구단의 '4할 타자'를 따지는 건 아무런 의미가 없다. 대부분의 학생들이 구구단을 거의 완벽하게 외우고 있을 것이기 때문이다.

그런데 굴드는 왜 《풀하우스》라는 책에서 4할 타자가 사라진 이유를 분석했을까? 흔히 생물의 진화를 어떤 종이 이전보다 더 좋아지는 또는 발전하는 변화로 인식하는 경향이 있다. 영어 단어 'evolution'을 우리말로 옮긴 '진화進化'에서도 '나아갈 진進'을 쓰고 있다. 즉 진화를 진보로 이해하는 경향이 있다. 좋아지고 발전한다는 의미를 더 구체화해서 복잡성이 증가한다는 개념을 쓰기도 한다.

굴드는 진화가 진보라는 주장에 반대했다. 굴드에 따르면 진화의 본질은 진보나 복잡성의 증가가 아니라 다양성의 증가다. 《풀하우스》는 이 주장을 논증하기 위해 쓴 책이다. 굴드의 논지를 우선 비유적으로 말해보자.

커다란 냄비 한가운데에 설탕을 부으면 가운데에 봉우리가 생기고 주변으로 갈수록 방사형으로 점차 높이가 낮아진다. 만약 설탕을 냄비의 한쪽 면에 바짝 붙여서 부으면 어떻게 될까? 설탕은 한쪽 면 쪽에 많이 쌓이고 가운데 방향으로 갈수록 점점 줄어들 것이다. 설탕이 쌓이는 모습은 설탕을 냄비의 어느 위치에서 붓느냐에 따라 달라진다. 후자의 경우 설탕이 쌓여감에 따라 계속 냄비의 가운데 쪽으로 흘러내리는 것은 애초에 냄비의 한쪽 면에 바짝 붙여 설탕을 붓기 시작했기 때문이다. 이를 두고 "설탕은 용기의 가운데로 향하는 경향이 있다"라고 주장하는 것은 설탕을 붓는 초기 조건을 무시한 잘못된 일반화다.

굴드에 따르면 진화도 마찬가지다. 지구의 생명체는 처음에는 가장 단순한 구조로 등장해 오랜 세월에 걸쳐 진화의 과정을 거쳤다. 굴드에게 진화 과정이란 다양성의 증가다. 그런데 하필 진화의 시작점이 매우 단순한 구조의 생명체였다. 이는 마치 설탕을 냄비의 한쪽에 바짝 붙여 붓기 시작하는 것과 같다. 이런 상황에서는 진화를 통해 다양성이 증가하더라도 생명체가 더 이상 단순해질 수가 없다. 설탕이 냄비의 벽에 막혀 가운데 방향으로만 흘러내리는 것과 같은 이치다. 단순한 구조의 생명체라는 진화의 출발점이 일종의 냄비 벽 역할을 하는 셈이다. 다양성의 증가가 '결과적으로' 복잡한 생명체의 탄생을 초래했을 뿐이다.

오래전부터 인간은 세상 만물을 자기중심적으로 해석해왔다. 지구가 우주의 중심이라는 생각도 그렇고, 인간은 매우 특별한 존재라는 생각도 그렇다. 진화론을 받아들이는 경우에도 진화란 생명체가 하

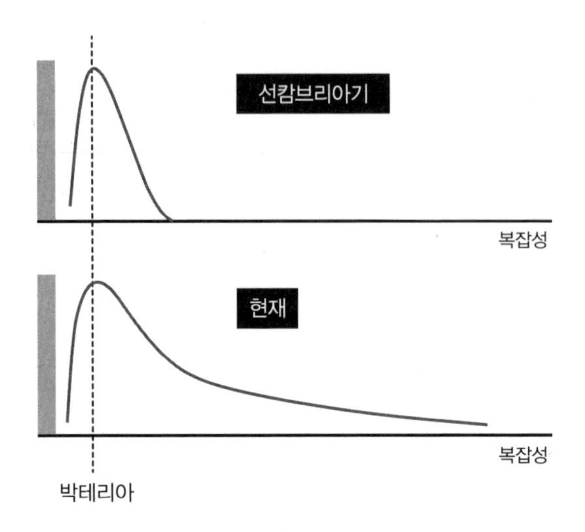

다양성의 증가

등생물에서 고등생물로, 종국에는 인간으로 '진보'하기 위한 일련의 여정이라고 오해한다. 그러나 전체 생태계를 놓고 봤을 때 우리처럼 복잡한 신체구조를 가진 생명체는 매우 희박하다. 먼 옛날 선캄브리아기나 지금이나 생태계에서 가장 많은 수를 차지하는 것은 박테리아다. 인간 중심으로 진화를 해석하는 것은 인간을 과잉 대표하는 오류일 뿐이다.

더 이상 변이를 허용하지 않는 벽의 존재는 생물의 진화에서 다양성의 증가가 공룡이나 인간처럼 복잡한 생명체를 탄생하게 했고, 야구에서는 인간의 신체적 한계라는 벽면의 존재가 선수들 기량의 상향 평준화에 따른 변이의 감소를 초래해 4할 타자를 사라지게 한 것이다!

굴드가《풀하우스》에서 4할 타자가 사라진 것과 똑같은 원리로 진화의 본질이 진보가 아니라 다양성의 증가임을 규명한 것은, 전혀 다른 두 분야에서 같은 원리를 발견해 하나로 연결시킨 놀라운 사례 중 하나다.

13장

5시그마의 비밀

코로나 바이러스가 한창 창궐했을 때 일부 종교인들이 신앙의 힘으로 바이러스를 물리칠 수 있다고 주장해서 뭇사람들의 눈살을 찌푸리게 했다. 바이러스의 작용과 질병 사이의 관계는 이미 100년 전부터 과학자들의 노력으로 충분히 밝혀져 있다. 덕분에 21세기의 우리는 바이러스와 질병 사이의 관계에 종교의 힘을 도입할 필요가 없다. 그럼에도 누군가가 계속 성령이나 초자연적인 힘을 주장한다면 이를 어떻게 확인할 수 있을까?

문제를 간단히 하기 위해 동전 던지기를 생각해보자. 동전 하나를 여러 번 던져도 좋고 여러 개의 동전을 동시에 던져도 좋다. 어느 날 전우치라는 자가 나타나 자신은 초능력을 지니고 있어 항상 앞면만 나오게 할 수 있다고 주장했다. 실제로 이런 비슷한 주장을 한 희대의 자칭 초능력자가 1980년대에 있었고, 국내 TV 방송에 출연까지 했다. 우리는 전우치의 주장을 어떻게 과학적으로 검증할 수 있을까?

먼저 극단적인 경우를 생각해보자. 동전을 100번 던져서 99번 앞면이 나왔다면(또는 동전 100개를 동시에 던져 앞면이 99개 나왔다면) 전우치의 초능력을 인정해줘야 하지 않을까? 물론 앞면이 단 세 번만 나왔다 하더라도 우리는 그의 초능력이 거꾸로 작용하지 않았을까 하고 감탄할 것이다. 반면 앞면이 52번 나왔다면 그가 특별한 능력을 가졌다고 말하기 어렵다.

이런 경우에 적용하는 원칙이 있다. 얼마나 드문 일이 일어났는지를 따져보는 것이다. 엄밀하게 계산해보지 않더라도 100번 중 99번은 대단히 드문 일이다. 반면 52번은 아주 흔히 일어나는 현상이다. 확률이론을 잘 모르더라도 우리는 상식적으로 동전을 100번 던지면 대략 50번은 앞면, 50번은 뒷면이 나오리라 예상한다. 왜냐하면 동전을 한 번 던졌을 때 앞면이 나올 확률과 뒷면이 나올 확률이 각각 2분의 1이기 때문이다. 1회 시행 시 어떤 사건이 일어날 확률(1/2)을 시행 횟수(100)와 곱하면 실제 시행했을 때 그 사건이 일어날 횟수의 기댓값(1/2×100=50)을 구할 수 있다. 이런 분포를 이항분포라고 한다. 일반적으로 이항분포의 표준편차를 제곱한 값인 분산은 시행 횟수 곱하기 1회 시행 때의 확률 곱하기 그 확률의 여확률로 주어진다. 동전 던지기의 경우 앞면이 나올 확률과 나오지 않을 확률이 똑같이 2분의 1이므로 n번 던졌을 때(또는 n개를 던졌을 때) 앞면이 나오는 횟수의 기댓값은 $n \times \frac{1}{2} = \frac{n}{2}$으로 주어지고 표준편차는 $\sqrt{n \cdot \frac{1}{2} \cdot \frac{1}{2}} = \frac{\sqrt{n}}{2}$으로 주어진다.

그러나 초능력이 있는지 없는지를 과학적으로 판별하려면 드물다, 흔하다 같은 정성적인 기준을 적용할 수 없다. 과학자는 정량적인 기준을 좋아한다. 이왕 정량적인 기준을 세우려면 인간에게 편리하지만 임의적인 기준보다 분포 자체가 가지는 통계적 특성을 십분 활용하는 것이 유용하다. 자연에서 볼 수 있는 가장 대표적인 분포는 앞서 소개했던 정규분포 또는 가우스분포다. 정규분포가 대표적인 이유 중 하나는 동전 던지기 같은 시행의 결과를 정규분포로 근사할 수 있기 때문이다. 달리 말하자면, 동전을 던져 앞면이 나오는 횟수를 분포 그래프로 나타냈을 때 그 시행 횟수가 아주 많아지면 이 분포는 좌우대칭 종 모양의 정규분포에 점점 가까워진다. 이를 드무아브르-라플라스 정리라고 한다. 동전 던지기 같은 이항분포는 확률변수가 불연속적인 자연수(예컨대 앞면이 나온 횟수)인 반면 정규분포는 연속적인 실수에 대한 분포이므로 이 둘이 완전히 같을 수는 없지만, 시행 횟수가 아주 많아지면 비슷해진다(수학적으로 엄밀하게 증명할 수도 있겠으나 직관적으로 생각해봐도 그렇다).

정규분포의 형태를 결정하는 요소는 평균과 표준편차다. 동전 던지기의 횟수가 클 때 앞면이 나오는 횟수의 분포는 동전 던지기라는 이항분포의 기댓값인 $\frac{n}{2}$을 평균으로 하고 그 표준편차인 $\frac{\sqrt{n}}{2}$를 표준편차로 하는 정규분포로 근사할 수 있다. 100회는 비교적 큰 값이라 정규분포 근사가 유효하다. 요컨대 동전을 100회 던지는 경우, 평균이 50이고 표준편차가 5인 정규분포를 따른다고 볼 수 있다.

정규분포를 가정했을 때 과학자들이 정한 '과학적 발견'의 기준이 있다. 바로 '5시그마(5σ)'라는 기준이다. 여기서 그리스 문자 시그마(σ)는 표준편차를 나타내는 기호다. '5시그마'는 평균으로부터 표준편차(시그마)의 다섯 배 떨어진 사건이라는 뜻이다. 앞에서도 말했듯이 정규분포에서 임의의 영역에 속할 확률은 평균에서 표준편차의 몇 배만큼 떨어져 있는가(수능에서 Z점수에 해당하는 값)로 결정할 수 있다. 과학자들이 '5시그마'의 유의수준이라고 말할 때의 정확한 뜻은 정규분포에서 평균으로부터 표준편차의 '다섯 배 이상' 떨어져 있을 확률에 해당하는 사건이 일어났다는 것이다. 이 값을 수치로 환산하면 약 350만분의 1, 즉 0.0000003에 해당한다. 앞에서 소개한 유의성 검정의 p값으로 말하자면 '5시그마'의 사건은 p값이 350만분의 1에 해당하는 사건이다. 흔히 통계적으로 유의하다고 받아들이는 0.05나 0.01에 비해서 굉장히 작은 값이다.

이를 전우치의 동전 던지기에 적용해보자. 앞서 말했듯이 동전 100회 던지기는 평균이 50이고 표준편차가 5인 정규분포로 근사할 수 있다. 표준편차의 다섯 배에 해당하는 값은 5×5=25이다. 따라서 평균으로부터 표준편차의 다섯 배 이상 떨어져 있는 사건은 75회(=50+5×5) 이상 앞면이 나오는 사건이다. 전우치가 동전을 100회 던졌는데 그중 75번은 앞면이 나왔다고 하자. 이때의 p값은 전우치가 초능력이 없다고 가정했을 때 '75회 앞면 또는 그보다 더 드문' 사건이 일어날 확률이다. 그러니까 75회 이상의 모든 사건이 일어날 확률의 총합이 p값이다. 이항분포의 수학으로부터 이 값을 직접 계산할 수도 있다(실제로 계산해본 값은 약 355만분의 1이다). 그러나 정규분포를 이용하면 75회가 평균으로부터 5시그마 떨어진 사건이므로 정규분포 곡선의 '5시그마 이상' 영역의 확률을 구하면 된다. 이 값은 정규분포 표를 이용해 쉽게 구할 수 있다. 그 값은 물론 0.0000003, 즉 약 350만분의 1이다. 이렇게 5시그마 이상의 확률에 해당하는 사건이 일어났으면, 초능력이 없다고 가정했을 때 너무나 드문 사건이 일어났다고 판정한다. 따라서 초능력을 '발견' 또는 '관측'했다고 선언할 수 있다. 1년은 365일이므로 350만분의 1의 확률은 대략 1만

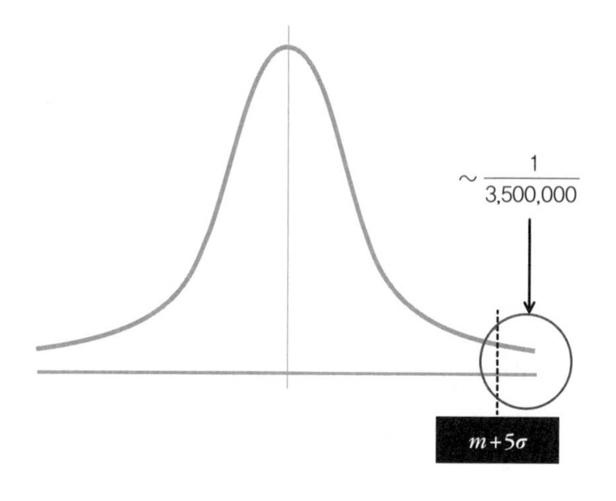

5시그마

년의 세월 중 하루에 일어나는 사건에 해당한다. 단군 이래 우리 민족의 역사가 한 번 더 흘러도 하루 있을까 말까 한 일인 셈이다.

조금 다르게 말하자면 이렇다. 350만 명이 모여서 동전 100개를 던지면 그중에 한 명은 앞면이 75번 이상 나올 수 있다는 뜻이다. 확률이 아무리 작아도 시행 횟수가 커지면 그 사건이 일어날 수 있다. 45개의 숫자 중 여섯 개가 맞아떨어지는 로또에 당첨될 확률은 약 814만분의 1이다. 이는 5시그마보다 낮은 확률이지만 그럼에도 매주 당첨자가 나온다. 물론 전우치가 그 행운의 주인공일 수도 있다. 다만 350만 명 중에 특정되지 않은 누군가가 그 한 명이 되는 것과, 350만 명 중에 특정된 어느 한 명이 그 사람이 되는 것은 전혀 다른 이야기다.

한 가지 주의할 점이 있다. 이항분포나 정규분포는 좌우대칭형이다. 따라서 5시그마 이상의 사건도 있는 만큼 5시그마 이하의 사건도 있다. 동전 던지기에서는 앞면이 25회 이하 나오는 사건이 여기에 해당한다. 만약 5시그마 이상의 사건뿐만 아니라 5시그마 이하의 사건까지도 포함한다면 그 확률은 350만분의 1의 두 배가 될 것이다. 과학자들이 그냥 5시그마라고 말할 때는 평균보다 5시그마 이상일 확률을 뜻한다.

5시그마보다는 못하지만 그래도 주의할 만하다고 판정하는 기준이 3시그마다. 이는 평균으로부터 표준편차의 세 배 이상 떨어져 있을 확률로 약 0.00135, 즉 대략 740분의 1에 해당하는 값이다. 이 정도의 p값에 해당하는 사건이 일어났으면 보통 '증거'를 봤다고 표현한다. 조금 드문 일이 일어나기는 했으나 아직 과학적 발견까지는 아니라는 뜻이다. 동전 던지기에서는 표준편차의 세 배가 15회이니까 총 65회(=50+15) 이상 앞면이 나올 확률이다. 만약 전우치가 동전을 100번 던져서 앞면이 70번 나왔다면, 이는 3시그마 이상의 확률이지만 아직 5시그마까지의 확률은 아니므로 과학적 발견에는 못 미치는, 그러나 주목할 만한 '증거' 정도는 되는 사건이다. 2시그마 이하면 그냥 통계적 잡음이라고 봐도 무방하다.

과학자들이 이렇게 5시그마 이상을 과학적 발견의 기준으로 삼은 것은 지금까지의 숱한 경험으로부터 정립된 것이다. 한때는 3시그마나 4시그마 정도의 실험 결과도 매우 비중 있게 다루었으나 후속 연구 결과 그저 통계적인 요동으로 끝난 경우도 많았다. 4시그마는 대략 3만분의 1에 해당하는 확률이다. 앞으로 5시그마의 유의수준으로 관측한 값들까지 최종적으로 통계적인 잡음으로 판명되는 경우가 많아진다면 과학적 발견의 기준이 더 엄격해질 수도 있다. 아직은 대체로 5시그마를 발견의 기준으로 받아들이고 있기 때문에 논문의 제목만 보고도 그 결과의 통계적 유의수준을 짐작할 수 있다.

5시그마에만 매몰되어서는 안 되는 경우도 가끔 있다. 2011년 전 세계 과학계는 이른바 초광속 현상을 발견했다는 발표로 혼란에 빠졌다. 중성미자라는 소립자의 성질을 연구하던 유럽의 과학자들이 실험에 사용한 중성미자의 속력이 광속보다 0.0025퍼센트 더 크다고 보고했다. 지금까지 우리가 알기로는 빛보다 빠른 물리적 신호는 존재하지 않는다. 이는 특수상대성이론의 결과다. 만약 이 결과가 사실이라면 현대 물리학의 토대를 다시 구축해야 할지도 모른다. 이 실험은 GPS를 활용해 거리와 시간을 측정했을 정도로 굉장히 정밀하게 이루어졌다. 실험 결과의 통계적 유의수준은 무려 6시그마로, p값이 약 10억분의 1에 해당한다. 이후 몇 달 동안 수백 편의 논문이 쏟아졌다. 정말로 초광속 현상을 발견한 것이었을까? 이 사례는 뒤에서 자세히 소개할 것이다.

2부

보수적 발상

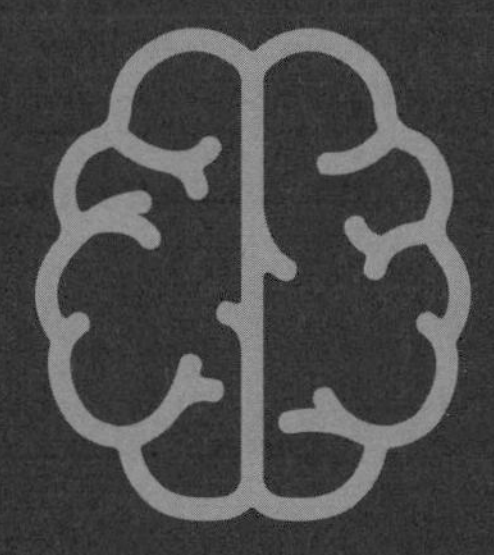

우리를 죽이지 못하는 것은
우리를 더 강하게 만든다.
– 프리드리히 니체

과학은 가장 혁신적이고 혁명적인 학문이라는 심상이 강하다. 전혀 틀린 말은 아니지만 내가 느끼는 사정은 좀 복잡하다. 과학이 가장 혁명적일 수 있었던 원동력이 바로 과학의 보수성이라고 생각하기 때문이다. 혁명적이고 새로운 패러다임이 자리를 잡기 전까지 과학자들은 아무리 기상천외한 현상이 발견되더라도 일단 기존의 체계(패러다임) 속에서 가능한 모든 수단을 동원해 그 현상을 설명하려고 한다. 이런 의미에서 과학자들은 대단히 보수적이다. 생각할 수 있는 모든 수단과 방법을 동원해본다는 점에서 기존 체계에 대한 집착이 병적이다 싶을 정도다. 이렇게까지 구체제에 집착하는 이유는 그래야만 그 모든 시도가 실패했을 때 아무런 미련 없이 혁명의 대열에 동참할 수 있기 때문이다. 일단 마음이 돌아서면 과학자들은 누구보다도 열렬한 혁명의 전도사로 돌변한다.

그러나 과학의 발전 과정은 제아무리 혁명적이라 하더라도 정치적 혁명이나 사회적 변혁과는 다른 점이 있다. 정치사회적 혁명은 과거와의 단절을 뜻하지만 과학에서의 혁명은 단절이라기보다 확장에 가깝다. 여기서 과학자들의 보수성이 갖는 역할이 존재한다. 기존 체제로 어디까지 설명할 수 있는지 그 경계를 명확히 확인해야 새로운 체제와의 연결점 또는 연관성을 찾을 수 있다. 이런 맥락에서 과학의 보수성은 과학의 혁명성과 동전의 양면을 이룬다. 과학은 가장 보수적이기 때문에 가장 혁명적일 수 있고, 그래서 단절이 아닌 연속과 확장의 길을 걸을 수 있었다. 이것이야말로 과학이 가장 성공적인 학문으로 살아남을 수 있었던 가장 큰 이유가 아닐까 싶다.

사실 정치사회적 혁명도 구질서(앙시앵레짐)의 모순을 많은 이들이 체감하는 데서 출발한다. 과학에서는 더욱 그렇다. 뭔가가 얼마나 새로운지, 얼마나 혁신적인지를 알려면 일단 기존 체계부터 잘 알아야 한다. 보통 비과학 또는 유사과학을 주장하는 사람들은 정통 과학을 잘 모르거나 자의적으로 해석한다. 나도 상대성이론이 틀렸다고 주장하는 이른바 '재야과학자'를 많이 접해봤다. 이들 중 60퍼센트 정도는 아인슈타인의 광속불변 가정을 잘 이해하지 못하고 자의적으로 해석해 잘못된 결론에 이르곤 한다. 과학에서 사용하는 용어들은 대체로 엄밀하게 정의되지만 그 용어가 일상용어로도 쓰이는 경우가 많기 때문에 조심하지 않으면 혼란에 빠지거나 잘못된 결론에 이를 수 있다. 예컨대 물리학에서 말하는 힘force이나 일work은 일상적인 의미에서의 힘이나 일과 같지 않다. 뉴턴역학이든 상대성이론이든 기존의 이론을 전복하려면 먼저 그 대상 자체를 잘 알아야 한다. 이는 과학자에게도 당연히 적용된다. 과학자에게도 혁명의 출발은 앙시앵레짐이다. 이런 맥락에서 과학자의 발상법을 추적하는 출발점은 과학자들의 '보수적인 발상법'이 적격이다.

1장

기존의 이론을 지키기

과학자들이 얼마나 보수적인지를 보여주는 순간은 기존의 체계와 상충하는 현상을 발견했을 때다. 우리는 보통 과학 하면 귀납적인 사유방식을 떠올린다. 자연현상을 편견 없이 관찰하고 그로부터 보편적인 자연의 법칙을 이끌어내는 방식이다. 1609년 요하네스 케플러가 튀코 브라헤의 천문관측 자료를 분석해 행성운동의 법칙을 발견한 것, 1900년 막스 플랑크가 흑체복사 실험 결과로부터 흑체복사의 에너지 분포 곡선을 얻은 것이 대표적인 사례다. 귀납법의 한 변종으로 칼 포퍼가 주창했던 반증주의도 있다. 포퍼에 따르면 과학은 결코 확증될 수 없으며 오직 반례에 의해 반증될 뿐이다. 반증 가능성이 높은 이론이 좋은 과학 이론이다. 예컨대 "모든 백조는 희다"라는 명제는 아무리 많은 백조를 관찰하더라도 '일반적인 증명'에 이르지 못한다. 반면 단 한 마리의 '검은 백조'가 발견되기만 해도 이 명제가 틀렸음을 반증할 수 있다.

그러나 이런 사례가 과학의 역사에서 흔하지는 않다. 과학 활동이 진행되는 과정은 그리 간단하지 않고 상당히 복잡하기 때문이다. 특히 앞서 말했듯이 과학자들은 일단 보수적이다. 천왕성의 변칙적인 공전 궤도도 과학자들의 보수적인 발상법이 결국엔 큰 성공으로 귀결된 흥미로운 사례였다.

천왕성의 변칙궤도

천왕성은 망원경으로 찾은 태양계의 첫 행성이다. 사람이 맨눈으로 관측할 수 있는 태양계 행성은 토성까지다. 독일 출신으로 영국에서 활동한 천문학자 윌리엄 허셜과 그 누이 캐럴라인 허셜은 손수 만든 망원경으로 1781년에 천왕성을 발견했다. 천왕성의 공전 주기는 84년이다. 케플러의 행성운동법칙에 따르면 행성이 태양에서 멀리 떨어져 있을수록(즉 공전 궤도가 커질수록) 공전 주기도 커진다. 당시 천왕성의 전체 공전 궤도를 모두 관찰하려면 1865년까지 기다려야 했다. 84년이라는 시간은 몇 세대에 걸친 협력이 필요한 시간이다. 다행히 과학자들은 천왕성을 처음 발견한 이래 천왕성이 한 바퀴를 다 공전하기 전인 1840년대에(그럼에도 최초 발견으로부터 60년이 지난 때였다) 천왕성의 공전 궤도가 뉴턴역학•의 예측과 맞지 않고 다소 변칙적임을 알게 되었다.

자, 여러분이 1840년대의 과학자였다면 이 결과를 어떻게 받아들이겠는가?

여기에는 크게 세 가지 가능성이 있다. 첫째, 관측 결과가 틀렸을

• 뉴턴의 세 가지 운동법칙에 기초하여 정립된 역학 체계.

지도 모른다. 장비가 부실했을 수도 있고 관측자가 부주의했을 수도 있고, 아니면 알 수 없는 어떤 이유로 관측이 정확하지 않았을 수도 있다. 둘째, 뉴턴역학, 특히 중력을 기술하는 만유인력의 법칙이 틀렸을지도 모른다. 과연 만유인력의 법칙이 토성보다 훨씬 더 멀리 있는 천왕성에까지 잘 적용되는 올바른 중력이론일까? 알 수 없는 일이다. 천왕성의 공전 궤도가 이미 뉴턴역학의 예측과 어긋나고 있지 않은가. 케플러처럼 충실한 귀납주의자라면 관측 결과를 철석같이 믿고 만유인력의 법칙이 틀렸다고 생각할 것이다. 결국 과학은 자연의 결과에 부합해야 하는 게 아닌가. 그러나 과학자들은 제3의 길을 선택했다. 첫째도, 둘째도 아니라면 어떤 선택지가 있을까? 관측 결과도 맞고 만유인력의 법칙도 틀리지 않았다는 것이다.••

관측 결과가 만유인력의 법칙의 예측과 맞지 않는데 어떻게 둘 다 틀리지 않았다고 할 수 있을까? 해결책은 바로 새로운 요소를 도입하는 것이다. 즉 천왕성 바깥에 아직 관측되지 않은 새로운 행성이 있다고 가정하면 그 행성의 영향으로 천왕성의 공전 궤도가 변칙을 보인다고 설명할 수 있다.

실제로 1840년대에 프랑스의 천문학자 알렉시 부바르가 처음으로 새로운 행성의 존재를 예측했고, 1845~1846년에 영국의 존 애덤스와 프랑스의 위르뱅 르베리에는 각각 독립적으로 새로운 행성의

•• 논리적 가능성만 따진다면 관측 결과와 이론 모두 틀렸을 가능성도 있지만 이 경우는 틀린 관측 결과를 틀린 이론과 비교하는 상황이므로 우선은 관측의 정확성을 높이는 쪽으로 해결을 시도할 것이다. 따라서 넓게 보아 첫 번째 경우에 포함된다고 볼 수 있다.

위치를 계산해낸다. 르베리에는 자신의 결과를 독일의 천문학자 요한 갈레에게 보냈는데, 당시 베를린 관측소에 있던 갈레는 르베리에의 편지를 받은 바로 그날 밤 르베리에가 예측한 위치에서 1도 각도 이내에서 새로운 행성을 발견했다. 해왕성이었다.

천왕성과 해왕성의 사례는 새로운 관측 결과가 초래한 위기를 어떻게 더 큰 성공으로 바꾸었는지를 보여주는 대표적인 사례다. 만약 과학자들이 모두 철저한 귀납주의자였다면 천왕성의 궤도를 관측한 결과를 보고 즉시 뉴턴역학을 폐기한 채 새로운 대안 이론이 나오기를 기다렸을 것이다. 그랬다면 아마도 해왕성의 발견은 훨씬 더 늦어졌을 것이다. 그러나 대부분의 과학자들은 그런 길을 선택하지 않는다. 1840년대면 뉴턴의 역작《프린키피아》가 출간된 지 150년도 더 지난 때여서 뉴턴역학의 성공 사례가 충분히 많이 축적돼 있었다. 설령 뉴턴역학이 완벽한 이론이 아니라고 하더라도(실제로 20세기에 새로운 중력이론이 등장했다) 새로운 현상 한두 개 때문에 쉽게 뉴턴역학의 모든 체계를 내버리지는 않는다.《과학혁명의 구조》를 쓴 토머스 쿤의 말을 빌리자면 뉴턴역학은 하나의 훌륭한 패러다임이다. 구조로서의 패러다임은 한두 번의 외풍에 쉽게 무너지지 않는다. 패러다임은 과학자 집단이 과학 활동을 하는 방식 자체를 규정하기 때문이다. 150년 이상 성공가도를 달려온 패러다임이라면 더욱 그렇다. 천왕성의 궤도가 아무리 변칙적이더라도 뉴턴역학이 틀렸을지도 모른다는 두 번째 가능성은 과학자들에게 마지막 선택지였을 것이다. 결국 성공적인 패러다임을 수호하려는 과학자들의 보수적인 발상은 위기를 더 큰 성공으로 전환시켰고 뉴턴역학이라는 패러다임을 더욱 강화하게 되었다.

방사성 붕괴의 비밀

천왕성의 변칙궤도와 해왕성의 발견이 우주적 규모에서 일어난 사례였다면, 이와 거의 비슷한 일이 원자 이하의 미시세계에서도 일어났다.

20세기 초 원자와 그 내부 구조가 밝혀지면서 과학자들은 새로운 혁명기를 맞게 된다. 기존의 뉴턴역학 체계로는 설명할 수 없는 많은 현상들이 한꺼번에 등장했고 결국에는 양자역학이라는 새로운 패러다임이 승리하게 된다. 과학자들을 어리둥절하게 했던 현상 중 하나는 원자핵의 붕괴였다. 어떤 원소들의 원자핵은 입자들을 방출하면서 에너지를 잃는다. 이런 현상을 방사성 붕괴라고 한다. 이때 방출되는 입자들의 흐름을 방사선이라고 하는데 그 정체를 몰랐던 20세기 초에는 그리스 문자를 써서 알파선, 베타선, 감마선이라 불렀다. 이후 알파선은 헬륨 원자핵의 흐름, 베타선은 전자의 흐름, 감마선은 파장이 짧은 전자기파임이 밝혀졌다.

베타선을 방출하는 핵붕괴, 즉 베타 붕괴는 알파 붕괴나 감마 붕괴와 다른 점이 있었다. 알파 붕괴나 감마 붕괴에서는 알파선 또는 감마선의 에너지가 특정한 값을 가진다. 이는 원자핵의 붕괴 전후를 비교했을 때 붕괴 전의 원자핵이 가진 에너지에서 붕괴 후의 원자핵이 가지는 에너지의 차이만큼 방사선이 에너지를 갖고 방출되기 때문이다. 그런데 베타선의 에너지는 달랐다. 특정한 값을 가지는 대신 연속적인 값의 스펙트럼을 보인 것이다.[8] 이는 명백히 에너지보존법칙에서 벗어나는 것처럼 보였다. 실제로 양자역학 혁명을 이끌었던 닐스 보어는 베타 붕괴에서 에너지보존법칙이 깨진다고 생각했다.[9] 에너지보존법칙이 19세기에 정립된 이래 지금까지 이를 위반하는 현상은 관측된 적이 없었다. 그러나 원자 이하의 세계는 고전역학적인 상식이 통하지 않는 영역이어서 보어가 그렇게 생각한 것도 무리는 아니었다.

또 다른 문제는 에너지뿐만 아니라 스핀 각운동량(회전운동에 수반되는 운동량)이라 불리는 물리량 또한 보존되지 않는 듯 보인다는 것이었다. 스핀은 양자역학적인 성질로서 모든 입자가 태생적으로 갖고 있는 각운동량으로 외부 자기장에 민감하게 반응하는 물리량이다. 스핀은 크게 두 종류로 나뉘는데, 스핀 값을 두 배 했을 때 짝수인 경우와 홀수인 경우 두 가지가 있다. 스핀 값의 두 배가 짝수인 입자를 보손boson, 홀수인 입자를 페르미온fermion이라 한다. 베타입자, 즉 전자는 페르미온이다. 원자핵이 베타 붕괴할 때 반응 전후의 스핀 값은 잘 맞지 않는다. 마치 하나의 짝수가 또 다른 짝수와 홀수의 합으로 쪼개지는 것과 같다. 이는 반응 전후의 각운동량이 보존되지 않는다는 뜻이어서 과학자들이 심각하게 받아들이지 않을 수 없었다.

이 문제를 해결한 사람은 오스트리아의 물리학자 볼프강 파울리였다. 파울리는 1930년 'neutron'이라는 이름의 새로운 입자를 도입해 베타 붕괴를 설명했다. 1932년에는 영국의 물리학자 제임스 채드윅이 원자핵을 구성하는 새로운 입자를 발견해 '중성자neutron'라 명명

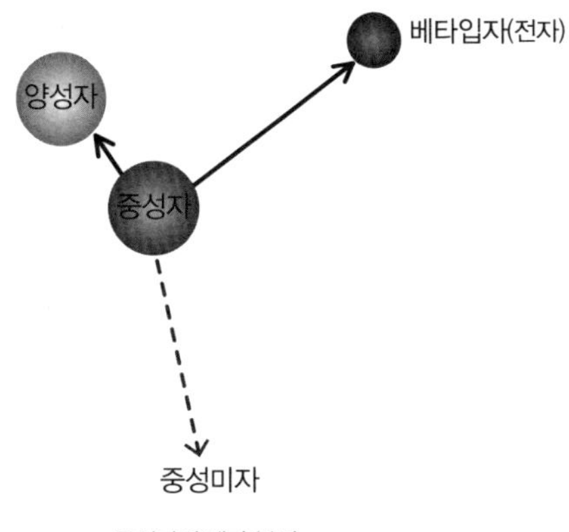

중성자의 베타 붕괴

하면서 전혀 다른 두 입자가 같은 이름을 갖게 되었다. 이탈리아의 엔리코 페르미는 파울리의 새 입자를 전기적으로 중성인 아주 작은 입자라는 뜻으로 '중성미자neutrino'라고 불렀고, 지금까지 그 이름이 굳어졌다. 중성미자는 전기적으로 중성이고 질량도 극히 작고 반응성도 미약해 통상적인 검출기를 그냥 관통해 지나간다. 또한 반응 전후의 스핀 값을 맞추려면 중성미자는 페르미온이어야 한다. 베타 붕괴에서 중성미자가 함께 생성되면 중성미자가 원래 원자핵의 에너지 일부를 가져갈 수 있기 때문에 전자가 연속적인 에너지 스펙트럼을 가지는 현상을 쉽게 설명할 수 있다. 중성미자는 현대 물리학이나 천문학 등에서 아주 중요한 역할을 하는 입자다.

중성미자의 도입은 해왕성을 도입한 사례와 많이 닮았다. 새로운 현상(천왕성 궤도; 베타 붕괴)이 기존의 패러다임(뉴턴역학; 에너지/각운동량 보존)과 어긋나는 결과를 보여 위기를 맞았지만 결국 새로운 요소(해왕성; 중성미자)를 도입함으로써 위기를 극복하고 앙시앵레짐을 오히려 강화하게 된 점에서 그렇다. 중성미자는 1956년 클라이드 카원, 프레더릭 라이너스 등이 수행한 실험에서 발견되었고, 그 공로로 라이너스는 1995년 노벨 물리학상을 수상했다.

은하회전곡선

천왕성/해왕성 및 중성미자 사례와 아주 비슷하면서도 아직 결론이 나지 않은 사례도 적지 않다. 아래 소개하는 이야기도 우주에서 일어나는 일이다.

17세기 초 케플러가 발견한 행성운동법칙은 태양계의 모든 행성에 전일적으로 적용되는 법칙이며, 훗날 뉴턴이 만유인력의 법칙을 발견하는 데에도 결정적으로 기여했다. 그 세 번째 법칙에 따르면 행성의 공전 궤도 긴반지름semi-major axis(장반경이라고도 한다)의 세제곱은 공전 주기의 제곱에 비례한다. 이를 조화의 법칙이라 부른다. 상황을 단순화해 행성의 공전 궤도가 원 궤도이면, 긴반지름은 원 궤도의 반지름에 해당하며 공전 주기는 반지름을 행성의 공전 속도로 나눈 값에 비례한다. 따라서 조화의 법칙에 따르면 행성의 공전 반경은 공전 속도의 제곱에 반비례한다. 달리 말하자면 행성의 공전 속도는 공전 반경의 제곱근(루트)에 반비례한다. 정성적으로 표현하면 행성이 태양에서 멀리 떨어져 있을수록 공전하는 속도도 줄어든다.

케플러의 법칙은 철저한 귀납주의에 따라 태양계 행성들을 관측한 결과를 일일이 수작업으로 계산해서 얻은 경험법칙이었다. 따라서 케플러의 법칙이 태양계 이외의 다른 천체에도 적용될지는 알 수 없는 일이었다. 뉴턴역학이 위대한 이유는 만유인력이라는 보편중력의 법칙으로 케플러의 법칙을 설명할 수 있기 때문이다. 보편중력의 법칙은 지구나 태양뿐만 아니라 질량을 가진 모든 물체에 보편적으로 적용되기 때문에 경험법칙으로서 케플러의 법칙이 가지는 한계를 넘어설 수 있다.

태양계를 벗어나 태양 같은 별을 수천억 개 포함하고 있는 은하에 대해서는 어떨까? 은하를 구성하는 별이나 성운, 기체 등도 모두 보편적으로 만유인력의 법칙에 따라 중력 작용을 할 것이므로 은하 중심에 질량이 집중돼 있고 주변으로 별들이 흩어져 은하 중심을 둘러싸고 공전하고 있다면(우리 은하도 이런 모습이다), 그 상황은 태양과 행성의 경우와 비슷하다. 그렇다면 은하 주변을 도는 별들에 대해서도 케플러의 법칙이 그대로 적용돼야 할 것이다. 즉 중심에서 멀어질수록 그 회전 속도는 거리의 제곱근에 반비례해야 한다.

그러나 관측 결과는 그렇지 않았다. 특히 1975년 미국의 여성 천문학자 베라 루빈이 켄트 포드와 함께 전례 없는 정밀도로 구한 나선은하(안드로메다도 여기에 포함되었다)의 회전곡선이 인상적이었다. 루빈의 결과에 따르면 회전곡선이 거리가 멀어져도 회전 속도가 떨어지지 않고 일정한 값을 유지했다.[10] 즉 은하 중심에서 가까운 별이나 멀리 있는 별이나 회전하는 속도가 거의 같다는 뜻이다. 이는 굉장히 놀라운 결과였다. 멀리 있는 별들이 케플러의 법칙에서 예견하는 것보다 훨씬 더 빨리 회전한다는 뜻인데, 별들이 그렇게 빨리 회전하면 은하 중심에 붙들려 있지 못하고 튕겨 나가야 하기 때문이다.

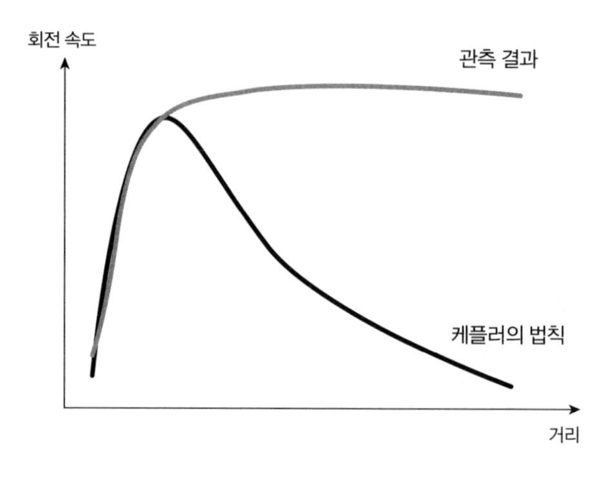

은하회전곡선

케플러의 법칙, 또는 만유인력의 법칙에 명백하게 어긋나는 이 결과를 어떻게 해석할 것인가? 앞선 사례들에 익숙한 독자라면 과학자들이 귀납주의의 원칙에 따라, 또는 포퍼의 반증주의에 따라 뉴턴역학을 즉시 폐기하는 일 따위는 하지 않았으리라고 짐작할 것이다. 은하회전곡선에서도 당연히 과학자들은 선배들이 갔던 길을 선택했다. 즉 새로운 요소를 도입해 뉴턴역학의 패러다임 속에서 은하회전곡선을 설명하려고 했던 것이다. 그 새로운 요소가 바로 암흑물질dark matter이다.

암흑물질은 보통의 물질과 마찬가지로 어쨌든 물질의 일종이기 때문에 중력 작용을 한다. 우리는 그 효과를 간접적으로 확인할 수 있다. 다만 암흑물질은 빛과 전혀 상호작용을 하지 않기 때문에 우리가 직접 관측할 수 없다. 빛뿐만 아니라 알려진 다른 물질들과도 거의 상호작용을 하지 않기 때문에 (중력을 제외하고) 우리는 그 존재를 직접 알기가 어렵다.

여기서 한 가지 흥미로운 점은 은하회전곡선의 경우 전통적인 귀납주의의 교리에 따라 뉴턴역학을 수정하려는 움직임도 있다는 사실이다. 실제로 뉴턴의 제2운동법칙($F=ma$)은 태양계 정도의 규모에서나 검증되었지 태양계를 벗어나 은하 규모 이상에서 가속도(a)가 아주 작을 때에도 여전히 성립한다고 장담할 수는 없다. 은하나 그 이상의 규모에서 뉴턴역학이 조금 달라질 여지가 전혀 없다고 보기 어려운 노릇이다. 그래서 나온 대안이 이른바 수정뉴턴역학MOND, Modified Newtonian Dynamics이다. 수정뉴턴역학 이론에서는 암흑물질을 상정하지 않고 뉴턴역학을 수정하는 길을 선택했다. 수정뉴턴역학을 지지하는 과학자들이 소수이긴 하지만 이들이 완전히 틀렸다고 장담할 순 없다. 언젠가 암흑물질이 직접 발견되고 그 정체가 규명된다면 수정뉴턴역학은 즉시 역사의 뒤안길로 사라질 것이다.

불행히도 암흑물질은 해왕성이나 중성미자처럼 성공적이지는 않다. 아직 암흑물질의 정체가 밝혀지지 않았기 때문이다. 그러나 정체만 모를 뿐 암흑물질이 존재한다는 직간접적인 증거는 은하회전곡선 말고도 여러 가지가 있다. 따라서 암흑물질의 정체를 밝히는 것은 21세기 과학계가 풀어야 할 가장 중요한 과제 중 하나다. 과학자들이 기를 쓰고 암흑물질에 매달리는 이유다. 누군가 그 존재를 발견한다면, 노벨상도 따놓은 당상일 것이다.

2장

패러다임을 끝까지 밀고 나가기

앙시앵레짐에 대한 보수적인 발상은 앞서 보았듯이 위기를 성공으로 바꾸는 놀라운 결과를 가져오기도 하지만, 더 일반적으로는 그 체제가 가리키는 방향을 믿고 따라가다 보면 결국 큰 보상을 안게 되는 일이 더 많다. 새로운 패러다임이 성공적인 체계로 자리를 잡기 시작하면 그 패러다임이 제시하는 필연적인 결과가 있기 마련이다. 유능한 과학자라면 어떤 체계의 필연적인 결과(새로운 이론일 수도 있고 새로운 현상일 수도 있다)가 무엇인지를 항상 탐구한다. 그 결과가 사실로 밝혀지면 새로운 이론을 발견하거나 새로운 현상을 발견하는 위대한 업적에 도달하게 된다. 만약 그 필연적인 결과가 틀린 것을 증명한다면? 그렇다면 기존의 패러다임은 심각한 위기에 봉착하게 될 것이다. 물론 이 또한 과학자들이 아주 좋아하는 결과다. 한 패러다임의 위기는 새로운 패러다임의 탄생을 재촉하기 때문이다.

그러나 성공적인 패러다임의 필연적인 결과를 추구하는 작업이 쉬운 일은 아니다. 학문적으로 또는 기술적으로 시대적 한계가 작동하면 오랜 세월이 걸릴 수도 있기 때문이다. 따라서 필연적인 결과를 확인하기 위해서는 엄청난 끈기와 인내, 그리고 집요함이 필요하다.

외부 사람들이 보면 과학자들이 왜 저런 일에 매달릴까, 국가가 왜 세금을 들여 저런 설비를 지어줘야 할까 의아할 수도 있겠지만 과학의 내적 발전 메커니즘이라는 측면에서 따져보면 과학자들에게 어떤 패러다임의 필연적인 결과란 마치 지구를 끝까지 항해하면 원래 위치로 되돌아온다는 사실과 같이 명확하다. 가장 먼저 소개할 일반상대성이론도 딱 그런 경우였다.

일반상대성이론

일반상대성이론general theory of relativity은 알베르트 아인슈타인이 자신의 특수상대성이론special theory of relativity을 일반화한 이론이다. 상대성이론이란 한마디로 움직이는 사람이 정지한 사람과 똑같이 자연을 기술할 것인가에 관한 이론이다. 한국에서 천만 관객을 모았던 할리우드 영화 〈인터스텔라〉에서 딸 머피가 지구에 남아 있고 아빠 쿠퍼가 우주여행을 하는 바로 그 상황에서 머피와 쿠퍼가 관측하는 우주가 똑같을 것인가에 관한 이론이 상대성이론이다.

이 이론의 원조는 17세기 갈릴레이다. 갈릴레이를 종교재판에 세운《두 우주 체계에 관한 대화》는 원래 지구의 자전과 공전을 이용해 밀물과 썰물 현상을 설명하기 위해 쓴 책이다.《두 우주 체계에 관한 대화》가 출판된 1633년은 코페르니쿠스가 태양중심설을 주창(1543)한 지 90년이 지난 시점이었지만 여전히 많은 사람들이 전통적인 지구중심설을 믿고 있었다. 사람들이 지구의 자전과 공전을 믿지 않은 것은 단지 종교적인 이유 때문만은 아니었다. 만약 지구가 서쪽에서 동쪽으로 자전한다면 나무에서 떨어지는 사과는 반드시 나무의 서쪽으로 치우쳐 떨어져야 하는데 현실은 그렇지 않다는 것이 반론의 이유 중 하나였다.

갈릴레이는 이를 반박하기 위해 움직이는 배를 예로 들었다. 움직이는 배의 돛대 위에서 공을 떨어뜨리면 공은 배의 뒤편으로 떨어지지 않고 돛대 바로 옆에 떨어진다. 공과 함께 배도 움직이고 있기 때문이다. 즉 자유낙하 실험으로는 어떤 좌표계가 움직이고 있는지 정지해 있는지를 구분할 수 없다. 나아가 움직이는 상태와 정지 상태를 구분하는 것 자체가 의미가 없다. 중요한 것은 상대적인 운동이다. 움직이는 배에서 자유낙하를 하는 공의 운동을 지면에 대해 정지한 좌표계(즉 땅에 서 있는 사람)에서 기술하려면 지면과 배의 상대적인 운동을 적당히 더하거나 빼주면 된다. 자동차와 똑같은 속도로 달리는 전철 안에서는 자동차가 정지해 있는 듯 보이는 것도 같은 원리다. 이것이 갈릴레이의 상대론의 핵심이다.

아인슈타인의 특수상대성이론은 갈릴레이의 상대성이론을 혁명적으로 현대화한 이론이다. 갈릴레이의 상대성이론은 직관적인 경험과 잘 맞아떨어졌지만 아인슈타인은 갈릴레이의 상대성이론이 19세기에 완성된 전자기학과 잘 부합하지 않음을 알게 되었다. 영국의 제임스 맥스웰은 19세기 중반에 그때까지 알려진 전기와 자기 현상을 종합해 몇 개의 방정식으로 정리했다. 이를 맥스웰 방정식이라 하는데, 이로써 전기와 자기가 하나의 전자기학으로 통합되었다.

아인슈타인이 생각한 문제는 크게 두 가지였다. 첫째, 움직이는 좌표계에서 맥스웰 방정식을 기술할 때 속도를 더하거나 빼는 갈릴레이의 방식으로는 똑같은 형태의 방정식이 유지되지 않는다. 맥스웰 방정식이 자연을 기술하는 올바른 법칙을 표현한 식이라면 운동 상태에 따라 그 형태가 바뀌지 않아야 할 것이다. 갈릴레이의 상대성이론에서는 말하자면 지구에 있는 머피와 우주를 여행하는 쿠퍼의 맥스웰 방정식이 달라진다는 뜻이다.

둘째, 광속으로 날아가면서 빛을 보면 모순이 생긴다. 이는 아인슈타인이 청소년 시절에 탐구했던 사고실험이다. 달리는 전철 안에서 옆 도로를 달리는 자동차를 바라볼 때 지면에 대한 전철의 속도와 자동차의 속도가 똑같다면 자동차는 정지해 있는 것으로 보인다. 똑같은 원리를 적용하자면 광속으로 날아가면서 빛을 보면 빛이 정지해 있어야 한다. 그러나 이는 당시까지 알려진 전자기 이론에 부합하지 않았다. 맥스웰은 자신의 방정식으로 전자기학을 통합하면서 빛이 전기와 자기가 서로 수직으로 진동하면서 진행하는 전자기파의 일종임을 알아냈다. 맥스웰의 이론에서는 빛, 즉 전자기파가 정지해 있는 상황을 묘사할 수가 없었다. 전자기파는 항상 광속으로만 진행했다.

아인슈타인은 일정한 속도로 움직이는 좌표계들 사이에서는 모든 물리법칙이 똑같이 작동해야 하고, 광속 또한 상대속도와 상관없이 항상 일정해야 한다고 가정했다. 이를 만족하는 새로운 이론이 특수상대성이론이다. 좀 더 학술적인 용어를 쓰자면 특수상대성이론은 '관성좌표계'들 사이의 관계에 관한 이론이다. 관성좌표계란 관성의 법칙이 성립하는 좌표계로서 외부의 힘이 작용하지 않으면 운동 상태가 그대로 유지된다. 하나의 관성좌표계에 대해 속도가 일정하게 움직이는(즉 등속운동을 하는) 모든 좌표계는 역시 관성좌표계다. 특수상대성이론의 두 가지 가정은 관성좌표계에서 물리법칙과 광속이 모두 똑같아야 한다는 것이다.

그러나 세상에 공짜는 없는 법. 이 두 가정을 충족하기 위해서는 시간과 공간에 대한 전통적인 관념을 깨야만 했다. 결론만 요약하자면 움직이는 좌표계에서는 시간 간격이 늘어나고 공간 간격이 짧아진다. 그리고 시간과 공간이 별개가 아니라 4차원의 '시공간'을 구성해야 한다. 또한 그 어떤 물리적 신호도 광속을 초과할 수 없다. 광속은 우리 우주에서 특별한 지위를 갖고 있는 물리량이다.

1905년 특수상대성이론을 완성한 뒤 아인슈타인의 관심은 새로운 중력이론으로 옮겨갔다. 그때까지 알려진 중력이론은 뉴턴의 만유인력의 법칙이었는데, 특수상대성이론과는 궁합이 잘 맞지 않았다. 무엇보다 만유인력의 법칙에서는 질량을 가진 두 물체는 서로의 존재를 즉각적으로 느끼고 서로 당기는데, 이는 특수상대성이론의 광속 제한에 걸린다. 특수상대성이론을 확신했던 아인슈타인은 그와 부합하는 중력이론이 존재할 것이라는 믿음 또한 확고했다.

1907년 아인슈타인이 "생애 가장 행복했던 생각"이라고 말했던 '등가원리'는 일반상대성이론의 핵심이다. 등가원리란 가속운동에 따른 관성력을 국소적으로 중력과 구분할 수 없다는 원리다. 예를 들어 사방이 꽉 막힌 엘리베이터 안에 갇혀 있다면, 엘리베이터가 위로 가속하는 상황과, 지구나 내 몸이 갑자기 무거워져서 그만큼 중력이 강해지는 상황을 구분할 수 없다. 같은 원리로 가만히 있던 엘리베이터가 내려가기 시작하면 갑자기 내 몸무게가 가벼워짐을 느끼는데,

이는 엘리베이터와 함께 내 몸이 아래로 가속하면 반대 방향으로 관성력이 작용하기 때문이다. 이런 원리로 물체가 자유낙하하면 무중력상태가 된다. 아래로 가속하면 위쪽으로 관성력을 받는데 그 힘이 중력과 같기 때문이다. 이를 활용하면 아무것도 없는 우주 공간에서 인공의 중력을 만들 수 있다. 영화 〈마션〉이나 〈엘리시움〉에서처럼 우주 구조물이 적당한 반경과 각속도•로 회전하면 그에 따른 관성력이 지구 표면에서의 중력과 같게 만들 수 있다.

그런데 특수상대성이론에 따르면 (등속으로) 운동하는 좌표계에서는 시간과 공간이 다이내믹하게 변한다. 따라서 가속운동을 하는 좌표계에서도 시간과 공간이 일반적으로 크게 변할 것으로 기대할 수 있다. 이때 등가원리에 따라 가속운동은 국소적으로 중력으로 바꿀 수 있다. 따라서 중력은 시공간의 기하학적인 구조와 관련이 있을 것으로 추측할 수 있다. 우여곡절 끝에 아인슈타인은 중력의 본질이 시공간의 곡률이라는 결론에 이르게 된다. 이것이 일반상대성이론의 기본적인 구조이며 이를 수식으로 옮긴 것이 아인슈타인의 중력장 방정식이다.

일반상대성이론은 속도가 변하는 가속운동에서의 상대성이론이다. 그래서 속도가 변하지 않는 등속운동에서의 상대성이론인 특수상대성이론이 말 그대로 일반화된 이론이다. 왜냐하면 가속운동은 등속운동의 일반화된 운동(반대로 등속운동은 가속운동의 특수한 경우)이

• 회전 운동을 하는 물체가 단위시간에 움직이는 각도. 어느 순간의 회전이 일어나는 방향으로 이동하는 정도를 나타낸다.

기 때문이다. 그러니까 특수상대성이론이 성공적이라면 이어서 일반상대성이론을 떠올리는 것은 거의 정해진 수순이라 할 수 있다. 또한 등가원리를 도입하면 중력이 시공간의 뒤틀림으로 기술된다는 결론에 순식간에 이르게 된다. 이를 수학 방정식으로 올바르게 기술하기까지는 아인슈타인도 8년여 동안 수많은 시행착오를 거쳤지만 중력장 방정식은 거의 필연적인 결과로 도출된다. 여기에는 19세기에 마침 비유클리드 기하학에 대한 수학이 잘 정리돼 있었던 것도 큰 도움이 되었다.

1907년의 아인슈타인에게는 일반상대성이론이 마치 등산로 초입에서 산 정상이 보이는 것만큼이나 확실하고도 명확했을 것이다. 비록 산골짜기 아래에서는 그 끝이 잘 보이지도 않았고 정상에 오르는 여정이 무척 험난했지만 말이다. 길 끝에 정상이 있다고 확신하면 처음 가는 길이라도 나서지 않을 이유가 없다.

길 끝에 정상이 있다는 확신은 어떻게 가질 수 있을까? 그것은 과학이 발전하는 메커니즘과 경로의 자연스러운 귀결을 내다볼 수 있었기 때문이다. 등속운동에 대한 상대성이론이 성립한다면, 가속운동에 대한 상대성이론도 성립할 것이고, 등가원리가 결합되면 이는 곧 새로운 중력이론이 될 수밖에 없다. 아인슈타인에게는 그런 통찰력이 있었다. 그래서 그 오랜 세월 동안 험난한 여정을 버틸 수 있었다. 일반상대성이론은 아인슈타인에게 꼭 있어야만 하는, 아니 반드시 존재하는 정상이었기에 그 발견을 향한 여정을 멈출 수가 없었다. 이처럼 성공한 체제가 가리키는 필연적인 방향, 그 내적 메커니즘이 제시하는 정해진 경로를 파악하게 되면 아무리 오랜 시간이 걸리더라도 놀라운 성취를 거머쥘 수 있다. 일반상대성이론 자체가 그 대표적인 사례이지만, 거기에는 또 하나의 흥미로운 사례가 숨어 있었다. 바로 중력파gravitational wave다.

중력파

중력파란 시공간 자체의 출렁거림이 전파돼나가는 현상으로, 아인슈타인이 일반상대성이론을 발표한 이듬해인 1916년에 그 존재를 예측했다. 중력파의 존재는 일반상대성이론의 필연적인 결과다. 이는 마치 맥스웰의 전자기 이론에서 빛, 즉 가시광선과는 다른 파장을 가진 전자기파의 존재를 예견하는 것과도 비슷하다. 실제로 독일의 물리학자 하인리히 헤르츠는 1888년 전기 스파크 실험을 통해 처음으로 라디오파를 인공적으로 만들어냈고, 검출하는 데에도 성공했다.

중력파는 그리 호락호락하지 않았다. 아인슈타인 자신이 중력파의 검출 자체가 아예 불가능할 것이라고 비관할 정도였다. 그럼에도 왜 사람들은 오랜 세월 동안 중력파를 검출하기 위해 분투했을까? 무엇보다 일반상대성이론은 1915년 이후 수많은 검증을 통과했다. 그 대상에는 뉴턴역학으로 설명하는 현상과는 전혀 다른 새로운 현상들, 수성의 근일점 이동이나 태양이 빛을 휘게 만드는 현상도 포함돼 있었다. 결정적으로 1970년대에 우주에서 서로 공전하는 쌍성펄서를 관측한 결과 이들의 공전 주기가 짧아지는데, 이는 중력파를 통해 에너지를 상실한 결과라는 일반상대성이론의 예측과 잘 맞아떨어졌다.

펄서란 아주 빨리 회전하는 중성자별(대부분이 중성자로 이루어진 별. 밀도가 아주 높다)로서 전자기파를 방출한다. 쌍성펄서의 점점 짧아지는 주기는, 아직 중력파를 직접 검출한 것은 아니지만 중력파의 존재를 강력하게 시사하는 결과였다. 그렇다면 중력파 또한 일반상대성이론 자체와 마찬가지로 길을 따라가다 보면 반드시 존재하는 정상과도 같은 존재라고 생각하지 않을 수 없다.

오랜 기다림 끝에 마침내 2015년에 최초로 두 개의 블랙홀이 합쳐지는 과정에서 방출되는 중력파를 검출하는 데 성공했다. 이 결과를 분석해 공식 발표한 것은 2016년의 일로, 아인슈타인이 중력파의 존재를 예견한 지 꼭 100년이 되는 해였다. 무려 100년을 기다린 결과

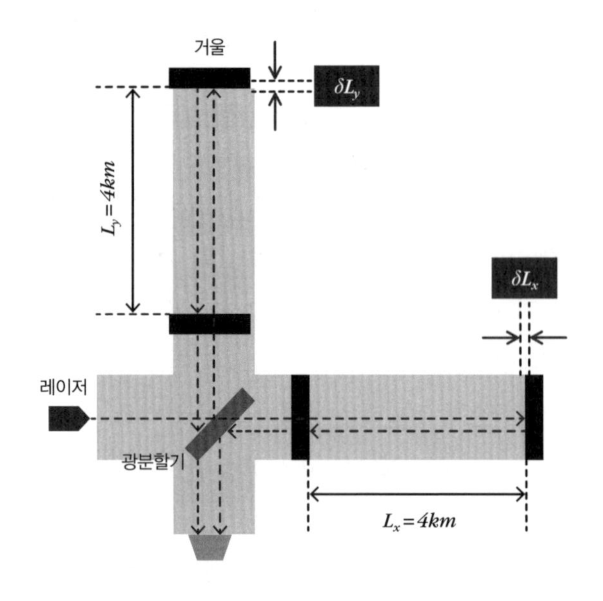

LIGO의 구조

였다. 미국의 레이저간섭계중력파관측소LIGO, Laser Interferometer Gravitational-wave Observatory가 그 주인공으로, LIGO는 길이가 각 4킬로미터인 두 팔이 ㄴ자 모양으로 붙어 있는 구조다. LIGO는 이와 같은 설비를 한 쌍으로 제작해 하나는 루이지애나주 리빙스턴에, 다른 하나는 워싱턴주 핸퍼드에 설치했다. LIGO 프로젝트가 시작된 것은 1984년이었다.

오랜 세월만큼이나 우여곡절도 많았다. 1960년대 미국의 조지프 웨버는 원기둥 모양의 장비를 이용해 중력파 검출에 성공했다고 발표했으나, 그 결과는 이후 다른 사람들이 재현하지 못했다. 웨버의 실험은 실패로 끝났으나 과학자들은 중력파 검출을 포기하지 않았다. 그만큼 과학자들이 보기에 중력파는 반드시 존재해야 하는 것이었다(설령 중력파가 존재하지 않는 것으로 증명된다고 해도, 그건 또 그 나름대로 중요한 발견이었다).

중력파를 검출하기 위해 계속 실험하는 과학자들도 대단하지만, 미국국립과학재단NSF이 1980년대 초반부터 수십 년 동안 중력파 검출을 지원해왔다는 점도 중요하다. 모두 과학 발전 메커니즘과 진화의 경로를 이해하지 못했다면 불가능한 일이다. 중력파는 그 신호가 너무나 미약해 검출하기가 극도로 어렵지만 그것이 포기의 이유가 될 수는 없다. 아무리 미약해도 일반상대성이론이 지금까지 성공한 사례를 검토하고 그 이론의 필연적인 귀결을 따라간다면 어쨌든 중력파는 존재할 수밖에 없기 때문이다.

따지고 보면 어떤 과학 이론의 필연적인 귀결을 따라가는 것만큼 쉬운 일도 없다. 문제는 극도로 미약한 신호를 가진 중력파를 검출하는 데는 어마어마한 시간과 노력이 요구된다는 점이다. 아마도 대부분의 나라에서는 후자가 더 어렵기는 할 것이다. 그러나 어쨌든 반드시 존재하는 것이라면 지속적인 인력과 물량 투입을 통해 언젠가는 극복할 수 있다. 2015년의 중력파 검출도 그 결과물이라 할 수 있다. 위에서 설명한 내용으로만 미뤄보더라도 중력파 검출이 얼마나 대단한 성취인지 짐작할 수 있을 것이다. 이는 말하자면 과학 교과서에 수록돼야 할 만큼 위대한 성취로서, 앞으로 남은 21세기 동안 숱한 과학적 발견이 이루어지겠지만 그럼에도 21세기 전체를 통틀어 상위 10위 안에 손꼽힐 만한 업적이다. 노벨상은 지극히 당연한 결과였다. LIGO의 핵심 인물이었던 라이너 바이스, 킵 손, 배리 배리시가 2017년 노벨 물리학상을 공동 수상했다.

노벨 과학상에 목이 마른 한국에서는 LIGO의 중력파 검출 같은 사례를 눈여겨봐야 한다. 누차 말했듯이 중력파의 경우는 과학 발전의 여정에 반드시 존재해야만 하는 이정표 같은 현상이다. 따라서 노벨상을 받고 싶으면 먼저 과학 자체의 발전 경로와 진화 방향을 잘 들여다봐야 한다. 그에 따라 올바른 목표를 설정하고 방향을 잘 잡는다면 남은 문제는 돈과 사람, 그리고 시간일 뿐이다. 얼마나 쉬운가. 지난 40여 년 동안 미국국립과학재단이 LIGO에 쏟아부은 돈은 총 10억 달러(약 1조 3000억 원) 정도이고 매년 500억 원 정도가 투입된다.[11] 한국도 충분히 감당할 수 있는 금액이다. 중력파처럼 과학 발전의 예견된 진로 속에 반드시 놓여 있어야만 하는 중요한 이정표를 많이 발굴해 전폭적인 지원을 아끼지 않는다면 노벨상은 자연스럽게 따라오는 부산물이다.

힉스입자

LIGO의 중력파 검출이 우주적 규모에서 이루어진 관측이라면 원자 이하의 아주 미시적인 세계에서 필연적으로 발견돼야 할 요소가 마침내 발견된 사례도 적지 않다. 대표적인 예가 바로 힉스Higgs입자다. 힉스입자는 자연을 구성하는 기본 입자들에 대한 표준모형Standard Model에서 꼭 필요한 요소다.

표준모형이란 지금까지 자연을 구성하는 가장 기본적인 단위로 알려진 여섯 개의 쿼크quark와 여섯 개의 경입자(렙톤) 및 이들 사이에서 전자기력과 약한 핵력, 강한 핵력을 매개하는 입자들에 관한 양자장론quantum field theory이다. 여섯 개의 쿼크(u, d, c, s, t, b) 중 가장 가벼운 두 개(u와 d)는 원자핵을 구성하는 핵자인 양성자(uud)나 중성자(udd)를 만든다. 경입자의 대표적인 입자는 전자다. 전자는 원자핵과 만나 원자를 구성한다. 원자는 우리 우주의 삼라만상을 구성하는 중요한 단위(최소 단위는 아니지만)임이 분명하다. 전자에게는 단지 질량만 더 무거운 두 형제가 있는데, 각각 뮤온muon과 타우온tauon이라 불린다. 이들 전자 삼형제는 또한 각각 전기적으로 중성인 짝을 갖고 있다. 이들 입자를 중성미자라 한다. 그러니까 경입자에는 전자와 전자형 중성미자, 뮤온과 뮤온형 중성미자, 타우온과 타우온형 중성미자 이렇게 여섯 개의 입자가 있는 것이다. 여섯 종의 쿼크와 여섯 종의 경입자는 물질을 직접 구성하는 입자들로서, 양자역학적으로 같은 상태에 둘 이상이 존재할 수 없는 입자인 페르미온이다. 간단히 말해, 강력(강한 핵력)의 작용을 받는 페르미온이 쿼크이고, 강력의 작용을 받지 않는 페르미온이 경입자다.

한편 전기를 띤 입자는 모두 전자기력을 느끼는데 이 힘을 매개하는 입자는 빛, 즉 광자photon다. 약한 핵력은 입자의 종류를 바꿀 수 있는 힘으로, 이 힘을 매개하는 입자에는 전기를 띤 W입자와 전기가 없는 Z입자가 있다. W입자는 u쿼크와 d쿼크를 서로 바꾸거나 전자와 전자형 중성미자를 서로 바꿀 수 있다. Z입자는 입자의 종류를 바꾸진 못한다. 강한 핵력은 쿼크들을 강력하게 뭉쳐 핵자를 만들 수 있게 하는 힘이다. 이 힘 때문에 양성자와 중성자로 구성된 원자핵은 양성자들 사이의 전기적 반발력을 극복하고 원자핵을 유지할 수 있다. 강한 핵력을 매개하는 입자는 접착자(글루온)라 부른다. 아쉽게도 표준모형은 우리에게 아주 익숙한 중력을 포함하지 못한다.

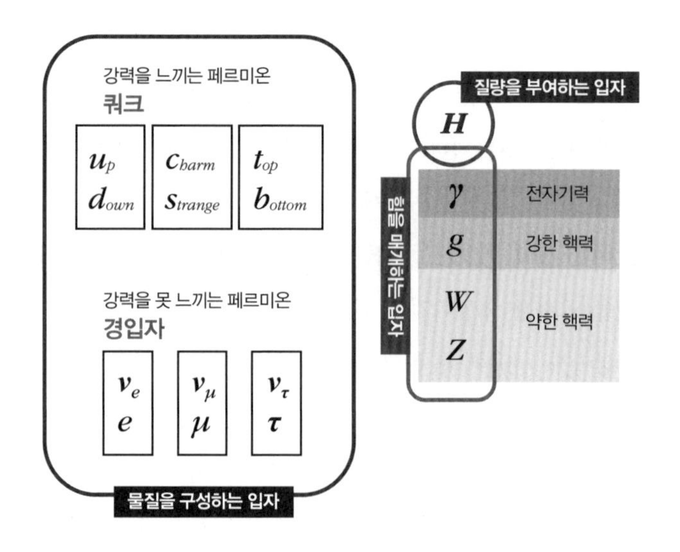

표준모형

요약하자면 표준모형은 여섯 개의 쿼크와 여섯 개의 경입자, 네 개의 힘을 매개하는 입자(광자, W, Z, 접착자)로 중력을 제외한 나머지 자연의 세 가지 근본 힘을 설명하는 양자이론이다. 이들 입자들은 게이지 대칭성이라 불리는 추상적인 수학적 대칭성을 밑바탕에 깔고 있다(자세한 내용은 6부 3장에서 다시 다룬다). 여기 한 가지 문제가 있다. 표준모형의 틀을 잡아주는 그 대칭성을 유지하면 방금 소개한 열여섯 개의 모든 입자들이 질량을 가질 수가 없다. 이는 당연히 실험 결과와 맞지 않는다. 광자와 접착자는 질량이 없지만 쿼크나 전자는 질량을 갖고 있고 W입자와 Z입자는 굉장히 무겁다.

그렇다면 이 우주에서는 게이지 대칭성이 어떤 형태로든 깨져 있어야 한다. 바로 이 대칭성을 깨는 기제를 힉스 메커니즘이라 한다. 힉스 메커니즘에서는 힉스장이라 불리는 새로운 장field을 하나 도입해 게이지 대칭성을 깬다. 그 결과 다른 기본 입자들은 0이 아닌 질량을 가질 수 있다. 힉스 메커니즘은 그 부산물로 새로운 입자를 남기는데, 그것이 바로 힉스입자다. 그러니까 힉스입자는 힉스 메커니즘이 작동해 게이지 대칭성을 깼다는 확실한 증거인 셈이다. 표준모형이 현실을 잘 설명하는 모형이 되려면 힉스 메커니즘과 힉스입자가 반드시 존재해야 한다. 힉스입자까지 포함하면 표준모형에는 총 열일곱 개의 기본 입자가 있다. 고대 그리스의 엠페도클레스가 제시한 흙, 물, 불, 공기의 네 원소에 비하면 자연을 구성하는 기본 요소가 많이 늘어난 편이다.

표준모형의 기본적인 틀은 1960년대에 갖춰졌고, 1970년대에 실험적인 증거들이 나오기 시작했다. 1980년대에는 입자가속기에서

W입자와 Z입자가 발견되었다. 이후 20세기가 끝날 때까지 힉스입자를 제외한 표준모형의 모든 입자들이 실험적으로 검출되었다. 게다가 모든 실험 결과들은 표준모형의 예측과 일치했다. 그렇다면 과학자들은 당연히 힉스입자가 반드시 존재한다고 생각할 것이며, 그걸 찾기 위해 모든 노력을 아끼지 않을 것이다. 표준모형이 맞는다면 힉스입자의 존재는 필연이다.

그래서 과학자들은 무려 10조 원을 들여 엄청난 규모의 입자가속기를 건설했다. 유럽입자물리연구소CERN의 대형강입자충돌기LHC, Large Hadron Collider가 그것이다. 강입자hadron란 쿼크들로 만들어진 입자를 통칭하는 말이다. 2008년에 공식 가동을 시작한 LHC는 2012년에 마침내 힉스입자를 발견했다(공식 발표는 이듬해에 있었다). 1960년대 중반 처음으로 힉스 메커니즘을 주창했던 피터 힉스와 프랑수아 앙글레르는 2013년에 노벨 물리학상을 수상했다. 앙글레르와 공동 연구자로서 힉스입자를 함께 발견한 로버트 브라우트는 안타깝게도 2011년 5월에 사망해 노벨상을 받지 못했다. 힉스는 13년 뒤인 2024년 4월에 세상을 떠났다.

힉스입자가 발견되기 전에도 대부분의 과학자들은 힉스입자가 반드시 존재하며 입자가속기의 성능이 높아지면 곧 발견되리라 믿어 의심치 않았다. 다만 스티븐 호킹은 LHC가 가동을 앞둔 시점에 자신은 힉스입자가 발견되지 않을 것이라는 데에 내기를 걸겠다고 했다. 만약 힉스입자가 없는 것으로 밝혀진다면 표준모형에 큰 문제가 있다는 뜻이고, 그럼 얼마나 신나는 일이겠냐며. 혁명과 전복을 좋아하는 과학자라면 호킹의 바람을 충분히 이해할 수 있을 것이다. 나 또한 입자물리학을 연구하는 사람으로서, 머리로는 힉스입자가 반드시 있어야 한다고 생각했지만 가슴으로는 호킹의 편이었다.

힉스입자의 발견은 표준모형을 실험적으로 완성했다는 의미가 있다. 중력파와 마찬가지로 20세기가 풀지 못한 숙제를 21세기 초반에 해결한 셈이다. 당연히 이 결과를 반영해서 과학 교과서를 수정해야 할 만큼 중요한 발견이다. 힉스입자의 발견도 중력파의 발견만큼이나 21세기 전체를 통틀어 상위 10위 안에 들어갈 만한 위대한 업적이다. 그러나 힉스입자 또한 중력파와 마찬가지로 입자물리학의 발전 경로에서 보자면 당연히 그곳에 있어야 하는 무언가를 발견한 것일 뿐이다. 충분한 인력과 충분한 자금, 그리고 충분한 인내심만 있으면 된다. 현실에서는 그게 가장 어렵겠지만, 과학자에게는 가장 쉬운 일이다.

3장

모든 위기가 해결되는 것은 아니다

앞서 살펴봤듯이 기존 패러다임과 맞지 않는 현상이 나타난다고 해서 귀납주의나 반증주의가 즉각적으로 작동하는 경우는 별로 없다. 오히려 과학자들은 우선 적극적으로 기존의 패러다임 안에서 그 문제를 설명하려고 노력한다. 이런 노력은 예기치 못한 새로운 성공으로 이어지기도 한다. 그러나 모든 문제가 낡은 패러다임 안에서 다 해결되는 것은 아니다. 이는 지금도 마찬가지다. 기존의 패러다임 안에서 해결하지 못한 문제 자체가 앙시앵레짐을 파괴하는 경우는 드물지만, 이 난제가 새로운 대안을 만나 깔끔하게 해결된다면 상황은 달라진다. 혁명의 깃발이 올라가기 시작하는 것이다. 그러니까 과학에서 난제의 출현은 기존 패러다임을 새로운 성공으로 더욱 강화하거나, 아예 혁명으로 이어질 수도 있는 분기점이다. 그래서 과학자들은 난제를 좋아한다. 위대한 과학자는 남들이 간파하지 못하는 난제를 추출해내기도 한다. 이런 난제는 과학을 발전시키는 원동력 역할을 톡톡히 해왔다. 역시나 주어진 문제를 푸는 것보다 문제 자체를 설정하는 것이 중요한 이유다. 19세기의 켈빈 경도 20세기를 앞둔 시점에서 과학계가 해결해야 할 난제를 제시함으로써 앞길을 열었던 위대한 과학자 중 한 명이었다.

켈빈 경과 고전물리학의 난제

아일랜드 출신의 윌리엄 톰슨은 19세기를 대표하는 과학자이자 공학자로서, 켈빈 경으로 더 잘 알려져 있다. 켈빈 경은 19세기 열 현상을 다루는 과학인 열역학을 정립하는 데에 크게 공헌했다. 특히 열 현상에서의 에너지보존법칙인 열역학 제1법칙과 엔트로피는 감소하지 않는다는 열역학 제2법칙을 정립하는 데에 기여했다. 또한 절대온도(절대영도는 섭씨 영하 273.15도에 해당한다)의 개념도 고안했는데, 절대온도의 단위인 켈빈(K)은 그의 이름을 딴 것이다.

켈빈 경은 대서양을 횡단하는 전신케이블을 연결하는 데 성공해 1866년에 기사 작위를 받았고, 1892년에는 남작 작위를 받았다.[12] 켈빈 경이 남작 작위를 받은 1890년대에는 과학이 이미 낡은 학문으로 여겨졌고 물리학은 원리적으로 거의 완결되었다는 분위기가 팽배했다. 즉 알 만한 것들은 이미 다 알게 됐고 이제 남은 일은 정밀도를 높이는 것일 뿐이라고 여겼다. 그러나 해결해야 할 과제가 없지는 않았다. 켈빈 경은 20세기가 막 시작되려던 1900년 4월에 〈열과 빛에 관한 동역학 이론에 드리운 19세기의 암운〉이라는 강연에서 이렇게 말했다.

"열과 빛이 운동의 모드라고 단언하는 동역학 이론의 아름다움과 명료함에 지금 두 개의 구름이 드리워져 있다. 첫 번째 구름은 빛의 파동이론에 관한 것으로 오귀스탱 장 프레넬과 토머스 영 박사가 다루었다. 이는 지구가 어떻게 발광 에테르 같은 탄성 고체 속을 움직일 수 있는가 하는 질문과 관계가 있다. 두 번째 구름은 에너지 분배에 관한 맥스웰-볼츠만 원칙이다."[13]

켈빈 경이 첫 번째 '구름'으로 제시한 에테르는 파동으로서의 빛을 매개하는 물질이다. 빛이 전자기의 파동이라면 그 파동을 매개하는 물질이 반드시 있어야 한다. 원래 에테르는 옛날에 아리스토텔레스가 달 이상의 천상계를 가득 채운 물질로 지목했던 제5원소였다. 네덜란드의 크리스티안 하위헌스는 17세기에 빛의 파동설을 주창하면서 에테르라는 매개물질을 통해 빛이 전파된다고 생각했다.

그런데 이 에테르의 물리적 특성이 참 기묘했다. 직접 관측된 적이 없으니 일단 눈에는 보이지 않아야 한다. 행성이나 다른 천체의 운동을 방해하지도 않아야 한다. 파장이 대단히 짧은 빛도 전파해야 하므로 아주 단단해야 한다. 그러나 어쨌든 빛이 전자기의 파동이라면 그 파동을 매개하는 뭔가가 반드시 있어야만 한다. 아무리 기묘하더라도 고전역학이나 고전전자기의 입장에서 보자면 에테르는 그 존재 자체가 필연적으로 보장된 것이다. 후대의 일이긴 하지만 중력파나 힉스 입자가 반드시 존재해야 하는 것과도 비슷하다. 그러니 당연히 당대의 과학자들은 에테르를 검출하기 위해 필사의 노력을 기울였다.

그중 가장 유명한 실험이 마이컬슨-몰리 실험이었다. 미국의 앨버트 마이컬슨은 1881년에 단독으로, 1887년에는 조수 에드워드 몰리와 함께 에테르 검출 실험에 나섰다. 원리는 이렇다. 에테르로 가득 찬 우주 속을 지구가 공전하고 있다면 지구의 입장에서는 에테르의

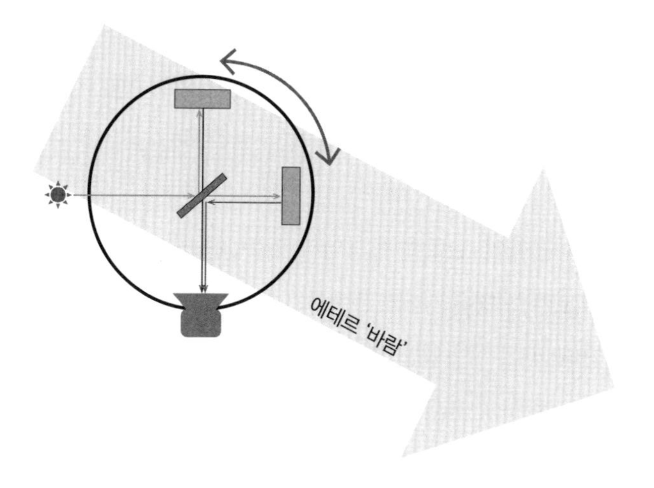

마이컬슨-몰리 실험

바람을 항상 느끼게 된다. 에테르는 빛이라는 파동을 매개하므로 빛이 에테르의 바람과 같은 방향이면 빛의 속력이 빨라지고, 반대 방향이면 빛의 속력이 느려질 것이다. 이 점에 착안해 마이컬슨은 간섭계라 불리는 실험 장치를 고안했다. 마이컬슨 간섭계에서는 한 광원에서 나온 빛을 광분할기를 이용해 수평 방향과 수직 방향으로 나눈다. 수평 방향과 수직 방향으로 진행하는 빛은 똑같은 거리를 날아간 뒤에 한곳에 모인다. 앞서 소개했던 중력파 검출장비 LIGO의 기본 구조와 작동원리도 이와 같다.

일반적으로 두 개의 파동이 만나면 하나의 파동으로 합쳐지는 간섭현상을 일으킨다. 이때 두 파동의 골과 마루의 상대적인 위치가 같으면 합쳐진 파동의 진폭이 더 커지고, 위치가 엇갈리면 파동의 진폭이 작아진다. 전자를 보강간섭, 후자를 소멸간섭이라 부른다. 요즘 시중에 나오는 헤드폰이나 이어폰의 노이즈 제거 기능은 소멸간섭을 이용한 것이다. 외부의 소음과 같은 파형을 인위적으로 생성해 골과 마루가 엇갈리게 더해주면 귀에 들리는 최종적인 소음은 크게 감소한다.

간섭은 파동만의 고유한 특성이다. 1801년 영국의 의사이자 물리학자였던 토머스 영은 두 틈(이중슬릿) 사이로 빛을 통과시켜 간섭무늬를 관찰해 빛이 파동임을 확인했다. 어떤 기준점에 대한 파동의 상대적 위치를 각도로 표현한 값을 위상이라 하는데 두 개의 똑같은 파동이 같은 위상을 가지고 만나면 한가운데에서는 보강간섭이 일어나 가장 진폭이 크고 바깥으로 나갈수록 소멸간섭과 보강간섭이 반복돼 나타난다. 좀 더 자세히 말하자면 빛이 두 틈을 통과해 일정한 거리만큼 떨어진 화면에 도달할 때, 각 틈에서 화면의 특정한 지점에 이르는 거리의 차이가 파동의 반파장半波長의 짝수배에 비례하면 보강간섭, 홀수배에 비례하면 소멸간섭이 일어난다. 그 결과 화면에는 밝고 어두운 무늬가 반복해서 생긴다. 이처럼 두 개의 빛이 간섭을 일으키면 한가운데가 가장 밝고 바깥으로 나갈수록 어둡고 밝은 무늬가 반복해서 나타나는데, 이를 간섭무늬라 한다.

마이컬슨 간섭계에서 에테르가 전혀 없다면 수평 방향과 수직 방향으로 진행하는 빛은 속력과 거리가 모두 똑같으므로 한가운데를 중심으로 밝고 어두운 간섭무늬가 반복해서 나타날 것이다. 그러나 마이컬슨 간섭계에는 에테르 바람이 불고 있다. 에테르 바람은 일반적으로 수평 방향과 수직 방향에 서로 다른 영향을 끼칠 것이므로 각 방향으로 진행하는 빛의 속력이 달라진다. 그 결과 최종 검출기에 모

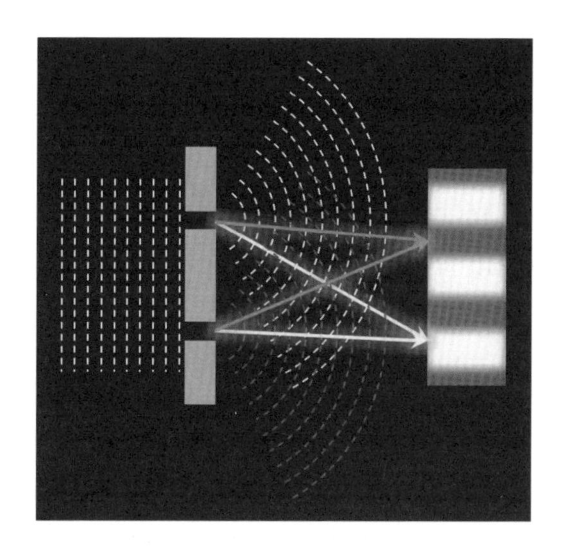

간섭무늬

이는 두 빛의 위상이 달라지고, 따라서 간섭무늬에도 변화가 생겨야 한다. 또한 간섭계 전체를 돌리거나 계절에 따라 지구의 운동 방향이 바뀌면 역시 간섭무늬에 변화가 생겨야 한다. 그러나 마이컬슨과 몰리는 아주 높은 정밀도로 간섭무늬의 변화를 볼 수 없었다. 즉 에테르의 효과를 관측하지 못한 것이다.

마이컬슨-몰리의 실험 결과 때문에 당대의 과학자들이 에테르의 존재를 부정했을까? 당연히 아니었다. 똑똑한 과학자들은 기존의 고전역학적인 틀 속에서 에테르가 검출되지 않는 기발한 방법들을 고안해냈다. 에테르 끌림 가설에서는 에테르가 국소적으로 지구에 밀착해 끌려다니기 때문에 지구 위에서는 에테르의 바람을 느낄 수가 없다. 광속이 광원의 속도와 연동돼 유지되는 방식으로 맥스웰 방정식을 바꾸는 방법도 제안되었다. 헨드릭 로런츠는 맥스웰 방정식의 형태를 유지하면서 에테르 속을 움직이는 물체가 광속의 변화를 상쇄하기 위해 진행 방향으로 길이를 수축시킨다는 가설을 내놓았다. 당대 최고의 과학자들이 이렇게까지 에테르에 집착한 이유는 늘 그래왔듯이 그것이 위기를 극복하고 새로운 성공을 보장하리라는 확신이 있었기 때문이다. 혁명은 이 집착을 내버리는 데서 시작되었다. 1905년 아인슈타인의 특수상대성이론은 그렇게 세상을 뒤집었다.

켈빈 경이 제기한 두 번째 '구름'은 19세기에 기체분자운동론이 정립되는 과정에서 맥스웰, 볼츠만 등이 제시한 에너지등분배법칙energy equipartition law에 관한 것이다. 에너지등분배법칙이란 어떤 물리계가 특정 온도에서 열적 평형상태를 이룰 때 그 계를 이루는 입자들은 자유도(독립적으로 달라질 수 있는 매개변수의 개수) 한 개당 모두 똑같은 평균 에너지를 갖는다는 법칙이다. 볼츠만은 이를 이용해 고체의 비열용량specific heat capacity(1킬로그램의 물질을 1도 올리는 데에 필요한 열량)이 온도와 무관하게 일정하다는 뒬롱-프티의 법칙을 쉽게 설명할 수 있었다.

그러나 뒬롱-프티의 법칙은 비교적 높은 온도에서만 적용된다. 온도가 아주 낮은 상태에서는 비열용량이 온도와 무관한 상수가 아니라 온도에 따라 변하며 특히 절대영도에 가까워질수록 비열용량도 0에 급격하게 가까워진다.

또한 에너지등분배법칙을 적용하면 흑체복사blackbody radiation로 알려진 현상을 설명하기가 어려웠다. 흑체는 모든 빛을 완벽하게 흡수하는 가상의 물체다. 흑체에 열을 가해 일정한 온도에서 열적 평형

상태가 되도록 하면 그 온도에 따라 특징적인 스펙트럼의 전자기파를 방출한다. 이를 흑체복사라 한다. 따뜻한 체온을 가진 사람은 적외선을 방출하고, 쇠를 달구면 붉은빛을 낸다. 이런 현상은 모두 흑체복사로 근사할 수 있다. 문제는 흑체가 전자기파를 방출하는 양상을 고전역학으로 설명할 수 없다는 것이었다. 특히 에너지등분배법칙을 적용하면 짧은 파장의 전자기파는 무한히 큰 에너지를 방출하리라 예상되었다. 이는 상식에서도 벗어나고 실험 결과와도 어긋났다. 오히려 실험 결과에서는 방출되는 전자기파의 파장이 짧아질수록 그 에너지는 급격하게 0으로 줄어들었다. 가시광선의 무지개 스펙트럼에서 보라색 쪽으로 갈수록 파장이 짧아지므로, 이 문제를 흔히 '자외선 파국UV catastrophe'이라 부른다.

내로라하는 과학자들이 켈빈 경의 '구름'을 걷어내려고 했으나 고전물리학의 틀에서는 성공하지 못했다. 놀랍게도 켈빈 경의 첫 번째 구름은 특수상대성이론의 등장으로 해소되었고, 두 번째 구름은 양자역학의 등장으로 해소되었다. 상대성이론과 양자역학은 20세기 현대 물리학을 떠받치는 두 기둥이다. 이는 지금도 사실이다. 그러니까 1900년에 켈빈 경이 던진 의문은 고전물리학이 봉착한 위기의 혈도를 정확하게 짚은 것이었고, 동시에 새로운 혁명의 서막을 알리는 것이었다. 거인의 역할이란 이런 것이다.

수성의 근일점 이동

그렇다면 이런 의문이 들 것이다. 기존의 패러다임을 강화하는 역할을 하는 위기 상황과 기존의 패러다임을 전복하는 역할을 하는 위기 상황을 어떻게 구분할 수 있는가? 경우에 따라 완전히 불가능하진 않지만(뒤에 한두 사례를 소개할 것이다), 일반적으로는 구분하기 어렵다.

다시 하늘로 눈을 돌려보자. 앞서 살펴봤듯이 천왕성의 변칙적인 공전 궤도는 뉴턴역학을 무너뜨리기는커녕 해왕성의 발견이라는 성과로 이어졌다. 그렇다면 수성의 변칙적인 공전 궤도는 어떨까? 뉴턴역학에 따르면 행성의 궤도는 안정적이고 고정된 타원 궤도다. 그러나 실제로 수성의 공전 궤도는 안정적으로 고정돼 있지 않고 태양 주위를 한 바퀴 돌았을 때 원래 위치에서 약간 벗어난 곳으로 돌아온다. 그 결과 타원 모양의 공전 궤도가 시간에 따라 천천히 회전하게 된다. 보통 수성이 태양에 가장 가까워지는 지점인 근일점이 얼마나 이동하는지를 측정하는데, 그래서 이 현상을 수성의 근일점 이동이라 한다. 수성의 근일점이 이동하는 정도는 100년에 575초 각도(1초 각도는 1도의 1/3600) 정도다. 자, 이 문제를 어떻게 해결할 것인가?

우선 생각해볼 수 있는 해결책은 태양 이외의 다른 행성이 수성에 미치는 영향을 계산하는 것이다. 아마도 수성과 가장 가까운 금성이나 좀 멀지만 덩치가 유난히 큰 목성이 큰 영향을 미칠 것이다. 어쨌든 다른 행성이 수성의 근일점 이동에 미치는 영향은 100년에 532초 정도다. 그렇다면 43초가 남는다. 이 숫자는 기존 뉴턴역학의 요소로 설명할 수 없다. 어떻게 대처하면 될까?

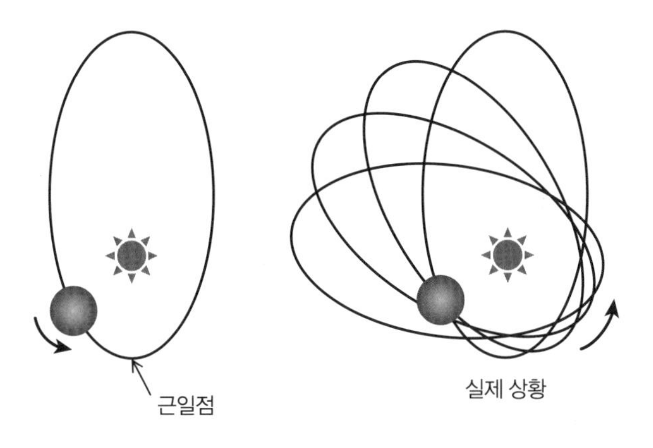

수성의 근일점 이동

과학자들이 택한 방식은 의외로 단순하고 간단했다. 바로 천왕성/해왕성의 성공 사례를 다시 도입하는 것이다. 어떻게? 새 행성을 하나 도입하면 된다! 수성 바깥에는 금성과 지구, 화성 등 우리가 이미 아는 행성들밖에 없으므로 새로운 행성이 존재하려면 수성보다 안쪽 궤도에 있어야 한다. 그럼에도 아직 관측되지 못한 것은 태양에 더 가깝기 때문이라고 이해할 수 있다. 이 행성에는 불칸Vulcan이라는 이름이 붙었다. 행성의 영어 이름은 그리스-로마 신의 이름을 갖다 쓴다. 불칸은 대장장이 신이다. 영어 단어 'volcano'(화산)의 어원이기도 하다. 이제 남은 일은 불칸을 찾는 것이다. 그러나 아무리 뒤져도 불칸을 찾을 수 없었다. 혹시 뉴턴역학이 잘못된 것일까? 그렇게 생각하는 사람은 거의 없었다. 20세기 초까지 잘 작동해온 뉴턴역학이 이제 와서 갑자기 다 틀렸을 리가 없기 때문이다.

해결책을 들고 나온 사람은 역시 아인슈타인이었다. 아인슈타인은

1915년 자신이 거의 완성해놓은 새로운 중력이론인 일반상대성이론을 적용해 수성의 근일점 문제를 해결했다. 일반상대성이론에서는 중력의 본질이 시공간의 곡률이다. 태양같이 무거운 물체가 있으면 주변의 시공간이 휘어지며 주변의 물체들은 그 휘어진 시공간의 최단경로를 따라 움직인다. 여기서 뉴턴역학에는 존재하지 않던 요소가 바로 태양이 만드는 시공간의 곡률이다. 일반상대성이론에서 이 효과를 고려해 수성의 공전 궤도에 미치는 영향을 계산해보면 정확하게 100년에 43초라는 결과가 나온다! 놀랍게도 이 결과는 아인슈타인이 일반상대성이론의 핵심인 중력장 방정식을 완성한 논문이 발표되기 일주일 전의 논문에 소개되었다. 다행히도 수성의 근일점 이동 문제는 아직 미완성인 중력장 방정식만으로도 해결할 수 있었다. 아인슈타인은 자신이 만들어가고 있던 새로운 중력이론이 천문학의 해묵은 문제를 말끔히 해결하게 되자 미칠 듯이 기뻐했다고 한다.

그러니까 수성의 근일점 이동은 천왕성의 변칙적인 궤도와 달리 뉴턴역학의 허점을 드러내며 일반상대성이론의 손을 들어준 셈이다. 그렇지만 앞서 봤듯이 아인슈타인이 수성의 근일점 문제를 해결하기 위해 일반상대성이론을 개발한 것은 아니었다. 수성의 근일점 이동은 뉴턴역학의 약한 고리로 남아 있었으나 그 자체가 새로운 혁명을 촉발하지는 못했다. 그래서 이 또한 귀납주의 또는 반증주의의 한계를 극명하게 보여주는 사례에 속한다. 수성의 근일점 이동이 혁명을 직접 촉발하지는 못했으나 사후적으로라도 새로운 패러다임의 손을 들어준 것은 분명 큰 의미가 있다. 어쨌든 과학은 궁극적으로 실험이나 관측 결과와 부합해야 하므로 자연의 최종심판에 그 운명을 맡길 수밖에 없다. 일반상대성이론은 말하자면 엄마 뱃속에서 막 태어나기 직전에 이미 일차 검증을 통과한 것이다. 만유인력의 법칙에는 안된 일이었지만, 과학계 전체로 보자면 수성의 근일점 이동은 역시나 위기를 기회로 바꾸는 역할을 톡톡히 한 셈이다.

20세기 과학의 미해결 난제

이제 20세기가 남긴 '구름'을 몇 개 살펴보자. 20세기 과학의 위대한 성과로 상대성이론과 양자역학을 빼놓을 수 없다. 상대성이론과 양자역학은 현대 물리학을 떠받치는 두 기둥일 뿐만 아니라 자연을 바라보는 인간의 인식도 크게 바꾸어놓은 학문이다. 그러나 일반상대성이론과 양자역학 사이에는 심연의 강이 놓여 있다. 특수상대성이론은 양자역학과 잘 어울려 상대론적 양자역학 및 양자장론quantum field theory을 잉태했지만, 현대적인 중력이론인 일반상대성이론은 양자역학과 궁합이 잘 맞지 않는다. 양자역학과 모순이 없는 중력이론, 즉 양자중력quantum gravity 이론을 구축하는 일은 쉽지 않다. 양자중력은 양자역학과 중력이 모두 중요해지는 상황, 예컨대 블랙홀 내부나 우주의 시초인 빅뱅 직후를 묘사하는 데에 꼭 필요하다. 끈이론string theory이나 고리양자중력loop quantum gravity 이론 등이 유력한 후보로 제시되고 있지만 아직 완전히 만족할 만한 상황은 아니다.

우주를 관측하면서 뻔히 알게 된 미해결 난제도 있다. 먼저 물질-

반물질 비대칭성, 또는 중입자baryon• 비대칭성의 문제가 있다. 반물질anti-matter이란 반입자anti-particle로 이루어진 물질이다. 반입자란 보통의 입자와 물리적 성질이 똑같지만 전기전하만 반대인 입자다. 전자의 반입자는 양전자positron라 부른다. 전자는 음의 전기를 띠지만 양전자는 양의 전기를 띤다.

반입자의 존재를 예측할 수 있었던 것은 방정식의 힘이었다. 1928년 영국의 물리학자 폴 디랙은 특수상대성이론과 양자역학의 교리(스핀까지 포함해서)를 모두 만족하는 전자를 기술하는 방정식을 제시했다. 이것이 디랙 방정식이다. 그런데 디랙 방정식을 풀면 음의 에너지를 가진 풀이가 함께 나온다. 디랙은 처음에 이 풀이의 물리적 의미를 온전하게 이해하지 못했다. 음의 에너지를 가진 전자는 양의 전기를 띤 입자로도 이해할 수 있는데 디랙은 이를 양성자로 인식했다. 양성자는 전자보다 1800배 정도 더 무겁다.

원자폭탄의 아버지인 미국의 로버트 오펜하이머는 1930년 〈전자와 양성자 이론에 대해〉라는 논문에서 만약 그 입자가 양성자라면 원자 속의 양성자와 전자가 반응해 원자가 안정적으로 유지될 수 없을 것이라고 주장했다. 이후 이 입자의 질량이 전자의 질량과 같아야 함이 논증되었다. 결국 디랙은 이 입자가 원래 입자와 질량 및 스핀이 같고 전기전하만 반대인 반입자, 즉 양전자임을 받아들였다. 양전자는 1932년 미국의 칼 앤더슨이 발견했고 그 공로로 1936년 노벨

• 중입자는 물질의 최소 단위인 쿼크가 셋 모여서 이루어진 입자로, 대표적으로 양성자나 중성자가 여기에 속한다.

물리학상을 받았다.

반입자들이 모여 만들어진 물질을 반물질이라 한다. 예컨대 양전자(+)와 반양성자(-)가 만나면 반수소를 만들 수 있다. 일반적으로 입자와 반입자가 만나면 빛으로 소멸하면서 각 질량을 포함한 모든 에너지가 방출된다. 이를 쌍소멸이라 한다. 쌍소멸 성질을 이용한 가상의 폭탄을 소재로 한 소설이 댄 브라운의 《천사와 악마》다. 쌍소멸에서는 해당 입자의 모든 질량이 에너지로 전환되기 때문에 에너지 효율이 무척이나 높다. 통상 핵무기보다 대략 만 배 더 많은 에너지를 방출한다. 다만 반입자를 생산하는 비용이 천문학적이어서(양전자 1그램당 수십조 원이다!) 지금의 기술로는 상업적으로나 군사용으로 사용하기 어렵다. 병원에서 사용하는 양전자방출단층촬영PET 장치는 쌍소멸을 활용한다. 방사성 물질이 방출하는 양전자가 몸속의 전자와 만나 방출하는 광자(감마선)를 추적해 영상을 만든다. 쌍소멸과는 반대로 빛이 충분한 에너지를 가지고 있으면 입자와 반입자를 쌍으로 만들어낼 수 있다. 이를 쌍생성이라 한다.

태초에 우주가 태어난 뒤 여러 입자들이 만들어질 때 우리 우주가 입자나 반입자에 대한 특별한 선호가 없는 상황이라면 입자와 반입자가 쌍으로 만들어졌을 것이다. 이는 마치 동전을 수없이 많이 던졌을 때 대략 절반은 앞면이 나오고 나머지 절반은 뒷면이 나오는 상황과 비슷하다. 그랬다면 입자와 반입자가 만나 쌍소멸로 모두 사라졌을 것이다. 그러나 지금까지 우주를 관측해온 결과에 따르면 우리 우주에는 반입자보다 입자가 압도적으로 많다.

우리 우주에서 관측되는 대부분의 빛, 즉 광자는 빅뱅 직후 약

38만 년 이후 고온의 플라스마 상태를 빠져나온 우주배경복사다. 이들 광자의 개수를 기준으로 해서 보통 물질의 중입자 개수와 반물질의 중입자, 즉 반중입자의 개수의 차이를 비율로 따져보면 대략 10억분의 1 정도가 된다.[14] 10억 개, 즉 10^9개 중의 하나면 극히 작은 양이라고 생각할 수도 있겠지만, 광자나 중입자는 대단히 미시적인 입자임을 기억하라. 우리 우주에는 광자가 대략 10^{84}개나 존재한다.

왜 우리 우주는 대부분 반물질이 아닌 물질로 이루어져 있을까? 이를 물질-반물질 비대칭성 또는 중입자 비대칭성 문제라 한다. 만약 물질과 반물질이 태초에 대칭적이었다면 지금 남아 있는 중입자의 개수는 현재 관측되는 양보다 훨씬 더 적었을 것이다. 그랬다면 우리가 보는 우주의 모습도 굉장히 달라졌을 것이고, 우리 인간이라는 존재 또한 없었을지도 모른다. 따라서 물질-반물질 비대칭성은 지금 우리 우주가 왜 이런 모습이고, 우리는 왜 존재하는가를 설명하는 중요한 요소임에 틀림없다.

물론 태초의 빅뱅 때 원래 물질과 반물질이 비대칭적인 초기 조건에서 우리 우주가 진화하기 시작했다고 가정할 수도 있을 것이다. 설령 그런 경우라도 과학자들은 왜 우주의 초기 조건이 비대칭적으로 시작되었는지를 캐내려 들 것이다.

만약 소립자 수준에서 입자와 반입자의 대칭적인 관계를 깨는 어떤 요소가 존재해서 입자와 반입자의 수명에 영향을 준다면 물질-반물질의 비대칭성을 설명할 수도 있을 것이다. 그러나 아직까지 관측 결과를 설명할 만큼 충분히 큰 그런 요소를 발견하지 못했다. 물질-반물질 비대칭성은 21세기에도 여전히 현대 과학이 풀어야 할 숙제다.

암흑물질과 암흑에너지

현대 과학에 드리워진 또 하나의 구름은 앞에서 잠깐 소개했던 암흑물질이다. 관측에 따르면 이 우주에는 암흑물질이 우리에게 익숙한 보통의 물질보다 약 다섯 배는 더 많아야 한다. 그러나 표준모형에는 암흑물질 후보가 전혀 없다. 아직까지 우리는 암흑물질의 정체를 모른다. 암흑물질은 그 존재 자체가 표준모형의 한계이자 표준모형을 넘어서는 새로운 물리학의 존재에 대한 근거이기도 하다. 따라서 새로운 물리학 모형이 암흑물질 후보를 포함하고 있다면 대단히 매력적인 모형이 된다.

켈빈 경의 구름은 고전물리학에서는 해결되지 못했고 상대성이론과 양자역학의 등장으로 비로소 걷힐 수 있었다. 그러나 표준모형에 드리워진 구름들은 아직 걷히지 않았다. 확실한 것은 이들 구름이 표준모형의 틀 안에서는 전혀 걷힐 수 없다는 점이다. 이 구름을 걷어낼 새로운 물리학이 상대성이론이나 양자역학처럼 기존 패러다임을 완전히 전복할 정도의 혁명적인 결과를 초래할 것인지도 확실하지 않다. 어쩌면 전혀 새로운 종류의 입자를 발견해 암흑물질의 정체가 밝혀지고 표준모형을 넘어서는 것 자체가 엄청난 혁명일지도 모르겠다.

한편 우리 우주에는 암흑물질 외에 암흑에너지dark energy도 존재한다. 우리가 살고 있는 이 우주는 태초의 빅뱅 이후로 계속 팽창하고 있는데, 그 팽창하는 정도가 점점 더 빨라지고 있다. 즉, 지금 우리 우주는 가속팽창하고 있다. 가속팽창의 원인이 되는 요소를 암흑에너지라고 한다. 암흑에너지는 암흑물질보다 훨씬 더 많이(69% 정도) 분포해 있는 것으로 관측되었다.

암흑에너지는 이름에 붙은 '암흑'이라는 말에서도 알 수 있듯이 그 정체가 오리무중이다. 다만 강력한 후보가 없는 것은 아니다. 우주상수cosmological constant라 불리는 양이 암흑에너지의 유력한 후보다. 우주상수는 공간 자체가 가지는 에너지밀도에 비례한다. 따라서 만약 암흑에너지의 정체가 정말로 우주상수라면 그 값이 시간에 따라 변하지 않을 것이다. 최근의 관측 결과에 따르면 암흑에너지가 시간에 따라 변할 가능성이 매우 높다고 한다. 정말로 우주상수가 암흑에너지 후보에서 완전히 배제될 것인지, 그렇다면 암흑에너지의 정체가 무엇인지는 암흑물질과 함께 21세기 과학이 여전히 해결하지 못한, 가장 시급한 난제이다(자세한 내용은 5부 5장을 참고하라).

암흑물질과 암흑에너지가 차지하는 비중은 우주의 전체 에너지 분포에서 무려 95%에 이른다. 현대적인 우주론의 역사가 100년이 넘는데 그동안 알아낸 결과가 겨우 '우주는 암흑천지'라는 사실에 많은 사람들이 실망할지도 모르겠다. 그러나 우리는 적어도 우리가 우주에 대해 무엇을 모르는지를 예전보다 훨씬 더 많이 알고 있다. 해결하지 못한 난제가 많거나 새로이 추가되었다는 것은 그만큼 우리가 무엇을 모르는지에 대한 메타인지가 깊어졌다는 뜻이기도 하다. 무엇을 모르는지를 정확하게 아는 것이 진정한 앎의 출발점이다. 과학은 그렇게 발전한다.

4장

포용하고 확장하기

상대성이론과 양자역학이 고전물리학을 무너뜨리고 새 세상을 연 것은 맞지만 과학에서의 혁명은 정치사회적 혁명과 다른 점도 있다. 예컨대 왕정에서 공화정으로 혁명이 일어난다면 두 체제 사이에는 서로 닮은 점이 거의 없다. 토머스 쿤은《과학혁명의 구조》에서 패러다임이라는 개념을 제시하며 하나의 패러다임에서 새로운 패러다임으로 바뀌는 것은 사회혁명이나 종교적 개종과도 같아 경쟁하는 패러다임들 사이에는 공유하는 가치가 거의 없다고 주장했다.

과학에서의 혁명은 조금 다르다. 아무리 천지가 개벽해도 지난날의 성공을 쉽게 버리지 않는다. 오히려 성공의 기억이 잘 보존되는 편이다. 고전물리학을 혁명적으로 뒤엎은 특수상대성이론을 생각해 보자. 특수상대성이론에서는 시간과 공간이 운동 상태에 따라 다이내믹하게 변한다. 이는 고전역학에서는 상상도 할 수 없는 일이다. 또한 빛은 어느 좌표계에서나 항상 광속으로만 진행하며 그 어떤 물리적 신호도 빛보다 빠를 수 없다. 게다가 질량 또한 에너지로 변환할 수 있다. 이 덕분에 우리는 원자핵으로부터 막대한 에너지를 뽑아 쓸 수 있다.

그러나 특수상대성이론에서 광속을 무한대로 보내면 그 모든 결과는 다시 고전물리학으로 되돌아간다. 즉 물체의 움직임이 광속에 비해 턱없이 느리면 고전역학과 특수상대성이론을 구분하기 어려워진다. 상대성이론이 시간과 공간에 대한 인식을 혁명적으로 바꾸었음에도 불구하고 고전역학과 특수상대성이론은 서로 연결돼 있다.

이 사례에서처럼 과학의 발전은 폐기와 배제가 아니라 포용과 확장이다. 과거의 성공은 버려지는 게 아니라 새로운 패러다임의 특수한 경우로 포함된다. 과학의 이런 성질을 대응원리correspondence principle라고도 부른다.

만유인력의 법칙과 일반상대성이론의 관계

이와 비슷한 경우를 만유인력의 법칙과 일반상대성이론 사이의 관계에서도 볼 수 있다. 전자는 고전적인 중력이론이고, 후자는 특수상대성이론과 부합하는 현대화된 중력이론이다. 일반상대성이론은 중력의 본질을 시공간의 곡률로 이해한다. 곡률이 없는 평평한 시공간에서는 특수상대성이론으로 돌아간다. 그러나 일반상대성이론은 만유인력의 법칙을 배제하지 않는다. 오히려 만유인력의 법칙을 일반상대성이론의 매우 특별한 경우로 포함하고 있다. 이 점은 특히 중요하다. 만유인력의 법칙은 어쨌든 뉴턴 이래로 지상과 천상의 물체의 움직임을 성공적으로 설명해왔다. 제아무리 혁명적인 이론이 새로 등장했다 하더라도 오랜 세월 그렇게 성공적이었던 이론을 모두 무로 돌릴 수는 없는 노릇이다. 특히 아인슈타인은 자신의 중력장 방정식을 만들 때 만유인력의 법칙을 새 중력이론의 특수한 경우로 반드시 포함해야 함을 대단히 중요한 조건으로 간주했다. 여러 번의 시도에서 이 조건을 만족하지 않는 경우는 모두 폐기되었다.

그 결과 중력장 방정식의 우변에는 만유인력의 법칙에 들어가는 중력상수 G가 포함돼 있다. 일반상대성이론의 핵심 방정식인 중력장 방정식은 다음과 같다.

$$G_{\mu\nu} = 8\pi G T_{\mu\nu}$$

여기서 좌변의 $G_{\mu\nu}$는 아인슈타인 텐서로서 시공간 기하의 정보를 담고 있고, 우변의 $T_{\mu\nu}$는 시공간에 퍼져 있는 에너지(질량을 포함한다)의 분포를 나타낸다. 시공간에 에너지가 퍼져 있으면 이 방정식에 따라 시공간이 휘어져 곡률이 정해진다. 여기서 우변의 G가 바로 만유인력의 법칙에 등장하는 중력상수다. 상수 $8\pi G$는 중력이 약하고 시간에 대해 정적인 극한에서 위 방정식이 만유인력의 법칙을 재현하기 위해 정해진 값이다. 그러니까 중력상수 G는 만유인력의 법칙과 일반상대성이론을 서로 연결하고 있다. 과학에서의 혁명은 과거의 영광을 폐기하지 않는다. 과거의 지식이 일반상대성이론에서는 오히려 새로운 혁명을 완수하는 길잡이 역할까지 했다. 이런 맥락에서 과학자들은 대단히 보수적이다. 그렇기 때문에 역설적으로 대단히 혁명적일 수 있다. 과학에서 보수와 혁신은 별개가 아니라 동전의 양면이다.

상대성이론이야 그렇다 치더라도, 진정한 현대 물리학이라 할 수 있는 양자역학은 어떨까? 양자역학은 확률론적 세계관을 바탕으로 하기 때문에 결정론적 세계관의 고전물리학과는 근본적으로 다르다. 양자역학의 확률론적 성격이 가장 극명하게 드러나는 현상은 양자관통 현상이다. 고전역학에서는 장벽이 가로막고 있으면 공을 던져도 그 장벽에 막혀버리지만 양자역학이 지배하는 미시세계에서는 전자 같은 입자가 전기적 장벽을 뚫고 반대편에 존재할 수도 있다. 고전과 현대를 가르는 기준이 여럿 있겠지만 결정론과 확률론을 중요하게 여긴다면 양자역학이야말로 진정한 현대 물리학이라 할 수 있다. 이 관점에서는 상대성이론도 결정론적인 고전물리학이다.

양자역학과 고전물리학

그렇다면 양자역학과 고전물리학 사이에는 전혀 접점이 없을까? 그렇지 않다. 앞서 언급한 대응원리의 원조는 양자역학에서 등장했다. 양자역학의 태두인 닐스 보어는 양자역학의 주양자수라 불리는 정수값이 아주 커질 때 고전역학의 결과를 재현해야 한다고 처음 주장했다. 그는 이 대응원리를 이용해 자신의 원자모형을 정확하게 기술할 수 있었다.[15]

양자역학에서 주양자수가 등장하는 경우는 대체로 어떤 물리량이 불연속적으로 띄엄띄엄 존재할 때다. 이를 양자화quantized라 한다. 사실 양자역학quantum mechanics이란 이처럼 띄엄띄엄 양자화된 물리량

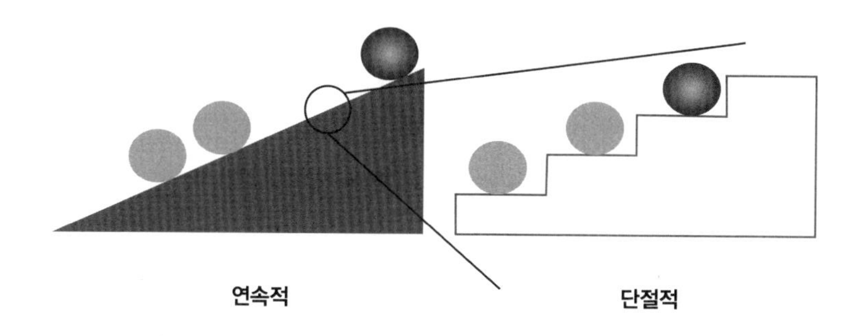

고전역학과 양자역학

에 관한 역학이다. 보어의 원자이론에서는 원자 속 전자의 각운동량이 불연속적이라고 가정했다. 이를 수학적으로 표현하기 위해 해당 물리량이 어떤 상수의 정수배가 되도록 한다. 이때의 정수가 주양자수이고 그 비례상수가 양자역학을 지배하는 자연의 상수인 플랑크 상수 h와 크게 다르지 않은 값이다. 이 관계를 약간 변형하면 주양자수는 플랑크 상수의 역수에 비례한다. 따라서 주양자수가 커지는 극한은 플랑크 상수가 0으로 가는 극한과 같다. 또한 이는 해당 물리량이 불연속적이지 않고 연속적인 극한으로 가는 것과도 같다. 바로 이 극한에서 양자역학은 고전역학을 재현한다.

비유적으로 말하자면 이렇다. 양자역학이란 마치 계단과도 같다. 계단 한 단의 높이가 대략 플랑크 상수 정도 된다. 계단은 불연속적이다. 누구나 한 단 높이의 정수배로만 움직일 수 있다. 0.7단이나 2.3단의 높이를 움직일 수는 없다. 만약 계단을 아주 멀리서 보면 어떻게 될까? 계단의 높이는 눈에 들어오지 않고 매끈한 비탈면만 보일 것이다. 이집트 기자의 피라미드를 떠올려보라. 아주 멀리서 바라본 피라미드는 매끈한 사면체다. 그러나 실제로 피라미드는 엄청난 크기의 육면체 돌덩이들의 집합체다. 계단의 높이가 구분되지 않고 매끈한 비탈면으로 보이는 극한이 바로 고전역학이다. 실제로 거시적인 세상에서는 플랑크 상수가 너무나 작아서 그 영향을 구분할 수가 없다. 그래서 양자역학적 효과를 우리 인간은 직접 느낄 수가 없다. 인간이 생활하는 거시세계는 고전역학이 지배한다. 하지만 자연의 실제 모습은 매끈한 비탈면이 아니라 각진 계단이다.

한 가지 덧붙이고 싶은 말이 있다. 과학 이전의 비과학적 담론과 과학 사이에는 이런 연결점이 거의 없다는 사실이다. 우리가 과학이라고 부르는 것들은 16~17세기 자연현상에 관한 일련의 지적 혁명으로 형성된 지식체계('근대 과학')인데, 이는 주로 아리스토텔레스의 세계관을 극복하면서 자리잡게 되었다. 아리스토텔레스의 패러다임과 뉴턴의 패러다임은 서로 겹치는 부분이 거의 없다. 아리스토텔레스의 세계관이 아무리 일상 경험에 부합하는 설명을 내놓았다고 하더라도 자연현상의 본질을 정확하게 기술하지는 못했다. 그래서 과학의 범주에 들지도 않으며 근대 과학에 남긴 직접적인 유산도 없다. 과학은 지난날의 과학적 유산에는 대단히 보수적인 집착과 포용력을 보이지만 비과학에 대해서는 조금의 자비도 없다. 한때 과학으로 여겨졌으나 틀린 것으로 판명된 경우에도 마찬가지다. 과학은 지킬 만한 가치가 있는 것은 확실하게 지키지만 그럴 가치가 없는 것은 가차 없이 폐기한다. 이런 면에서도 역시 과학은 가장 보수적이면서 가장 혁명적이다.

3부

실용적 발상

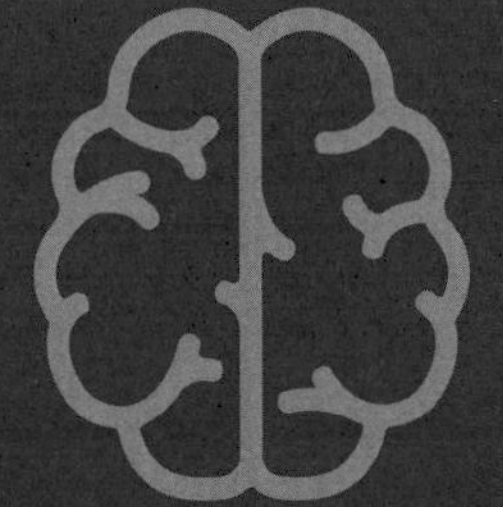

돈으로 해결할 수 있는 문제가
가장 쉬운 문제다.

과학 연구 활동을 조금 떨어져서 지켜보고 있으면 대단히 실용적이라고 느낄 때가 많다. 비단 연구의 결과물이 일상생활에 도움을 주어서만이 아니라 과학 활동이 이루어지는 과정 자체도 실용적이다. 과학자들의 실용적인 발상이 어디서부터 시작됐는지 그 원조를 따져보자면 저 멀리 뉴턴까지 거슬러 올라간다. 뉴턴 이전의 아리스토텔레스의 세계관에서는 과학과 철학이 완전히 분리되지 않아 운동을 기술할 때에도 아리스토텔레스의 목적론적인 세계관이 투영돼 있었다. 무거운 물체가 땅으로 떨어지는 이유는 '무겁다'라는 자신의 본성을 따라 무거움의 중심인 지구로 향하기 때문이다. 반대로 깃털이 하늘로 올라가는 것은 깃털이 지닌 가벼움이라는 본성을 따라 가벼움의 중심인 천상을 향하기 때문이다. 이런 운동을 본성적 운동이라 한다.

반면 뉴턴역학에서는 운동이 어떤 철학적 목적을 갖지 않는다. 특히 뉴턴의 운동 제2법칙에서 힘은 운동량의 시간에 대한 변화로 정의된다(이를 공식으로 나타낸 것이 그 유명한 $F=ma$이다). 힘의 본성으로 힘을 정의하지 않고 힘에 의한 운동의 '효과'로 힘을 정의하고 있다. 뉴턴이 과학혁명을 성공적으로 이끈 데에는 운동을 이렇게 기술적으로 묘사한 것도 중요한 역할을 했다.

실용성에 집중하면 낡은 틀에 얽매이지 않고 그 틀을 깨는 것도 비교적 쉽다. 당면한 문제를 해결하는 데에만 집중할 수 있으므로 완전히 새로운 접근법을 제시할 가능성이 높아진다. 과학자들은 문제를 해결할 수 있다면 그 어떤 담대한 제안에도 관대하다. 물론 그 담대한 제안이 기존의 체계와 얼마나 잘 부합하는지 아주 냉정하고 철저하게 따져보겠지만, 우선은 가장 가려운 부분을 얼마나 속 시원하게 긁어주느냐가 중요한 판단 기준이 된다. 그래서 뭔가 새로운 실험 결과가 나오거나 수수께끼가 등장하면 초반에는 학술지들이 비교적 관대하게 논문들을 받아주는 편이다.

1장

담대한 가설을 세우기

담대한 가설은 문제를 해결하는 출발점이다. 다른 요소들은 일단 제쳐두고 주어진 문제를 어떻게든 해결하기 위한 실용적인 방편에만 집중하면 담대해질 수 있다. 때로는 제안자 스스로가 자신의 제안에 담긴 의미를 올곧이 파악하지 못하고 오히려 그 심오한 의미를 거부하는 경우도 있다.

흑체복사와 플랑크의 양자화 가설

1900년 12월의 막스 플랑크가 바로 그런 사례였다. 플랑크는 당시 학계의 난제였던 흑체복사 문제를 해결하기 위해 양자화 가설을 제시했고 그로부터 완벽하게 흑체복사곡선을 유도해냈다.

앞서 소개한 대로 고전역학에서는 흑체가 방출하는 전자기파 중 파장이 짧은 대역을 설명하지 못했다. 파장이 짧은 전자기파가 무한대의 에너지를 가지고 방출되는 것으로 예측되었기 때문이다('자외선 파국'). 이는 켈빈 경이 지적했던 에너지등분배법칙과도 맞닿아 있다.

고전역학에서는 흑체복사를 흑체 안에서 정상파standing wave를 이루는 전자기파가 방출되는 것으로 이해한다. 정상파란 기타 줄처럼 양 끝이 고정된 채로 진동하는 파동이다. 흑체를 가열해서 특정한 온도로 열적 평형상태를 만들면 다양한 파장의 전자기파들이 흑체 내부에서 정상파를 형성한다.

여기서 중요한 것은 일정한 크기의 구조물 속에서 정상파가 형성되려면 그 정상파의 파장과 구조물의 기하학적 크기가 특정한 관계를 만족해야 한다는 점이다. 기타 줄이 진동하는 경우 보통은 기타 줄이 매여 있는 전체 길이가 진동하는 기타 줄의 파장의 절반과 같다. 또 다른 진동 모드에서는 정상파 전체의 길이가 한 파장과 같다. 이처럼 정상파가 형성되려면 정상파를 붙들고 있는 구조물의 크기가 반파장의 정수배여야만 한다. 이는 마치 화장실 바닥을 타일로 채우는 것과 비슷하다. 가로가 2미터인 화장실 바닥에 타일을 깔 때 한 변의 길이가 10센티미터인 정사각형의 타일은 한 줄에 정확하게 스무 개가 들어간다(여기서 타일 하나의 길이가 반파장 길이의 역할을 한다). 타일의 한 변의 길이가 13센티미터이면 온전한 타일로 바닥을 채울 수 없다. 구형의 흑체 안에서 전자기파가 정상파를 형성할 때도 마찬가지다. 그런데 파장이 긴 정상파는 정해진 구형 안에서 정상파를 형성할 수 있는 경우의 수가 극히 제한적이다. 자신의 반파장보다 더 짧은 영역에서는 정상파를 형성할 수 없기 때문이다. 반대로 파장이 짧은 정상파는 구형의 안쪽에서 정상파를 형성할 수 있는 경우의 수가 대단히 많다. 구형 전체를 크게 가로지르는 정상파도 만들 수 있지만 구면 안쪽의 굉장히 좁은 영역에서도 반파장의 정수배가 되는 곳

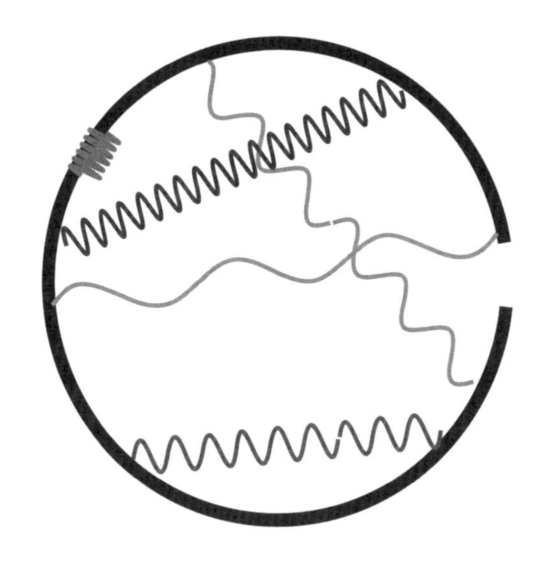

구형 흑체 안에서의 모드 수

을 찾을 수 있기 때문이다. 이 상황을 조금 어려운 말로 정상파의 모드 수라 한다. 긴 파장은 모드 수가 적고, 짧은 파장은 모드 수가 많다.

여기서 에너지등분배법칙이 작동하면 어떻게 될까? 이에 따르면 열적 평형상태에 있을 때 모든 파동은 하나의 자유도에 대해 똑같은 에너지를 가지며 그 에너지는 온도에 비례한다. 파장이 짧든 길든 모든 정상파가 온도 하나로 정해지는 똑같은 에너지를 갖는다. 이제 여러분은 고전역학이 왜 자외선 파국을 맞이하는지 짐작할 수 있을 것이다. 파장이 짧은 정상파는 모드 수가 무한히 커지기 때문에, 즉 흑체 내부에서 정상파를 형성할 수 있는 경우의 수가 무한히 커지기 때문에 짧은 파장대의 전자기파는 전체적으로 무한대의 에너지를 방출하게 된다. 물론 이 예측은 개념적으로도 맞지 않고 실험 결과와도 어긋난다. 한편 파장이 짧은 영역대에서 흑체복사곡선과 비슷한 결과를 내는 예측도 있었다. 이는 독일의 빌헬름 빈이 1896년에 제시한 결과로 빈의 분포함수라 부른다. 그러나 빈의 결과는 파장이 긴 영역의 실험 결과와는 잘 맞지 않았다.[16]

플랑크는 1900년 10월에 그때까지 알려진 흑체복사 관련 사실들을 종합해 순전히 경험칙으로 자외선 파국을 피하며 실험 결과에 부합하는 공식을 얻을 수 있었다. 이후 그는 자신이 발견한 함수를 원리적으로 유도하기 위해(왜 그런 함수가 나올 수밖에 없는지를 밝히기 위해) 고군분투했는데, 이 과정에서 놀라운 가정을 도입하게 된다.

플랑크는 자신이 발견한 공식을 유도하기 위해 우선 흑체 속에 수많은 가상의 진동자가 진동하고 있으며 이들이 흑체복사와 열적 평형을 이루고 있다고 상정했다. 플랑크의 핵심 가설은 이 가상의 진동자의 에너지가 고전역학적인 성질, 즉 파장(또는 진동수)과 무관하고 연속적이라는 성질을 따르지 않고, 진동수에 비례하는 양의 정수배로만 불연속적으로 존재한다고 가정했다. 이를 수식으로 표현하면 아주 간단하다.

$$E = nh\nu$$

여기서 E는 진동자의 에너지이고, ν는 진동자의 진동수이며, n은 정수다. 플랑크가 새로 도입한 비례상수 h가 바로 플랑크 상수다.

플랑크의 가설은 두 가지 점에서 고전물리학과 크게 다르다. 첫째,

진동자의 에너지가 $h\nu$라는 양을 최소 단위로 해서 이 값의 정수배로만 '불연속적으로' 존재한다. 그래서 플랑크는 이를 '양자quantum'라고 불렀다. 고전역학에서는 입자나 파동의 에너지가 모두 연속적이다. 둘째, 플랑크의 진동자는 그 에너지가 진동수에 정비례한다. 이 또한 고전역학과 완전히 다르다. 고전역학에서는 파동의 에너지가 파장이나 진동수와 무관하고 진폭에만 관련되어 있기 때문이다.

플랑크의 가설은 단지 실험 결과를 설명하기 위해 도입한 수학적 방편일 뿐이었다. 플랑크 자신이 이 가설에 큰 물리적 의미를 두지 않았다. 진동자의 정체도 피상적이었다. 그럼에도 플랑크는 자신의 가설로 흑체복사곡선을 성공적으로 유도할 수 있었다. 고전물리학과 다른 두 가지 특징이 모두 제 역할을 한 덕분이었다. 첫째, 진동자의 에너지가 불연속적이기 때문에 한 모드당 진동자의 평균 에너지를 계산할 때 고전물리학에서처럼 연속적인 더하기인 적분을 하지 않고 그냥 덧셈(좀 더 자세하게는 무한등비급수)만 하게 된다. 이 결과는 적분 결과와 확연히 다르다. 둘째, 진동자의 에너지가 어쨌든 진동수에 비례하므로 파장에는 반비례한다. 따라서 파장이 짧을수록 진동자의 에너지가 커진다. 그렇다면 흑체는 아무리 가열하더라도 한정된 에너지만 품고 있으므로 그 속에서 파장이 한없이 짧은 진동자는 생성되지 못할 것이다. 실제로 진동자의 평균 에너지를 구할 때 특정 에너지를 가질 확률(평균값 또는 기댓값은 각 변수에 해당 확률을 곱해서 더하면 된다)은 그 에너지에 대해 지수함수적으로 감소하는데(이를 볼츠만 인자라 한다), 플랑크의 가설 때문에 이 확률은 결국 진동자의 진동수가 커질수록 지수함수적으로 감소한다. 반면 진동자의 진동 모드 수는 진동수의 제곱에 비례하기 때문에 이는 지수함수적으로 감소하는 확률을 극복할 수 없다. 따라서 파장이 짧을 때 무한대의 에너지가 방출되는 자외선 파국을 막을 수 있다. 실제로 파장이 짧은 영역에서는 플랑크의 결과가 빈의 분포함수에 가까워진다.

플랑크는 한동안 자신의 가설을 수학적 편의로만 여겼으나, 1905년에 아인슈타인은 플랑크의 가설을 물리적 실체로 적극 수용해 실제 전자기파의 에너지를 플랑크의 가설에 따라 양자화된 것으로 받아들였다. 이를 이용해 아인슈타인은 성공적으로 광전효과를 설명할 수 있었고 그 공로로 1921년 노벨 물리학상을 수상했다. 나중에야 플랑크도 실제 전자기파가 자신의 가설에 따라 진동수에 비례하고 불연속적인 에너지를 가진다는 점을 받아들였다.

거꾸로 생각해보면, 1900년의 플랑크로서는 물리적 실체와는 별 상관이 없지만 당면한 문제를 해결하기 위한 임시방편적인 가설을 자유롭게 설정함으로써 과학의 역사를 바꾼 셈이다. 이런 맥락에서 과학은 실용적인 접근에 대단히 너그러운 편이다. 처음부터 모든 걸 완벽하게 갖추고 시작하지 않아도 그 효과만 확인된다면 어떤 접근법이든 받아들일 자세가 돼 있다.

쿼크 모형

처음에는 그냥 단순한 수학적 모형으로 제시되었다가 나중에 실재하는 물리적 대상으로 바뀐 또 다른 사례는 쿼크다. 쿼크는 미국의 물리학자 머리 겔만과 조지 츠바이크가 1964년에 처음 도입한 개념이다. 1940년대와 1950년대를 거치며 입자가속기 및 입자검출기의 성능이 향상되자 이전까지 알지 못했던 많은 입자들이 발견되었다. 그때까지는 양성자, 중성자 같은 핵자와 이들을 묶어주는 중간자meson로서의 파이온, 중성미자, 전통적인 전자와 광자 정도가 이 세상을 구성하는 기본 입자들로 알려져 있었다. 그런데 갑자기 케이온, 람다, 자이 같은 새로운 입자들이 계속 등장하자 학계는 혼란에 빠졌다. 이들에게 이름을 붙일 그리스 문자가 모자랄지도 모를 지경이었다. 맨해튼 프로젝트의 주역이었던 로버트 오펜하이머는 이런 상황을 입자들의 '동물원'이라 부르기도 했다. 겔만은 1953년 기묘도strangeness라는 새로운 양자수를 도입해 케이온과 람다를 따로 분류한 다음 그 성질을 연구했다. 겔만에 따르면 여러 종류의 케이온은 기묘도가 +1 또는 -1의 값을 갖는 중간자이지만 전통적인 중간자인 파이온은 기묘도가 0이다.

입자들을 체계적으로 분류하는 데에는 군론group theory의 도입이 중요한 역할을 했다. 일화에 따르면 겔만은 캘리포니아공과대학교의 수학자 리처드 블록에게 자신의 연구를 소개하던 중 블록으로부터 군론에 관한 이야기를 듣고 자신의 연구에서 군론이 새로운 돌파구를 열 수 있음을 직감했다고 한다.[17] 특히 3차원 특수 유니터리군인 SU(3)의 표현representation 중에 8차원의 표현이 있음을 알고서는 이 구조에 중간자와 중입자 목록을 대입하기 시작했다. 중입자란 양성자나 중성자와 비슷한 성질을 가진 스핀 반정수 값의 페르미온이다. 반면 중간자는 스핀 값이 0인 보손이다. 중간자와 중입자를 통칭해서 강입자라 한다. 1961년에 겔만은 이 8차원의 구조를 팔중도八重道, eightfold way라는 이름으로 제안했다. 같은 해 이스라엘의 유발 네만도 SU(3)의 8중 상태로 입자를 분류하는 논문을 발표했다. 겔만이 팔중도라는 이름을 붙인 것은 불교의 팔정도八正道에서 따온 것이라 한다. 그러나 실제 내용은 불교나 팔정도와 아무런 관련이 없다.

겔만이 처음 팔중도를 제안했을 때는 놀랍게도 스핀이 0인 중간자가 일곱 개(세 개의 파이온과 네 개의 케이온)만 알려져 있었다. 겔만은 자신의 모형에 확신이 있었고 새로운 중간자가 반드시 존재하리라고 여겨 에타라는 이름까지 지었다. 에타는 1961년 말 로런스 버클리 국립연구소의 입자가속기인 베바트론에서 실제로 발견되었다. 팔중도는 자연의 대상에 수학적 구조물을 대응시킨다는 점에서 플라톤의 기획 연장선상에 있다고 할 만하다.

한편 SU(3)의 표현 중에는 10중 상태도 존재하는데, 스핀이 3/2인 중입자들은 이 10중 상태로 분류할 수 있다. 이 10중 상태의 목록 중에도 당시 발견되지 않았던 입자가 있었는데 이를 오메가라 명명했다. 오메가는 1964년에 발견되었다.

팔중도는 바로 다음 단계로 나아가기 위한 중요한 이정표였다. SU(3)에 따르면 8중 상태 말고도 3중 상태가 반드시 존재해야 한다. 이는 중간자나 중입자 말고도 뭔가 새로운 세 가지의 구성요소가 자연에 존재해야 함을 강력하게 암시한다. 겔만은 이를 쿼크quark라 불렀고 츠바이크는 에이스라는 이름을 붙였다. 쿼크라는 말은 제임스 조이스의 소설《피네간의 경야》에 나오는 구절•에서 따왔다고 한다. 지금은 에이스라는 말이 사라지고 쿼크만 남았다. 그 세 가지 구성요소를 겔만은 각각 위 쿼크(u), 아래 쿼크(d), 기묘 쿼크(s)라 불렀다.

겔만과 츠바이크는 거의 같은 시기에 쿼크를 제안했으나 쿼크를 대하는 입장은 극히 대조적이었다. 겔만은 쿼크가 단지 수학적이며 잠정적인 존재라고 여겼다. 반면 츠바이크는 쿼크(그의 용어로는 에이스)가 실제 자연을 구성하는 기본 요소라고 생각했다. 그러나 쿼크가 정말 자연을 구성하는 기본 입자라면 당장 해결해야 할 난감한 문제가 있었다. 쿼크 모형에서는 쿼크 둘이 모여 중간자를 만들고, 쿼크 셋이 모여 중입자를 만든다. 예컨대 양성자는 uud(위 쿼크 둘, 아래 쿼크 하나)의 조합이다. 그렇다면 각각의 쿼크는 전기전하가 -1/3, 2/3 등의 분수 값을 가져야만 한다. 이는 당대 과학자들이 선뜻 받아들이기 어려운 조건이었다. 물론 실험에서도 그런 입자를 관측한 적이 없었다.

그런데 1968년에 스탠퍼드대학교 선형가속기SLAC의 심층 비탄성 실험에서 고에너지 전자가 양성자와 충돌했을 때 일부가 큰 각도로 튕겨 나가는 현상을 발견했다. 이는 양성자 내부에 뭔가 단단한 점입자 같은 것이 존재한다는 강력한 증거였다. 당시에는 리처드 파인만이 이를 쪽입자parton라 불렀다. 이들 쪽입자는 나중에 위 쿼크(u)와 아래 쿼크(d)로 밝혀졌다. 겔만은 1969년에 노벨 물리학상을 수상했다. 선정된 이유에 쿼크라는 말은 없었다.[18]

쿼크 모형은 분수 전하라는 치명적인 약점에도 불구하고 SU(3)라

• "Three quarks for Muster Mark!/ Sure he hasn't got much of a bark/ And sure any he has it's all beside the mark."

는 수학적 구조물의 결과인 8중 상태, 그리고 10중 상태가 성공적으로 작동했기 때문에 3중 상태의 존재를 쉽게 저버릴 수는 없었다. 모든 요건을 충족하지 않더라도 당면한 수수께끼를 해결하는 데에 도움이 된다면 그 출발점이 수학적 편의라 하더라도 과학계는 일단 진지하게 받아들이는 실용적인 태도를 취하는 경우가 많다. 현재 우리가 알기로 자연에는 총 여섯 개의 쿼크가 존재한다. 1995년 t-쿼크(톱쿼크top quark, 진리 쿼크truth quark)를 마지막으로 모든 쿼크가 20세기에 발견되었다.

$$\begin{pmatrix} up \\ down \end{pmatrix} \quad \begin{pmatrix} charm \\ strange \end{pmatrix} \quad \begin{pmatrix} top \\ bottom \end{pmatrix}$$

보어 모형

과학자들은 난해한 자연현상을 접하면 그것을 설명하기 위한 모형을 만들곤 한다. 모형은 말 그대로 임시방편적인 요소를 갖고 있다. 이때 뭔가 근본적인 원리로 설명할 수 없는 부분은 일단 그렇다고 받아들이고 모형을 구축하기도 한다. 이 단계에서 담대한 가설을 잘 설정해야 모형의 성공 가능성이 높아진다. 대표적인 사례가 닐스 보어의 원자모형(1913)이다.

보어 이전에는 원자핵을 발견한 러더퍼드의 모형이 있었다. 러더퍼드의 원자모형에서는 원자 대부분의 질량을 갖고 있는 원자핵이 양의 전기를 띤 채 한가운데에 자리잡고 있고 그 주변을 전자가 도는 구조다. 이는 태양계의 구조와 비슷하다.

이 모형에는 두 가지 큰 문제가 있었다. 음의 전기를 띤 전자가 양의 전기를 띤 핵에 끌려가지 않으려면 태양 주변을 공전하는 행성들처럼 핵 주위를 빙빙 돌아야 하는데, 19세기에 완성된 고전 전자기학에 따르면 전기를 띤 입자가 이처럼 원운동을 하면 전자기파를 방출해야 한다. 그 결과 전자는 계속 에너지를 잃어버리게 되고 공전 반경이 점차 줄어들어 결국에는 원자핵으로 추락하고 만다. 또한 이 과정에서 방출되는 전자기파는 마치 가시광선의 무지개 스펙트럼처럼 연속적인 스펙트럼을 보인다. 이는 모두 원자에 대해 잘 알려진 사실들과 부합하지 않는다. 원자 속의 전자는 원자핵과 잘 분리돼 있다. 그리고 원자가 방출하는 빛의 스펙트럼을 조사해보면 연속적인 스펙트럼이 아니라 특정 파장대에서만 빛을 방출하는 불연속적인 띠 모양을 보인다.

불연속 스펙트럼은 19세기 요제프 프라운호퍼, 데이비드 브루스터, 윌리엄 탤벗, 구스타프 키르히호프, 로베르트 분젠 등의 연구를 통해 잘 알려져 있었다. 프라운호퍼는 태양광의 연속적인 스펙트럼을 연구하던 중 수많은 미세한 검은 선들을 발견했다. 이를 프라운호퍼선이라 부른다. 한편 비슷한 시기에 낮은 압력의 기체를 방전하거나 불꽃에 여러 시료를 넣었을 때 특정한 파장대의 밝은 선들만 방출되는 현상도 알게 되었다. 이를 방출 스펙트럼이라 한다. 얼마 지나지 않아 과학자들은 프라운호퍼의 검은 선들과 방출 스펙트럼의 밝은 선들이 같은 원소에 대해서는 같은 파장에서 나타난다는 사실을 발견했다. 키르히호프는 프라운호퍼선들이 어떤 원소가 특정 파장대의 빛을 흡수하기 때문에 생기는 빈틈이라고 올바르게 해석했다. 각 원소마다 선 스펙트럼의 양상이 파장에 따라 서로 다르기 때문에 이는 원소를 구분하는 일종의 지문 역할을 할 수 있다.

19세기 후반으로 접어들자 원소들의 스펙트럼에 관한 데이터가 쌓이면서 스펙트럼의 선들이 어느 파장에 해당하는지 좀 더 정확하게 알 수 있었다. 예컨대 수소원자의 경우 파장이 410.2나노미터, 434.1나노미터, 486.1나노미터, 656.3나노미터인 곳에서 선 스펙트럼이 나타난다. 1나노미터(nm)는 10억분의 1미터다. 스위스의 학교 선생님이었던 요한 발머는 이들 파장의 숫자를 보고는 오랜 시행착오 끝에 이들 숫자를 산출하는 공식을 만들었다. 원래 숫자놀이를 좋아했던 발머는 물리적 원리를 전혀 이용하지 않고 오로지 알려진 숫자들로부터 자신의 공식을 완성했다. 발머의 결과는 이후 스웨덴의 요하네스 뤼드베리로 이어져 더욱 일반화된 형태인 뤼드베리 공식으로 발전했다.

원자모형과 현실 사이의 괴리를 극복하기 시작한 것은 닐스 보어가 등장한 이후다. 보어는 1913년에 당시로서는 매우 파격적인 원자모형을 제시했다. 보어의 모형은 몇 가지 가설적인 원리로 구성돼 있다. 첫째, 전자는 전자기력의 일종인 쿨롱힘에 의해 원자핵 주위를 돈다. 둘째, 전자의 어떤 궤도는 안정적이어서 전자기파를 방출하지 않고 따라서 에너지를 잃어버리지 않는다. 이 궤도에 있는 전자의 상태를 정상상태라 한다. 셋째, 전자가 높은 에너지 상태에서 낮은 에너지 상태로 옮겨갈 때 두 에너지의 차이만큼이 전자기파로 방출된다. 이렇게 방출되는 전자기파의 에너지는 플랑크의 가설에서처럼 진동수에 정비례(따라서 파장에 반비례)하는 양으로 주어진다. 이때 비례상수가 바로 플랑크 상수다. 넷째, 정상상태에서 전자의 각운동량은 어떤 숫자의 정수배로만 존재할 수 있다. 여기서 정수배수를 양자수라 하며, '어떤 숫자'는 플랑크 상수를 2π로 나눈 값으로 환산 플랑크 상수reduced Planck constant라 한다. 각운동량은 회전을 하고 있는 물체의 운동량으로, 점입자의 각운동량은 그 입자의 질량과 선속도와 회전 반경의 곱으로 주어진다.

보어의 첫 번째 조건은 고전물리학과 다르지 않다. 두 번째, 세 번째, 네 번째 조건은 고전물리학과 전혀 다르다. 고전물리학에서는 전자가 원자핵 주변을 돌면 전자기파를 방출하지만 보어는 그렇지 않은 안정적인 궤도가 있다고 가정했다. 그 궤도는 네 번째 조건으로 주어진다. 다만 원자가 전자기파를 방출하는 경우는 두 번째 조건으로 한정했다. 네 번째 조건을 양자화 조건이라 한다. 양자화란 물리량이 덩어리져 있어 어떤 최솟값의 정수배로만 불연속적으로 존재하는 성질을 말한다.

사실 양성자 주변을 공전하는 전자의 전자기파 방출은 잠시 잊고 이 전자의 운동을 고전역학적으로 기술한 다음 각운동량의 양자화 조건을 적용하면 전자의 에너지는 어떤 상수 나누기 정수의 제곱으로 주어짐을 유도할 수 있다.

이 결과는 놀랍게도 뤼드베리의 결과와 비슷한 모습을 띤다. 특히 뤼드베리의 공식은 서로 다른 두 에너지의 차이만큼이 광양자 가설에 따라 특정한 파장의 전자기파를 방출하는 형태다. 이는 보어의 세 번째 조건에 부합한다. 발머나 뤼드베리의 결과는 실험에서 나온 숫자들을 이리저리 짜맞춘 결과이지만 보어의 원자모형은 고전적인 물리이론에 파격적인 양자화 가설이 결합된 결과이기 때문에 이로부터 뤼드베리의 결과를 '계산'할 수 있다. 특히 뤼드베리의 공식에 들어가는 뤼드베리 상수라는 값을 성공적으로 '유도'할 수 있었다.

각운동량이 양자화된다는 네 번째 조건은 대단히 파격적인 가설이지만 앞에서 소개했던 보어의 이른바 '대응원리'로부터 유추해낼 수도 있다. 대응원리란 양자수가 대단히 클 때 보어의 양자화된 원자이론이 고전적인 이론과 일치한다는 원리다. 수소원자에서 양자수가 아주 클 때에는 전자의 궤도가 아주 커진다. 이 경우 인접한 두 궤도 사이의 에너지 및 각운동량의 변화를 계산해보면 각운동량의 미세한 변화가 오직 환산 플랑크 상수로만 주어짐을 보일 수 있다.[19] 이 값은 말하자면 계단의 최소 높이라고 할 수 있다. 이런 계단으로 오를 수 있는 임의의 높이는 계단의 최소 높이(환산 플랑크 상수)의 정수배로만 존재한다. 원자 속 전자의 각운동량 값도 그렇게만 존재한다. 대응원리에 의한 결과는 양자수가 클 때에 적용되지만 보어는 각운동량의 양자화가 보편적으로 적용된다고 가정했다.

보어는 자신의 원자모형을 1913년에 논문으로 발표했다. 3부로 구성된 논문에서 보어는 원자의 선 스펙트럼뿐만 아니라 원자에서 방출되는 X선, 원소들의 화학적 성질, 분자의 구성 등에 대해서도 논의했다.[20] 보어는 원자의 구조와 성질을 연구한 공로로 1922년에 노벨 물리학상을 받았다.

보어의 원자모형은 고전역학에서 양자역학으로 넘어가는 과정에서 아주 중요한 전이지대를 점하고 있다. 보어 모형은 완전히 양자역학의 원리로부터 원자의 구조와 성질을 규명한 것이 아니라 고전역학의 토대 위에 양자역학의 핵심 가설들을 접목해 실험 결과들을 성공적으로 설명했다. 그래서 보어 모형을 준고전적 이론이라 부르기도 한다. 양자역학의 관점에서 보자면 보어 모형은 일차적인 근사라고 볼 수 있다. 그러나 이는 사후적인 평가일 뿐 1910년대의 관점에서는 가히 혁명적인 진전이요 양자역학으로 향하는 중요한 징검다리였다. 고전역학과는 근본적으로 다른 새로운 역학체계로서의 양자역학이 출현하려면 1925년의 하이젠베르크까지 기다려야 했다. 아인슈타인은 보어의 업적을 두고 극찬을 아끼지 않았다. 그러나 양자역학의 발전과 함께 두 사람은 정반대의 길을 걸었다. 둘 다 양자역학의 발전에 지대한 공헌을 했으나 보어는 양자역학의 영원한 태두로 남아 있고, 아인슈타인은 끝내 양자역학을 받아들이지 않은 천재가 되었다.

상대성이론

담대한 가설로 과학의 역사를 바꾼 사례로 특수상대성이론을 뺀다면 아마 무덤 속 아인슈타인이 무척이나 섭섭해할 것이다. 앞에서 소개했듯이 상대성이론이란 상대적으로 운동하는 관성좌표계들 사이의 관계에 관한 이론이다. 이들 사이의 관계를 설정하려면 하나의 좌표에서 다른 좌표로 바꿀 때 변하지 않는 불변의 요소가 무엇인지를 파악해야 한다. 간단히 말해, 정지한 사람과 움직이는 사람이 이 우주를 똑같이 보게 될까에 관한 이론이 상대성이론이다.

고전적인 갈릴레이의 상대성이론에서는 인간 경험에 익숙한 현상, 즉 좌표들 사이의 상대속도만큼 더해지고 감해지는 것 이외에는 현상의 변화가 없다는 것이 불변의 요소, 즉 '똑같음의 기준'이다. 달리는 버스 안에서 지나가는 택시를 볼 때 간단한 상대속도의 덧셈 뺄셈 관계(지면에 대한 택시의 속도에서 버스의 속도를 빼면 된다)가 성립하는 것이 대표적인 사례다. 여기에는 암묵적으로 그런 현상이 벌어지는 무대로서의 시간과 공간이 운동 상태와 무관하게 절대적인 배경으로서 자연에 붙박이로 장착돼 있다는 가정도 (너무나 당연하게) 전제돼 있다. 즉 시간과 공간 또한 운동 상태에 따라 변하지 않는다. 그러니까 갈릴레이의 상대성이론에서는 똑같음의 기준이 속도의 덧셈 및 뺄셈과 시간 및 공간이라고 할 수 있다.

이 결과를 그대로 적용하면 특히 전자기 현상에서 문제가 생긴다. 전자기 현상을 기술하는 맥스웰 방정식이 좌표를 바꾸었을 때 그것은 같은 모양을 갖지 않는다. 맥스웰 방정식이 전자기 현상에 관한 올바른 자연의 법칙이라면 관성좌표계에 따라 그 법칙이 달라진다는 뜻이다. 이는 선뜻 받아들이기가 힘들다. 왜냐하면 서로 등속운동을 하는 관성좌표계는 어느 쪽이 움직이고 있다고 말하는 것이 의미가 없는데(상대적인 운동만 의미가 있으므로) 어느 한쪽, 예컨대 버스 안에서 작동하는 방정식이 다른 한쪽, 그러니까 택시 안에서는 작동하지 않는다는 뜻이기 때문이다.

또 다른 문제는 빛과 관련된 것이었다. 이는 아인슈타인이 청소년기에 사고실험을 했던 것으로도 유명하다. 즉 광속으로 날아가면서 빛을 보면 어떻게 보이겠느냐는 것이다. 버스와 택시에 비유하면 택시와 같은 속도로 달리는 버스 안에서 택시를 보는 것과 같다. 당연히 버스 안에서 바라본 택시는 정지해 있다. 그렇다면 아인슈타인의 사고실험에서도 빛은 정지해 있어야 하지 않을까? 그러나 아인슈타인은 '정지한 빛'이라는 개념을 상상할 수 없었다. 사실 고전역학 어디에도 정지한 빛을 찾을 수가 없다. 맥스웰은 자신의 방정식을 잘 조합해서 전기장과 자기장이 똑같은 파동방정식을 만족하며 그 전파 속도가 광속과 같음을 알아냈다. 이로부터 맥스웰은 빛도 전자기파의 일종임을 간파했다. 그런데 이때의 광속이 보통의 속도를 더하는 방식으로 더해지지 않는다.

앞서 말했듯이 애초에 맥스웰 방정식 자체가 갈릴레이식으로 속도를 더하고 빼는 방법으로는 서로 다른 관성좌표계에서 그 형태가 유지되지 않았다. 다만 맥스웰 방정식은 전자기 파동을 매개하는 가상의 물질 에테르가 정지한 좌표계에서만 성립하는 것으로 여겨졌다. 그러나 마이컬슨-몰리 실험(2부 3장 참조)에서 에테르는 검출되지 않았다. 그런에도 당대 대다수의 과학자들은 에테르의 존재를 믿어 의심치 않았고 갈릴레이의 패러다임 속에서 에테르가 검출되지 않는 실험 결과들을 어떻게든 설명하고자 했다.

아인슈타인은 상대성이론에서 똑같음의 기준을 바꿔버렸다. 아인슈타인은 관성좌표계를 바꾸더라도 변하지 말아야 할 것으로 두 가지를 꼽았다. 첫 번째는 물리법칙이고, 두 번째는 광속이다. 첫째, 버스에서나 택시에서나 모두 지면에 대해 등속운동을 하고 있다면 물리법칙은 똑같아야 한다. 예컨대 맥스웰 방정식의 형태가 버스에서

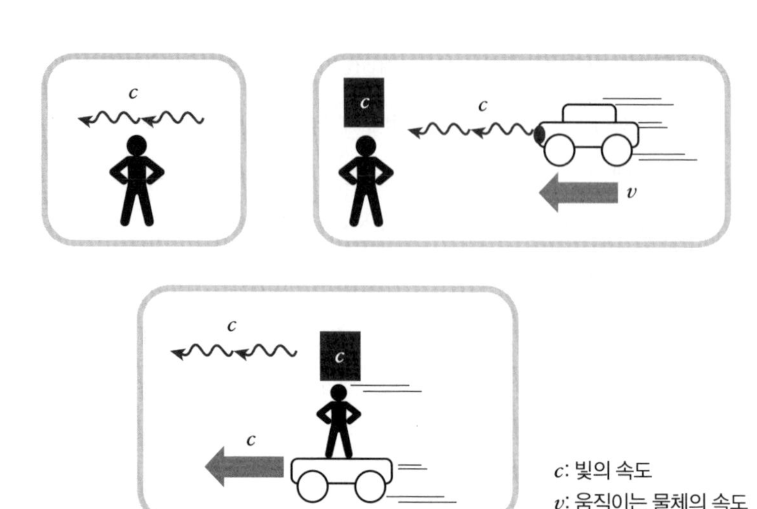

광속 불변의 원리

든 택시에서든 지면에서든 달라져서는 안 된다. 그렇지 않다면 관성좌표계들 사이의 동등성은 깨지고 어느 관성좌표계에서는 관성의 법칙이 성립하지 않는 모순이 생기게 된다. 둘째, 광속은 어떤 관성좌표계에서도 변하지 않아야 한다. 이른바 광속불변의 가정이다. 이는 우리의 일상적인 직관과 크게 어긋난다. 에스컬레이터 위에서 걸어가면 지면에서 봤을 때 지면에 대한 에스컬레이터의 속도와 에스컬레이터에서 걷는 속도가 더해지는 것으로 보인다. 이것이 앞서 말했던 갈릴레이식의 속도 더하기 셈법이다. 고전역학에서는 빛도 예외가 아니다. 에스컬레이터 위에서 스마트폰을 켜면 거기서 나오는 불빛은 지면에서 봤을 때 지면에서의 광속보다 에스컬레이터의 속도가 더해진 만큼 더 빨라야 한다. 즉 광속도 다른 모든 물체의 속도와 마찬가지로 좌표계에 따라 달라진다. 이 논리를 확장하면 아인슈타인이 고민했던 문제, 즉 '정지한 빛'도 존재해야만 한다. 아인슈타인은 이것을 거부한 것이다. 이유는 모르겠으나 광속은 매우 특별한 물리량이어서 그런 식의 속도셈법이 적용되지 않는다. 광속은 무조건 광속이다. 에스컬레이터를 탄 사람의 스마트폰에서 나오는 불빛도 지면에서 봤을 때 광속이고, 빠르게 달리는 택시의 전조등에서 나오는 빛도 지면에서 봤을 때 광속이다.

이렇게 아인슈타인이 바꾼 두 가지 기준, 즉 관성좌표계에서 물리법칙과 광속이 항상 똑같다는 것이 특수상대성이론의 근간을 이루는 두 가지 가설이다. 관성좌표계에서 물리법칙이 항상 똑같다는 첫 번째 가설은 어쩌면 너무 당연해 보여서 담대함이 느껴지지 않을지도 모른다. 그러나 그 '당연한' 생각을 아인슈타인 이전에는 누구도 진지하게 받아들이지 않았고 19세기의 내로라하는 과학자들도 마찬가지였다. 예컨대 맥스웰 방정식은 그저 에테르가 정지한 좌표계에서만 성립하는 것으로 만족했다. 관성좌표계에서 광속이 일정하다는 두 번째 가설, 이른바 광속불변은 담대함의 끝판왕이라 할 만하다. 상대성이론이 나온 지 100년이 훨씬 지난 지금도 광속불변을 자연스럽게 받아들이는 사람은 극히 드물다.

아인슈타인은 자신의 담대한 가설을 일관되게 만족하는 새로운 상대성이론을 찾을 수 있었고, 결국 과학의 역사를 뒤집었다.

2장

특별한 경우를 확장시켜 일반화하기

일반화는 과학자들이 흔히 하는 실용적인 발상 중 하나다. 어떤 특수한 경우에 적용되는 법칙이나 현상을 보다 일반화된 경우로 확장하는 것이다. 일반화의 이점으로는 크게 두 가지가 있다. 첫째, 일반화된 결과 자체가 과학적으로 흥미로울 수 있다. 둘째, 일반화하기 전의 특정한 경우를 일반화된 관점에서 다시 조망했을 때 왜 그 경우가 특별한 것인지 새로운 의미를 가질 수 있다.

특수상대성이론에서 일반상대성이론으로

일반화의 대표적인 사례는 아마도 일반상대성이론일 것이다. 일반상대성이론은 특수상대성이론을 일반화한 이론이다. 앞에서 말했듯이 특수상대성이론은 관성좌표계들 사이의 관계에 관한 이론이다. 관성좌표계란 관성의 법칙이 작동하는 좌표계로서 모든 관성좌표계는 서로 상대적으로 등속운동을 한다. 그러니까 특수상대성이론이란 한마디로 말해 서로 등속으로 운동하는 좌표계에서 물리법칙이 동일하게 작동하는 이론이다.

특수상대성이론을 완성한 뒤 아인슈타인은 이와 부합하는 중력이론을 개발하는 데에 매진했다. 그때까지의 중력이론은 뉴턴의 만유인력의 법칙이 유일했다. 그러나 만유인력의 법칙과 특수상대성이론은 서로 잘 맞지 않았다. 만유인력의 법칙은 특수상대성이론의 좌표변환을 따르지 않았고, 시간과 공간이 동등하지도 않으며, 무엇보다 중력이 광속 제한의 영향을 받지 않고 즉각적인 원격작용으로 작동한다.

아인슈타인에게 돌파구가 된 것은 1907년에 발견한 등가원리였다. 앞에서 소개했듯이 등가원리는 가속운동과 중력이 동등하다는 것이다. 그러니까 특수상대성이론에 부합하는 중력이론은 결국 가속운동을 하는 좌표계에서의 상대성이론과도 같다. 가속운동은 속도가 변하는 운동으로서, 속도가 일정한 등속운동이 일반화된 경우다. 반대로 등속운동은 가속운동에서 가속도가 0인 특별한 경우에 해당한다. 그러니까 이 관점에서 보자면 일반상대성이론이란 가속운동을 하는 좌표계에서도 정지좌표계에서와 똑같은 물리법칙이 작동하도록 하는 상대성이론이다.

가속운동을 하는 좌표계는 관성좌표계와 다르다. 가속운동 좌표계에서는 관성의 법칙이 작용하지 않는다. 가속운동을 하면 정지좌표계에서는 없던 힘, 즉 관성력이 생기기 때문이다. 버스가 갑자기 출발하면 사람은 뒤로 힘을 받는다. 좌회전을 할 때는 몸이 오른쪽으로 쏠린다. 가만히 정지해 있던 물체가 계속 정지해 있을 수 없다. 그러나 버스 밖 정류장에 서 있는 사람에게는 이런 힘이 전혀 작용하지 않는다.

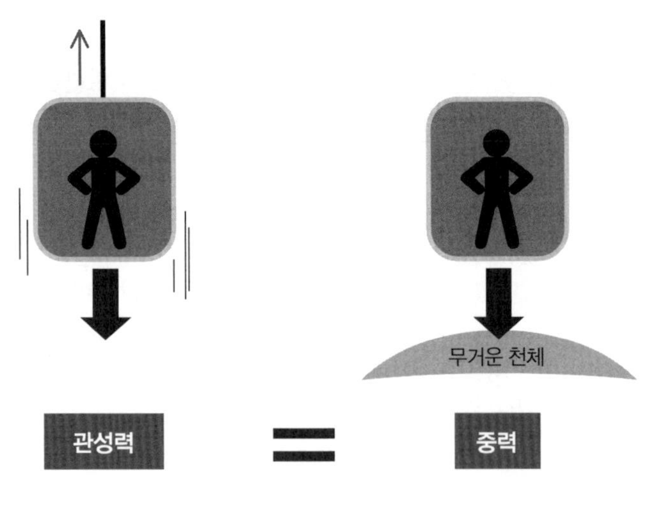

등가원리

등가원리에 따르면 가속운동에 의한 관성력은 중력과 구분할 수 없다. 버스의 창문을 완전히 가리고 버스 뒤에 무거운 물체가 놓여 있어서 중력을 발휘한다면 버스 안에 있는 사람들은 자신의 몸이 뒤로 쏠리는 이유가 중력 때문인지 버스의 가속 때문인지 알 수가 없다. 등가원리 때문에 가속운동에 관한 상대성이론이 중력이론이 될 수 있었다.

일반상대성이론에서는 중력의 본질이 시공간의 곡률이다. 시공간에 에너지가 퍼져 있으면 그에 따라 시공간이 휘어지고, 주변의 물체는 그렇게 휘어진 시공간의 곡률을 따라 최단경로로 운동한다. 만약 주변에 아무것도 없다면 시공간의 곡률은 사라지고 평평한 시공간이 펼쳐진다. 이때가 특수상대성이론이 적용되는 경우다. 시공간의 곡률이라는 관점에서 보더라도 특수상대성이론은 시공간 곡률이 0인 특수한 상황이다.

일반인은 특수한 경우가 일반적인 경우보다 더 어렵다고 여기는 경향이 있다. 물리학에서는 대체로 정반대다. 특수한 경우가 오히려 더 다루기 쉽고, 일반적인 경우가 대체로 더 어렵다. 왜냐하면 특수한 경우란 몇 가지 제한적인 조건이 붙는 것인데, 그러면 다른 자유도를 억제할 수 있어서 물리적으로 단순해지는 경향이 있기 때문이다. 그래서 물리학자들은 일부러 문제를 더 쉽게 해결할 수 있는 특수한 상황부터 시작하는 경우가 많다. 보통은 모종의 대칭성을 도입해 문제를 단순화한다. 일반적인 경우는 이와 반대다. 허용되는 자유도가 너무 많아 이를 깔끔하게 다루기가 어렵다.

대표적인 사례가 만유인력의 법칙과 관련한 3체 문제다. 질량을 가진 세 물체가 서로 중력을 주고받을 때 이들의 운동에 대한 일반적인 풀이를 구할 수 없다. 2024년 공개된 넷플릭스 화제작 〈삼체〉는 중국의 SF 작가 류츠신의 동명소설을 드라마화한 것으로, 물리학에서의 3체 문제가 중요한 모티브이다. 아주 특수한 경우, 예컨대 한 물체의 질량이 나머지 둘에 비해 극히 미미해서 이들에 미치는 중력을 무시할 수 있고, 무거운 두 물체가 원 궤도로 서로 공전하고 있을 때는 3체 문제를 비교적 쉽게 다룰 수 있다.

특수상대성이론과 일반상대성이론도 마찬가지다. 실제로 아인슈타인은 일반상대성이론을 개발하는 과정에서 너무나 어려움을 느껴 그에 비하면 특수상대성이론은 어린애 장난에 불과했다고 말했을 정도다.

어느 기관에서 상대성이론 강연 요청을 받은 적이 있었다. 그때 나는 특수상대성이론-일반상대성이론의 순서로 강연을 진행하겠다는 내용의 계획서를 제출했다. 며칠 뒤 담당자로부터 순서가 바뀐 것 같다는 문의를 받았다. 일반상대성이론이 더 쉽고 특수상대성이론이 더 어려운데 내가 실수로 순서를 바꿔 적은 것으로 착각한 듯했다. 사실 대부분의 사람들이 일반상대성이론이 특수상대성이론보다 더 쉽다고 여긴다. 하지만 과학에서는 일반화가 대체로 더 어렵다. 일상생활에서도 과학자들의 이런 지혜를 참고할 필요가 있다. 지금 어려운 문제에 직면해 있다면 그 문제를 단순화해서 해결하고 그 결과를 일반화해보는 것도 좋은 방법이다.

차원을 넘나드는 묘기, 재규격화와 끈이론

일반화가 주효했던 또 다른 사례는 시공간의 차원과 관련된 것들이다. 상대성이론에서는 우리 우주가 3차원 공간과 1차원 시간이 합쳐진 4차원의 시공간으로 구성된다. 고전역학에서는 시간과 공간이 별개였지만 상대성이론에서는 시간과 공간이 따로따로 놀 수가 없다. 그런데 4차원의 시공간에서 어떤 물리량들을 계산하다 보면 물리적으로 의미가 없는 무한대의 결과가 나오곤 한다.

대표적인 사례가 미시세계에서 자주 등장한다. 양자역학이 지배하는 미시세계에서는 입자를 방출하고 흡수하며 쌍으로 생성되거나 소멸하는 현상이 다양하게 벌어진다. 예컨대 한쪽 방향으로 진행하는 전자가 갑자기 광자를 방출하고 그 광자를 다시 흡수하는 과정도 일어난다. 이는 마치 럭비 선수가 달려가면서 럭비공을 앞으로 던져놓고는 그 공을 다시 자기가 받는 것과 비슷하다. 이런 과정들은 전자의 질량에 영향을 준다. 이와 비슷한 또 다른 반응들은 전기전하량에도 영향을 미친다. 실제로 우리가 관측하는 물리량들은 이런 효과들을 모두 합친 결과와 일치해야 한다. 문제는 이와 같은 양자보정의 효과들을 계산하면 무한대의 결과가 많이 나온다는 것이다. 어떤 물리적인 과정을 계산해서 무한대가 나온다면 그것은 뭔가 크게 잘못됐다는 의미다.

이 문제를 해결하는 과정을 재규격화renormalization라고 한다. 이론 속에 들어가는 요소들을 재정의해서 무한대가 나오는 요소들을 잘 추출해 조합하면 모든 무한대를 체계적으로 없앨 수 있다. 이때 무한대를 체계적으로 분리해내는 방법 중 하나가 차원 조절dimensional regularization이다. 이 방법에서는 시공간의 차원 수인 4를 정수 4로 고정하지 않고 임의의 연속적인 문자 d로 두고 계산한다. 여기서 d를 다시 $d=4-\epsilon$으로 분리하면 $\epsilon\rightarrow 0$인 극한에서 보통의 4차원 시공간에서의 결과로 복귀한다. 이때 문제가 되는 무한대는 보통 $1/\epsilon$의 형태로 그 모습을 드러내며 나머지는 $\epsilon\rightarrow 0$인 극한에서 유한한 값을 가진다. 이렇게 되면 $1/\epsilon$의 형태로 발산하는 요소들을 따로 모아 다룰 수 있는데 다양한 보정항들에서 도출되는 무한대의 요소들을 모으면 그 이론에 포함된 질량, 전하량, 그리고 장field들을 재정의하면서 모두 흡수할 수 있다. 이처럼 무한대의 요소를 체계적으로 없앨 수 있는 이론을 재규격화가 가능하다고 말한다.

전자기 현상에 관한 양자장론인 양자전기동역학QED, quantum electrodynamics이 재규격화 과정을 거치면 전자가 가지는 비정상 자기 모멘트를 정확하게 계산할 수 있다. 이 값은 과학 전체를 통틀어 실험값에 가장 높은 정밀도로 가까운 이론적인 결과다.

언뜻 생각하면 그냥 숫자 4인 것을 일반적인 d차원으로 확장했으므로 그 결과가 훨씬 더 복잡하고 까다로워진다고 볼 수도 있다. 이는 부분적으로 사실이다. 그러나 차원을 일반화함으로써 문제가 되는 무한대가 어디서 도출되는지를 더 자세하고 체계적으로 알 수 있고 그 결과 무한대를 쉽게 다룰 수 있기 때문에 결국 이득이다. 지름길로 문제가 해결되지 않을 때는 우회로가 처음에는 돌아가는 길로 보이지만 돌파구를 마련해주기도 한다.

차원 조절을 처음 제안한 네덜란드의 물리학자 헤라르뒤스 엇호프트는 마르티뉘스 펠트만의 지도하에 이 방법으로 입자물리학의 표준모형의 근간이 되는 양-밀스 이론이 재규격화가 가능함을 보여주는 박사학위 논문을 발표했다. 그가 이 주제를 선정한 것은 당시 최고의 이론물리학자 중 한 명이었던 이휘소(벤저민 리)가 그 작업의 중요성을 역설했기 때문이다. 엇호프트와 펠트만은 1999년에 노벨 물리학상을 공동 수상했다.

이와 비슷한 경우가 끈이론string theory에서도 등장한다. 끈이론은 자연을 구성하는 가장 기본적인 단위가 점입자가 아니라 1차원적인 끈이라 상정하고 그 끈에 상대론적 양자역학을 적용한 이론이다. 그런데 끈이론으로 물리적 상태를 생성하는 확률을 구해보면 음수가 나오는 경우가 있다. 끈이론이 수학적으로 일관성이 있고 물리적으로 의미를 가지려면 확률이 음수여서는 안 된다.[21] 영리한 과학자들은 이 조건이 시공간의 차원이 특별한 값을 가질 때에만 가능하다는 것을 알게 되었다. 이 경우에도 과학자들은 시공간의 차원을 D라는 문자로 놓고 일반적인 D차원에서 끈이론이 생성할 수 있는 상태들을 조사했다. 그 결과 스핀이 정수 값만 갖는 보손 끈이론에서는 시공간이 26차원(시간 1차원+공간 25차원)이어야 하고, 페르미온 끈을 포함하는 초대칭 끈이론, 즉 초끈이론에서는 시공간이 10차원(시간 1차원+공간 9차원)이어야 한다고 밝혀졌다. 초대칭supersymmetry이란 보손과 페르미온 사이의 대칭성이다. 시공간의 차원을 일반적인 자유변수로 두지 않았으면 이런 놀라운 결과를 얻지 못했을 것이다.

정말로 시공간이 10차원이라면 우리가 경험하는 4차원 이외의 나머지 6차원 공간은 어디에 있는 것일까? 만약 6차원 공간이 아주 작게 3차원 공간의 모든 점마다 들러붙어 있다면 우리는 그 존재를 전혀 모를 수도 있다. 예컨대 가느다란 실을 멀리서 보면 1차원만 보이지만 아주 가까이서 보면 두께라는 또 다른 차원이 보이는 것과 비슷하다. 그러나 아직 우리가 살고 있는 시공간이 정말로 10차원인지 아닌지 직접 확인해보지는 못했다. 어떤 방법으로든 시공간의 차원을 정확하게 측정할 수 있다면 이는 곧 끈이론의 정합성을 일차적으로 검증하는 가장 유효한 수단이 될 것이다.

3장

과감하게 예측하기

과학의 가장 큰 쓸모는 예측이다. 과학 이전 시대에 예측은 주술사나 신탁을 받은 사람들의 몫이었다. 과학이 등장한 이후로 예측은 과학자의 몫으로 바뀌었다. 예측의 정확성과 근거가 비약적으로 증가했음은 물론이다. 일식이 왜, 언제 일어나는지를 알면 쓸데없는 두려움에 떨지 않아도 된다. 밀물과 썰물이 태양과 달의 위치와 관계가 있음을 알면 미리 침수 피해를 줄일 수 있고 바다를 더 잘 이해할 수 있다. 천왕성의 공전 궤도가 변칙적이라는 관측 사실로부터 새로운 행성의 위치를 거의 정확하게 예측해 미지의 행성을 찾아내기도 했다.

한편 예측은 어떤 과학 이론이 얼마나 옳은지를 검증할 수 있는 가장 유력한 수단이다. 물론 한두 번의 실험으로 특정 이론이 즉각 배척되거나 수용되지는 않는다. 그러나 최종심급에서는 결국 자연현상과의 합치 여부가 과학 이론의 옳고 그름을 가르는 기준이 된다. 따라서 예측은 그 자체로 과학 활동에서 대단히 유용하고 실용적인 요소임이 분명하다.

멘델레예프의 주기율표와 갈륨

과감한 예측을 즐겼던 대표적인 인물로 러시아의 화학자 드미트리 멘델레예프가 있다. 멘델레예프는 최초로 주기율표를 작성한 것으로 유명하다. 멘델레예프가 1869년 주기율표를 처음 만들었을 때는 알려진 원소가 60여 개에 불과했다. 또한 원소를 배열하는 기준도 지금처럼 원소의 양성자 수가 아니라 원자량이었다. 멘델레예프는 가로줄을 따라 왼쪽에서 오른쪽으로 여덟 개의 원소를 배열한 뒤에 줄을 바꿔 바둑판처럼 배열했다. 이렇게 줄을 세우면 세로줄을 따라 화학적으로 성질이 비슷한 원소들이 배열된다. 주기율표의 이 세로줄을 족族이라 하고, 가로줄을 주기라 한다.

주기율표의 놀라운 점은 원소를 적절한 기준에 따라 배열했을 때 원소들 사이의 일정한 규칙성을 발견할 수 있다는 것이다. 화학적 성질이 비슷한 원소들이 주기적으로 반복된다면 미지의 새로운 원소가 어떤 성질을 가지고 있는지를 규명하는 데에도 큰 도움이 될 것이다. 과학자라면 이런 특성을 가벼이 여길 리가 없다. 멘델레예프도 예외는 아니었다. 원자량에 따라 원소들을 배열했을 때 요오드(I)와 텔루륨(Te)은 요오드-텔루륨의 순서로 배열된다. 텔루륨이 요오드보다 조금 더 무겁기 때문이다. 이 배열에서는 텔루륨과 같은 족의 바로 위 원소가 브롬(Br, 35)이다. 그러나 브롬의 화학적 성질은 텔루륨보다 요오드와 더 비슷하다. 원소의 주기성이라는 특성을 중요하게 여기는 사람이라면 원자량에 따른 배열이라는 기준을 잠시 무시하고 요오드-텔루륨이 아니라 텔루륨-요오드의 순으로 배열하려고 할 것이다. 멘델레예프도 그랬다.[22] 지금은 원소의 원자량이 아니라 양성자의 수로 정해지는 원자번호에 따라 원소를 배열하므로 텔루륨이 52번, 요오드가 53번에 배치돼 있다.

규칙의 발견은 예측으로 이어진다. 멘델레예프는 주기율표의 빈칸을 채울 새 원소의 존재를 확신해 이름까지 붙였으며, 그 물리적 화학적 성질을 주변 원소들로부터 유추했다. 알루미늄, 실리콘, 붕소의 아래 칸에 들어갈 원소들에는 에카알루미늄, 에카실리콘, 에카붕소라는 이름을 붙였다. '에카eka'는 초월을 뜻한다.

멘델레예프가 주기율표를 작성한 지 6년 뒤인 1875년에 새 원소가 발견되었다. 알루미늄 바로 아래 칸에 있는 에카알루미늄이었다. 발견자는 프랑스의 화학자 폴 에밀 르코크 드 부아보드랑으로, 섬아연석에서 분광기술을 이용해 새 원소를 얻었다. 그는 자신이 발견한 새 원소에 갈륨(Ga, 31)이라는 이름을 붙였다. 프랑스 지역의 라틴어 명칭인 갈리아에서 따온 이름이다. 갈륨은 은색의 무른 금속으로 녹는점이 섭씨 30도에 약간 못 미친다. 그래서 사람이 손으로 만지고 있어도 녹는다. 갈륨은 멘델레예프의 주기율표가 나온 뒤 처음으로 발견된 원소였다.

새로운 발견을 두고 과학자들이 공헌도를 다투기도 한다. 멘델레예프는 갈륨의 발견이 자신의 주기율표 덕분이라 주장했고, 부아보드랑은 전혀 그렇지 않다고 맞섰다. 이들은 특히 갈륨의 밀도를 두고 의견이 엇갈렸다. 부아보드랑이 측정했다는 갈륨의 밀도는 멘델레예프가 예측한 밀도보다 꽤 낮았다. 자신의 예측 결과를 확신했던 멘델레예프는 부아보드랑에게 갈륨의 밀도를 다시 측정해보라고 권했다.

부아보드랑은 갈륨의 밀도를 다시 측정했고 결국 멘델레예프의 예측에 가까운 결과를 얻었다.[23]

갈륨의 사례는 과학에서 규칙성의 발견이 얼마나 중요한지 보여준다. 다만 멘델레예프는 과감한 예측을 많이 했으나 그중에는 틀린 것으로 판명된 경우도 많았다. 그래도 칼 포퍼식으로 말하자면 검증의 여지가 많은 과학 이론일수록 더 훌륭하다고 할 수도 있다.

팔중도와 에타, 오메가 입자의 발견

갈륨과 아주 비슷한 사례가 앞서 소개했던 겔만과 네만의 팔중도다. 이들이 처음 팔중도를 제시했을 때 에타 중간자와 오메가 중입자는 발견되지 않은 상태였고, 따라서 이들이 중간자의 8중 상태와 중입자의 10중 상태에서 차지할 것으로 예견된 자리는 비어 있었다. 겔만은 에타와 오메가 입자의 질량 등 기본 성질을 미리 예측했는데, 실제 발견된 입자들의 성질도 그 예측과 비슷했다. 에타와 오메가는 각각 1961년과 1964년에 발견되었다. 이런 연유로 겔만은 21세기의 멘델레예프라 불릴 만하다.

에딩턴의 일식 탐사

주기율표와 팔중도가 새로운 원소나 입자의 존재를 예측하긴 했으나 따지고 보면 그 자체가 새로운 과학 이론은 아니다. 이미 알려져 있던 요소들로부터 미처 알지 못했던 어떤 규칙성을 발견(재배열을 통해)한 결과라고 봐야 한다. 새로운 현상(갈륨이나 에타 같은 새로운 존재를 포함해서)의 예측은 새로운 이론에서 더욱 필요하다. 새로운 이론이 기존의 이론보다 우월하다는 것을 증명하는 데에 낡은 이론에서는 예측하거나 설명하지 못하는 현상을 예측하고 그것을 검증하는 것이 대단히 효과적이기 때문이다. 새로운 현상은 새로운 이론을 검증하는 아주 실용적인 수단이다. 사실 새로운 이론이 전에 없던 놀라운 현상을 예측하고 이를 검증해 낡은 이론을 밀어내는 과정은 과학이 진화하고 발전하는 전형적인 과정이다. 다만 여러 차례 강조했듯이 과학은 귀납적으로만 발전하는 것이 아니어서 한두 번의 검증만으로 어느 한쪽의 손을 들어주지 않는다. 그러기에는 충분한 시간이 필요하다.

일반상대성이론을 예로 들자면 수성의 근일점 이동은 그 현상 자체가 먼저 관측에 의해 알려져 있었고 사후적으로 일반상대성이론으로 설명한 경우다. 그때까지 알려지지 않았던 현상 중 하나가 일반상대성이론이 새로 예측한 중력렌즈 현상이다. 일반상대성이론에서는 중력의 본질이 시공간의 휘어짐이고 주변의 물체는 빛을 포함해 그렇게 휘어진 시공간을 따라 움직인다. 따라서 중력이 강력할수록 주변의 빛 또한 급격하게 휘어져 진행한다.

태양은 그리 무거운 천체는 아니지만 멀리서 그 옆을 스쳐 지나오는 별빛도 태양의 중력 때문에 살짝 휘어진다. 그 결과 지구에서는 그 별의 위치가 원래 위치보다 약간 틀어진 것으로 관측된다. 아인슈타인은 새로운 중력이론을 개발하면서 태양이 빛을 휘는 정도를 계산했다. 뉴턴역학에서도 빛을 미세한 입자로 간주해 중력 때문에 빛이 휘는 현상을 설명할 수는 있다. 초반에는 아인슈타인의 계산에서도 뉴턴역학의 예측과 같은 결과가 나왔다. 이렇게 되면 빛의 휘어짐이 새 이론을 검증하는 수단으로서 그 역할을 하지 못할 것이다. 그러나 그 계산은 틀린 것으로 드러났다. 나중에 올바른 계산을 수행한 결과 일반상대성이론에서는 뉴턴역학보다 두 배 큰 값으로 빛이 휜다는 것이 확인되었다. 그렇다면 예컨대 태양이 빛을 휘는 정도를 정확하게 측정하면 어느 중력이론이 옳은지 판명할 수 있다. 즉 새로운 현상이 낡은 이론과 새 이론을 검증하는 실용적인 수단이 되는 셈이다.

아인슈타인이 예측한 빛이 꺾이는 각도는 1.75초였다. 문제는 태양이 너무 밝아서 태양을 스치고 지나오는 별빛을 관측하기가 어렵다는 점이다. 스스로 빛을 내지 않으면서 중력을 크게 발휘하는 천체로 목성이 있다. 그러나 목성은 태양만큼 중력이 강하지 않아 별빛을 휘게 하는 정도가 훨씬 작다. 이 딜레마를 어떻게 해결할 수 있을까? 태양의 밝은 빛을 가리면서 그 주변을 지나오는 별빛을 관측하는 방법은 없을까? 있다. 일식을 이용하면 된다.

마침 달과 태양은 지구에서 거의 비슷한 크기로 보인다. 달은 태양보다 약 400배 작지만 지구와의 거리가 약 400배 가깝다. 이런 기막힌 우연 덕분에 달이 태양을 완전히 가리는 우주 쇼가 벌어지는 것이다. 만약 달의 겉보기 크기가 태양의 겉보기 크기보다 훨씬 더 크면 어떻게 될까? 그때에도 달이 태양을 완전히 가리겠지만 태양을 스쳐 지나오는 별빛까지 가리게 된다. 그렇게 되면 태양에서 멀리 떨어진

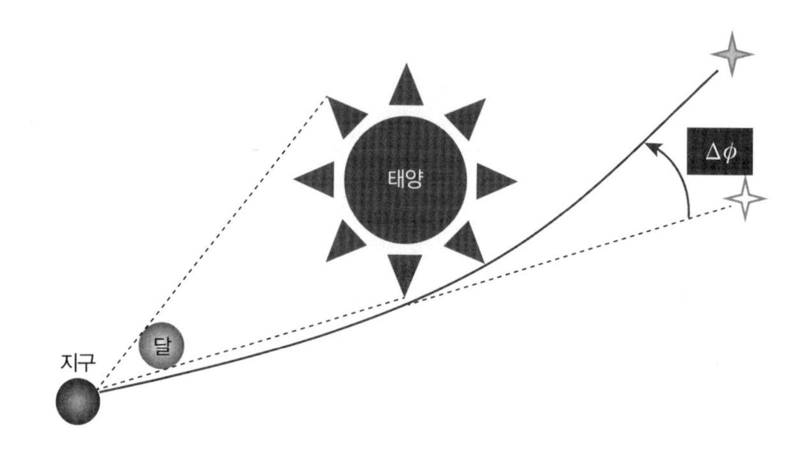

태양이 휘는 별빛

경로로 지구에 도달하는 별빛만 관측할 수 있는데 별빛이 태양에서 멀수록 태양의 중력에 의해 휘어지는 정도는 약해진다(물론 달이 태양의 가장자리를 살짝 가리는 순간을 활용할 수는 있겠다).

일식 탐사에 처음 성공한 사람은 영국의 천문학자 아서 에딩턴이었다. 그가 이끄는 탐사팀은 1919년 5월 29일에 벌어질 일식을 관측하러 나섰다. 퀘이커교도였던 에딩턴은 양심적인 병역거부자였고, 당국은 그의 경력을 고려해 일식 탐사로 1년 동안 병역을 대체하게 했다. 무려 100년 전, 그것도 1차 세계대전 때 양심적인 병역거부자를 위한 대안이 있었다는 게 놀랍다.

그해 일식의 진행 경로는 남아메리카 대륙을 가로지르고 대서양을 건너 아프리카 대륙을 지나가는 여정이었다. 탐사팀은 둘로 나뉘었는데, 에딩턴과 E. 코팅엄은 아프리카 서부 해안에 있는 섬 프린시페로 갔고 앤드루 크로멜린과 찰스 데이비드슨은 브라질 동북쪽의 소브라우라는 곳으로 갔다. 소브라우에서는 별문제 없이 일식 때 태양 주변의 별을 무난하게 촬영했다. 프린시페에서는 오전에 폭우가 내렸다. 일식 전에 비는 그쳤지만 구름이 걷히지 않아 양질의 사진을 찍지 못했다. 열여섯 장의 사진건판 중 두 장에서 다섯 개의 별이 찍힌 정도였다.

그해 11월 6일 영국왕립학회에서 최종적인 분석 결과가 발표되었다. 그 결과는 아인슈타인의 손을 들어주는 것이었다. 곧 언론에서도 에딩턴의 결과를 대서특필했다. 물론 한 번의 일식 관찰로 일반상대성이론이 완전히 검증되었다고 할 수는 없다. 실제로 노벨위원회도 신중한 입장을 취했다.[24] 이후에 이루어진 일식 관찰 결과들은 한결같이 아인슈타인의 예측과 일치했다. 그렇다고 아인슈타인이 상대성이론으로 1921년에 노벨 물리학상을 받았던 것은 아니다. 명시적인 공로는 광전효과였고 "이론물리학에 대한 기여"라는 문구가 포함된 정도였다.

에딩턴의 일식 탐사는 일반상대성이론에 대한 최초의 실험적 검증이었다는 데 의미가 있다. 지난 100여 년 동안 숱한 실험과 관측은 일반상대성이론의 예측과 일치한다.

빛이 휘어지는 것은 뉴턴역학으로도 설명할 수 있으므로 그 차이가 두 배라 하더라도 완전히 새로운 현상은 아니라고 할 수도 있다. 일반상대성이론에서 예측하는 정말로 새로운 현상은 시간 간격이 달라지는 시간 팽창, 그리고 시공간의 출렁거림인 중력파라 할 수 있다.

중력이 강한 곳에서 시간이 느려질 것이라는 점은 아인슈타인의 일반상대성이론 개발 초기였던 1907년에 이미 예견되었다. 사실 등가원리에 따르면 중력은 가속운동으로 치환할 수 있다. 그런데 특수상대성이론에 따르면 움직이는 좌표계의 시간 간격은 늘어난다(시간 팽창). 따라서 가속운동에서도 시간은 늦게 가리라 기대할 수 있다. 그렇다면 등가원리에 의해 중력이 강한 곳에서는 시간 간격이 늘어나 시간이 늦게 갈 것이라고 추론할 수 있다.

중력에 의한 시간 팽창은 중력에 의한 빛의 적색편이redshift와도 밀접한 관련이 있다. 적색편이란 빛의 파장이 길어져 붉은색 쪽으로 치우쳐 보이는 현상을 가리킨다(이와 반대로 파장이 짧아져 파란색 쪽으로 치우쳐 보이는 현상을 청색편이blueshift라 한다). 중력이 강한 곳에서 시간이 느려지면 그만큼 진동수가 느려지고, 진동수는 파장에 반비례하므로 파장은 길어진다. 따라서 멀리 있는 관측자가 봤을 때 예컨대 지표면 가까이 중력이 강한 곳에서 나오는 빛의 파장은 지구 상공의 중력이 약한 곳에서 나오는 빛의 파장보다 길어진다. 실제로 1950년대 백색왜성을 이용해 중력 적색편이를 관측했고, 1959년에는 하버드대학교의 물리학과 건물(약 22미터)에서 로버트 파운드와 글렌 레브카가 감마선을 이용해 중력 적색편이를 관측했다(파운드-레브카 실험).

2010년에는 미국국립표준기술연구소NIST의 과학자들이 37억 년에 1초 정도의 오차가 있는 초정밀 원자시계를 이용해 겨우 약 33센티미터의 높이차에서 중력에 따라 시간이 달라지는 정도를 측정했다. 그 정도는 79년에 900억분의 1초 정도였다. 물론 이 결과는 일반상대성이론의 예측과 일치한다. 중력에 따른 시간의 차이를 이렇게 직접 정밀하게 측정해서(그것도 겨우 30센티미터 높이차에서!) 일반상대성이론의 예측과 비교할 수 있다면 이보다 더 실용적인 검증 수단도 없을 것이다.

중력파는 1916년에 아인슈타인이 처음 예측한 이래 100년이 지난 2015년, 미국의 LIGO에서 처음 관측되었다. 두 개의 블랙홀이 합쳐지는 과정에서 방출되는 중력파였다. 중력파의 검출은 일반상대성이론에 대한 가장 직접적인 검증이라 할 수 있다.

중성류, W입자와 Z입자

소립자들이 끊임없이 생성되고 소멸하는 미시세계에서는 새로운 현상과 새로운 입자를 예측하고 그에 따라 발견이 잇따르는 경우가 많았다. 입자물리학의 표준모형이 성공적인 모형으로 자리를 잡고 지금까지 살아남은 것도 그 덕분이었다. 특히 표준모형이 형성되던 초기에는 이전까지 알려지지 않았던 입자 및 그와 관련된 현상들이 표준모형의 틀 속에서 예견되었고 이후 실험적으로 정밀하게 검증됨으로써 표준모형(2부 2장을 참고하라)이 말 그대로 표준적인 모형으로 자리를 잡게 되었다.

표준모형은 대체로 1967년에 와인버그 모형이 제시되면서 그 이론적 틀이 자리잡았다고 할 수 있다. 이 모형에 기여한 사람들의 이름을 따서 와인버그-살람-글래쇼 모형이라고도 부른다. 특히 와인버그 모형은 그때까지 알려진 약한 핵력과 전자기력을 하나의 게이지 이론gauge theory(자세한 내용은 6부 3장에서 다룰 예정이다)으로 통합하는 데 성공했다. 게이지 이론이란 간단히 말해 게이지, 즉 어떤 척도를 바꾸더라도 결과가 바뀌지 않는 대칭성(이를 게이지 대칭성이라 한다)을 가진 이론을 뜻한다. 게이지 이론에서는 게이지 대칭성을 유지해주는 새로운 입자, 즉 게이지 입자가 반드시 존재한다.

와인버그 모형에 따르면 약한 핵력은 W라는 새로운 게이지 입자(이들은 스핀이 1인 보손이어서 게이지 보손이라고도 부른다)를 교환하면서 그 정체성을 바꾼다. 그런데 와인버그 모형에서는 전기적으로 중성인 게이지 입자가 둘 있다. 질량이 없는 입자는 광자로서 전통적인 전자기력을 매개한다. 다른 입자는 질량이 무겁다. 이 입자에는 Z라는 이름이 붙었다. 와인버그 모형에 따르면 Z입자가 매개하는 입자들 사이의 반응이 존재해야 한다. 이 반응을 중성류neutral current라 한다. 중성류는 약한 핵력이 관여하는 반응이지만 여기에 참가하는 입자들의 정체성이 바뀌지는 않는다. 이는 W입자가 매개하는 반응과 다른 점이다.

와인버그 모형이 약한 핵력과 전자기력을 하나의 게이지 이론으로 통합한 점이 매력적이긴 하지만 이를 실험적으로 검증할 수단이 필요하다. W입자나 Z입자를 직접 발견하면 좋겠지만 그러기 위해서는 높은 에너지의 입자가속기가 필요하다. 다행히 와인버그 모형이 나온 지 7년 뒤인 1973년에 CERN(유럽입자물리연구소)의 가가멜 실험에서 중성류가 발견되었다. 이로써 와인버그 모형이 입자물리학의 표준모형으로 자리잡는 데에 큰 디딤돌을 놓게 된다. 1979년에 와인버그와 글래쇼, 살람은 노벨 물리학상을 공동 수상했다. W입자와 Z

입자가 직접 발견된 것은 중성류가 발견된 지 10년 뒤인 1983년이었다. 이들 입자를 발견한 곳도 역시 CERN이었다.

4장

빅사이언스, 혁명적으로 물량공세 하기

과학은 어쨌든 최종적으로는 자연과 부합해야 한다. 궁극적으로 실험 결과와 맞지 않으면 폐기될 수밖에 없다. 아무리 과감하고 대담한 예측을 하더라도 실험을 통해 검증할 수 없으면 무용지물이다. 따라서 실험을 얼마나 잘 수행하는가는 과학에서 무척 중요한 요소다. 20세기에 나타난 한 가지 중요한 특징은 이른바 빅사이언스다. 실험과 장비에 더 많은 사람과 더 많은 돈이 들어가면서 과학 활동 자체가 이전과는 비교할 수 없을 정도로 거대해졌다. 보통 사람들, 특히 돈줄을 쥐고 있는 정치인이나 공무원들은 이런 현실을 못마땅해하며 연구비를 줄이려고 해왔지만, 과학의 입장에서 보자면 오히려 빅사이언스를 통해 '혁명적으로' 물량을 쏟아붓는 것이 가장 실용적이기도 하다. 입력 대비 출력이 확실해 보일 때는 압도적인 물량을 조기에 투입하는 것만큼 효율적인 방법도 없다. '혁명적인 물량공세'는 언뜻 다음 장에서 다룰 '혁명적 발상법'에 더 어울린다고 생각할지도 모르겠다. 그러나 '혁명적인 물량공세'에서는 그와 관련된 근본적인 원리나 개념 자체가 혁명적이지는 않다. 오히려 그런 부분들이 상당한 수준으로 해결되었기 때문에 남은 것은 어마어마한 자원의 투입일 뿐이다.

맨해튼 프로젝트

빅사이언스의 효시는 2차 세계대전 당시 미국의 핵무기 개발 계획인 맨해튼 프로젝트라 할 수 있다. 1942년에 본격적으로 시작된 맨해튼 프로젝트는 불과 3년 뒤 일본에 두 개의 핵폭탄을 투하해 전쟁을 끝냄으로써 소기의 목적을 달성했다.

핵무기를 만들기 위한 첫 단계는 원료물질을 얻는 것이다. 여기에는 우라늄235와 플루토늄239 두 가지가 있다. 235는 질량수로서 원자핵에 존재하는 양성자 수와 중성자 수를 합친 것이다. 우라늄이라는 원소의 정체성은 양성자의 수로 정해지는데, 이것이 원자번호다. 우라늄의 원자번호는 92번이다. 즉 모두 92개의 양성자를 갖고 있다. 따라서 우라늄235에는 중성자가 143개, 우라늄238에는 중성자가 146개 있는 셈이다. 천연 상태의 우라늄은 99.3퍼센트가 우라늄238로서 자발적인 핵분열을 지속할 수 없기 때문에 핵무기의 원료로 쓸 수 없다. 다만 우라늄238은 핵발전소에서 핵연료의 대부분을 차지한다. 플루토늄은 자연 상태로 거의 존재하지 않으나 핵발전소에서 우라늄238이 핵반응을 통해 플루토늄239로 변환된다. 히로시마에 투하된 리틀보이는 우라늄탄이었고, 나가사키에 떨어진 팻맨은 플루토늄탄이었다.

순도 높은 우라늄235를 얻는 과정을 농축이라 한다. 농축에는 여러 방법이 있다. 리틀보이를 만드는 데에 사용한 우라늄은 주로 전자기 분리법으로 얻었다. 전기를 띤 입자의 진행 방향에 수직으로 자기장을 가하면 그 입자의 경로가 휘어진다. 이때 휘어지는 회전 반경은 입자의 질량에 따라 차이가 난다. 가벼운 입자는 많이 휘고, 무거운 입자는 덜 휜다. 우라늄235와 우라늄238은 중성자 세 개만큼 질량 차이가 난다. 이 미세한 차이가 야기하는 회전 반경의 차이를 이용하면 천연 우라늄에서 우라늄238과 우라늄235를 분리할 수 있다. 이 방식이 비효율적이고 품이 많이 들지만 그래도 기술적인 위험은 상대적으로 낮다.

전자기 분리법으로 우라늄을 농축하는 장치는 우라늄이 휘어지는 경로를 따라 C자 모양으로 생겼는데, 이를 칼루트론이라 불렀다. 맨해튼 프로젝트에서는 테네시주 오크리지에 Y-12라는 공장을 차려서 칼루트론을 경마장 트랙 모양으로 만들어 우라늄을 농축했다. 이 때문에 공식 명칭인 알파 대신 경마장으로 불렸다고 한다. 알파에서 1차 농축을 한 우라늄은 베타라고 불리는 2단계로 넘어가 95퍼센트까지 농축한다. 나중에는 또 다른 농축법인 기체확산법으로 저농축한 우라늄을 알파트랙, 또는 곧바로 베타트랙에 투입하기도 했다.

문제는 자기장을 만들 전자석이었다. 전자석은 금속에 구리선을 감아 전류를 흘려주면 된다. 그런데 당시는 전쟁이 한창이라 대량의 구리를 쉽게 구할 수가 없었다. 공장을 차려서 돌리기만 하면 핵무기의 원료물질을 농축할 수 있는데, 구리가 없다니. 이 문제를 어떻게 해결했을까? 미국 재무부가 갖고 있던 은괴를 사용하기로 했다! 구리선 대신 은선을 사용해 전자석을 만들기로 한 것이다. 이때 재무부가 빌려준 은은 1만 4000톤 정도에 달했다.[25] 전쟁이 끝난 뒤 대부분의 은은 재무부로 회수되었다. 나는 이 일화를 들을 때마다 미국이 핵무기 제조에 얼마나 진심이었는지 새삼 느낀다. 1944년 3월부터 완전 가동된 Y-12 공장에서 농축된 우라늄으로 만들어진 핵폭탄은 1945년 8월에 히로시마를 초토화했다.

구리 대신 은을 사용하는 혁명적인 물량공세가 없었다면 우라늄을 농축하는 데에 더 애를 먹었을 것이다. 과학적 원리를 알고 있고 기술도 있는데 돈이 없다는 것은 사실 가장 사소한 문제에 속한다. 특히 국가와 국민의 운명이 걸린 전쟁에서는 돈으로 해결할 수 있는 문제가 비교적 쉬운 문제다. 길이 보일 때 혁명적인 물량공세로 시간을 최대한 단축하는 것이 가장 실용적이고 현명한 방책이다.

대형화되는 망원경

20세기를 거치면서 모든 과학 활동이 대형화된 것은 아니지만, 분명 특정 분야는 대형화를 피할 수 없는 경우가 있다. 대표적인 사례가 망원경이다. 갈릴레이가 1609년에 손수 만든 9배율 망원경으로 달을 관측한 이래 망원경의 크기는 계속 커졌다. 그 이유는 굳이 설명하지 않아도 될 것이다. 더 많은 빛을 모아야 더 어두운 천체도 관측할 수 있고, 망원경이 더 커야 서로 떨어져 있는 두 천체도 잘 구분할 수 있다. 따라서 과학과 기술의 발전은 망원경을 필연적으로 대형화했다.

갈릴레이 이후 망원경은 천체를 관측하는 가장 기본적이고도 유용한 도구였다. 윌리엄 허셜은 1781년 누이 캐럴라인 허셜과 함께 손수 제작한 망원경으로 천왕성을 발견했다. 천왕성은 광학기기를 이용해 발견한 첫 행성이다. 수성, 금성, 화성, 목성, 토성은 고대부터 맨눈으로도 관측되었다. 망원경은 인간의 한계를 넘어선 세계를 보여주었다.

1838년에는 독일의 천문학자 프리드리히 베셀이 쾨니히스베르크 천문대에서 사상 최초로 연주시차를 발견했다. 연주시차란 지구의 공전 때문에 생기는 시차로, 고대 그리스 시대 이래로 갈릴레이에 이르기까지 태양중심설을 반박하는 논거로 등장했다. 정말로 지구가 태양을 중심으로 공전한다면 6개월마다 지구의 위치가 태양의 반대편에 있게 되므로 멀리 있는 별의 위치가 달라져 보일 것이다. 지구 공전의 결정적인 증거인 연주시차는 19세기 이전까지 관측되지 못했다. 그 이유는 별들이 생각보다 멀리 있어서 연주시차가 그만큼 작아 관측이 쉽지 않았기 때문이다. 베셀은 백조자리 61번 별의 연주시차가 약 0.3초각도임을 밝혔다. 간단한 산수를 동원하면 이로부터 그 별까지의 거리가 약 10광년임을 알 수 있다. 실제 연주시차는 이보다 좀 더 작고, 별까지의 거리는 조금 더 멀어서 약 11광년이다.

20세기 과학 전체에 큰 족적을 남긴 망원경으로 미국 윌슨산 천문대에 설치된 구경 100인치짜리 후커 망원경(1917)을 들 수 있다. 로스앤젤레스의 거부였던 존 후커가 자금을 지원했다. 20세기의 가장 위대한 천문학자인 에드윈 허블은 1923년 당시 가장 강력한 성능을 자랑했던 윌슨산 천문대의 100인치 후커 망원경으로 안드로메다를 관측했다. 1920년대 초반까지만 해도 안드로메다가 우리은하(은하수 은하) 안에 있는 성운인지, 우리 은하 밖의 독립된 은하인지를 두고 논쟁이 치열했다. 여기에는 '대논쟁great debate'이라는 이름도 붙어 있다. 허블이 찍은 사진에는 운 좋게도 안드로메다성운에 속한 세페이드 변광성이 찍혀 있었다. 세페이드 변광성은 주기적으로 밝기가 변하는 별인데, 그 성질을 이용하면 별까지의 거리를 알 수 있다. 허블이 알아낸 거리는 약 80만 광년으로 지금 우리가 알고 있는 거리(약 250만 광년)보다 훨씬 가까웠다. 그러나 분명히 우리 은하의 크기(약 10만 광년)보다는 충분히 큰 값이었다. 안드로메다는 우리 은하 밖에 존재하는 또 다른 은하였던 것이다.

대논쟁을 종식시킨 뒤 얼마 지나지 않아 허블은 후커 망원경으로 20세기 전체를 통틀어 가장 중요한 발견을 하게 된다. 46개의 외계 은하를 관측해 모두가 지구로부터의 거리에 비례하는 속도로 멀어진다는 '허블-르메트르의 법칙'을 발견했다. 이 결과는 공간 속 임의의 두 점 사이의 거리가 멀어지는 것으로 해석할 수 있는데 이로써 우리 우주가 팽창하고 있음을 처음으로 확인하게 되었다. 팽창하는 우주는 우리 우주의 가장 중요한 특징이며 20세기 과학의 가장 위대한 발견 중 하나다.

후커 망원경은 1949년까지 세계 최대의 망원경이었다. 그 이후로 지상에는 더 큰 망원경들이 세워졌고 전파망원경도 등장했다. 현재 지상에서 가장 큰 광학망원경은 대략 그 반사경의 크기가 10미터 정도다. 하와이의 마우나케아 관측소에 있는 켁Keck 1, 2 망원경은 모두 10미터짜리이고 텍사스 맥도널드 관측소의 하비-에벌리 망원경

Hobby-Eberly Telescope도 10미터다. 스페인 라팔마섬에 있는 카나리아 대형 망원경Gran Telescopio Canarias은 이보다 조금 더 큰 10.4미터에 이른다. 반사경 하나를 크게 제조하는 것은 기술적으로 쉽지 않아 조그만 반사경을 여러 개 합쳐 하나의 큰 반사경을 형성하는 방법을 쓴다. 켁 망원경은 1.8미터짜리 육각형 거울 36개가 모여 있다. 카나리아 대형망원경에도 36조각의 반사경이 결합돼 있다. 반면 하비-에벌리 망원경은 91개의 조각이 모여 있다.

향후 건설될 망원경 중에서 거대 마젤란 망원경Giant Magellan Telescope의 반사경은 8미터짜리 일곱 개를 합쳐 유효 크기가 24.5미터에 이른다. 한국도 참여하고 있는 이 망원경은 2029년에 완공될 예정이다. 켁 망원경이 있는 마우나케아에는 30미터 망원경Thirty Meter Telescope이 건설되던 중에 주민들의 반대로 2015년에 중단되었고 아직 재개되지 못했다. 2028년 완공 예정인 유럽 초대형 망원경Extremely Large Telescope의 크기는 39.4미터다. 원래 40미터가 넘는 망원경을 만들 계획이었으나 예산 등의 문제로 축소되었다.

가시광선보다 파장이 더 긴 전파를 관측하는 전파망원경은 광학망원경보다 더 큰 것들이 많다. 조디 포스터 주연의 영화 〈콘택트〉에도 등장했던 미국 뉴멕시코주의 VLA(Very Large Array)는 25미터짜리 전파망원경 28대로 구성돼 있다. 미국령 푸에르토리코에 있는 아레시보 전파망원경은 크기가 305미터로 3만 8778개의 천공된 알루미늄 패널이 접시 모양의 반사경을 이룬다. 주변에 세 개의 기둥이 있고 이를 철제 케이블로 연결해 900톤 무게의 계기 플랫폼을 반사경 위 공중에 떠받치고 있는 구조다. 2020년 8월과 11월에 케이블 일부가 끊어져 해체를 결정했으나 불과 12일 뒤인 12월 1일에 구조물이 붕괴하고 말았다. 아레시보 전파망원경은 1974년 미국의 물리학자 러셀 헐스와 조지프 테일러가 쌍성펄서를 발견한 것으로 유명하다. 쌍성펄서가 서로 가까이에서 돌면서 중력파를 방출하는데 그 결과 공전 주기가 감소한다. 이는 중력파의 존재를 간접적으로 확인한 중요한 발견으로 헐스와 테일러는 1993년에 노벨 물리학상을 수상했다.

현재 세계에서 가장 큰 전파망원경은 중국 구이저우성 첸난주에 있는 FAST(Five hundred meter Aperture Spherical Telescope)로, 그 크기는 이름 그대로 500미터다.

때로는 이보다 훨씬 더 큰 망원경이 필요하다. 무슨 대단한 물건을 찍기에 500미터보다 더 커야 하느냐고 생각할지도 모르겠다. 그게 정말 대단한 물건이기는 하다. 바로 블랙홀이기 때문이다!

블랙홀이란 공간의 좁은 영역에 질량이 집중돼 주변의 중력이 아주 강력한 천체다. 블랙홀에는 가상의 구면球面이 있어서 이 경계를 넘어서면 빛을 포함해 그 어떤 것도 다시 바깥으로 빠져나올 수 없다. 이 경계면을 사건의 지평선event horizon이라 부른다.

빛조차 빠져나올 수 없는 천체라는 개념은 뉴턴역학의 틀 속에서 18세기에 이미 영국의 존 미첼이나 이후 프랑스의 피에르 시몽 라플라스 등이 제시했다. 지구 표면에서 어떤 물체가 지구의 중력에서 완전히 벗어나 임의로 먼 곳까지 날아가려면 초속으로 약 11.2킬로미터의 속력이 필요하다. 이를 탈출속도라 한다. 천체의 탈출속도는 그 질량을 반지름으로 나눈 값의 제곱근에 비례한다. 따라서 작은 반지름 안에 엄청난 질량이 밀집돼 있으면 그 천체 표면에서의 탈출속도가 충분히 광속을 넘어설 수 있다. 만약 탈출속도가 광속보다 더 커지면 어떻게 될까? 그렇게 되면 빛조차도 그 천체로부터 벗어나 멀리 가지는 못할 것이다. 그 결과 멀리서 보면 그 천체는 어둡게 보일 것이다. 이런 천체를 예전에는 어두별dark star이라 불렀다. 어두별은 블랙홀의 원조라 할 수 있다.

블랙홀은 말하자면 현대화된 어두별로서, 현대화된 중력이론인 일반상대성이론에서 필연적으로 도출된다. 일반상대성이론에서는 중력의 본질을 시공간의 휘어짐으로 이해한다. 질량을 가진 두 물체가 서로 끌어당기는 이유는 질량을 가진 물체 주변의 시공간은 휘어지게 되고, 주변의 다른 물체들은 그렇게 휘어진 시공간의 최단경로를 따라 운동하기 때문이다. 아주 무거운 천체가 좁은 공간에 집중돼 있으면 그 주변의 시공간이 급격하게 휘어져 빛을 포함한 그 어떤 물체도 천체에서 더 멀어질 수 없는 경계면이 존재하게 되는데, 앞서 말했듯이 이 경계면을 사건의 지평선이라 하고 그 너머로 형성되는 천체가 블랙홀이다. 사건의 지평선이라는 구면의 반지름을 슈바르츠실트 반지름이라 한다. 슈바르츠실트 반지름은 천체의 질량에 정비례한다. 따라서 블랙홀의 질량이 커지면 사건의 지평선도 커진다.

블랙홀에서는 빛도 빠져나오지 못하므로 통상적인 방법으로 블랙홀을 관측하기는 어렵다. 다만 블랙홀의 강력한 중력 때문에 주변의 물질들이 블랙홀 주변을 맴돌거나 빨려들어갈 때 강력한 X선을 방출하는 경우가 있다. 백조자리 X-1은 X선을 방출하는 원천으로서 처음 블랙홀로 지목된 천체였다. 블랙홀의 존재를 추적하는 또 다른 방법은 주변의 다른 천체들의 움직임을 추적하는 것이다. 궁수자리

A*(A별)의 경우 라디오파의 근원으로 관측된 이래 그 주변을 공전하는 수십 개의 별을 관측해 그 질량과 크기를 추정할 수 있었다. 천체의 질량이 주어지면 그로부터 곧바로 슈바르츠실트 반지름이 결정되고, 만약 그 천체의 크기가 슈바르츠실트 반지름을 넘지 않는다면 그 천체는 블랙홀일 것이다. 궁수자리 A*는 질량이 태양의 약 400만 배인 초대질량 블랙홀이다. 궁수자리 A*을 20년 이상 관측하며 이 사실을 규명하는 데에 결정적인 역할을 한 라인하르트 겐첼과 앤드리아 게즈는 2020년에 노벨 물리학상을 공동 수상했다. 또 다른 공동 수상자였던 로저 펜로즈는 블랙홀이 일반상대성이론의 필연적인 결과 중 하나임을 증명했다.

과학자들의 욕심은 끝이 없어서 그들은 좀 더 직접적인 방법으로 블랙홀을 '관측'할 수 있는 수단을 추구해왔다. 빛조차 빠져나올 수 없는 블랙홀을 '관측'한다는 것은 사실 '둥근 네모'를 그리는 것만큼이나 모순적이다. 똑똑한 과학자들은 결국 기막힌 방안을 찾아냈다. 바로 블랙홀의 '그림자'를 찍는 것이다! 블랙홀 자체는 빛을 내거나 반사하지 않지만 근처에 밝은 빛이 있으면 블랙홀의 강력한 중력이 주변의 시공간을 휘게 해 마치 렌즈처럼 빛이 블랙홀 주변을 휘감게 될 것이고, 이를 배경으로 블랙홀의 그림자가 선명하게 보일 것이다. 즉 한가운데는 검고 주변은 고리 모양의 빛이 둘러싼 도넛 모양을 기대할 수 있다. 실제로 궁수자리 A*의 경우에는 보통의 가시광선 빛이 아니라 파장이 훨씬 더 긴 1.3밀리미터 파장의 전자기파가 관측된다. 이를 위해서는 성능이 좋은 전파망원경이 필요하다.

문제는 블랙홀의 그림자를 제대로 관측하려면 전파망원경의 분해능이 대단히 좋아야 한다는 점이다. 이는 전파망원경이 클수록 유리한데, 블랙홀의 그림자를 관측하기 위해 필요한 분해능이 나오려면 전파망원경의 크기가 1만 킬로미터 정도는 돼야 한다. 지구의 지름이 약 1만 3000킬로미터이므로, 블랙홀의 그림자를 제대로 관측하려면 거의 지구 크기의 전파망원경이 있어야 한다!

지구 크기의 전파망원경을 만든다는 것은 사실상 불가능한 일이다. 이번에도 과학자들은 이 물리적 한계를 극복할 수 있는 방법을 찾았다. 어떤 방법일까? 지구상에 존재하는 전파망원경 여러 대를 네트워크로 연결해서 하나의 거대한 가상 전파망원경을 구성하는 것이다. 이렇게 되면 실질적으로는 지구 크기의 전파망원경의 성능을 기대할 수 있다. 그렇게 탄생한 것이 사건 지평선 망원경EHT, Event Horizon Telescope이다. 이 이름은 물론 블랙홀의 사건의 지평선에서 따온 것이다. EHT는 지구상 여덟 개의 전파망원경으로 구성된다. 인류가 가용할 수 있는 자원과 아이디어를 최대한 끌어다 쓴 셈이다. EHT의 분해능은 약 100만분의 25각도초(25마이크로각도초)로 지구에서 달 표면의 귤 정도 크기, 또는 파리에서 뉴욕에 있는 카페의 신문 글자 정도 크기를 식별할 수 있다. EHT에는 현재 전 세계 80여 개 연구기관에서 300명 이상의 과학자들이 소속돼 있으며 한국 연구진도 포함돼 있다.

EHT는 2017년부터 우리은하 중심부의 궁수자리 A*과 그보다 훨씬 더 멀리 있는 은하 M87의 초대질량 블랙홀인 M87*을 관측했다. 지구에서 궁수자리 A*까지의 거리는 약 2만 7000광년, M87*까지의 거리는 약 5500만 광년이다. M87*은 지구에서 훨씬 더 멀리 있는 대신 그 질량은 태양 질량의 약 65억 배에 달하는 초대형 블랙홀이다. 이들의 그림자 크기는 약 52마이크로각도초(궁수자리 A*)와 42마이크로각도초(M87*)로 비교적 큰 편이라 EHT로 충분히 관측할 수 있다.

처음 결과가 나온 것은 M87*의 그림자를 찍은 영상으로, 2019년 4월에 발표되었다. M87*의 영상에서도 선명한 도넛 모양을 확인할 수 있다. 한가운데가 검고 주변이 밝은 빛의 고리인 도넛 모양이야말로 가장 확실한 블랙홀의 그림자다. 그래서 과학자들이 도넛 모양에 열광한 것이다. M87*은 인류가 최초로 직접 관측한 블랙홀의 모습(그림자)이라고 할 수 있다.

M87*은 지구에서 아주 멀리 떨어져 있는 은하 중심부의 블랙홀인 반면 궁수자리 A*은 바로 우리 은하 중심부의 블랙홀이어서 궁수자리 A*의 그림자를 직접 관측하는 것은 남다른 의미가 있다. 언뜻 생각하면 지구에서 훨씬 더 가까운 궁수자리 A*을 관측하기가 더 쉬울 것 같지만 현실은 정반대다. M87*이나 궁수자리 A* 주변의 기체들은 모두 광속에 가까운 속도로 비슷하게 움직이지만 각 블랙홀의 크기가 엄청나게 다르기 때문에 지구에서 관측하는 난이도가 달라진다. M87*의 경우 주변 기체가 블랙홀을 한 바퀴 공전하는 데에 며칠에서 몇 주가 걸리지만 궁수자리 A*의 경우에는 공전 주기가 겨우 30분 이내인 경우도 있다. 그 결과 블랙홀 주변의 밝기 패턴이 너무 빨리 바뀐다. 이번에 공개된 궁수자리 A*의 영상은 2017년에 관측한 수천 장의 영상들을 평균해서 얻은 것이다.

궁수자리 A*의 영상에서 가장 인상적인 결과는 역시나 도넛 모양이다. 이는 궁수자리 A*이 정말로 우리 은하 중심부에 위치한 초대질량 블랙홀이라는 가장 강력한 증거다. 즉 우리은하의 중심부에 엄청난 질량을 가진 블랙홀이 있음을 실제로 '관측'한 셈이다. 이 모양은 3년 전에 발표한 M87*의 영상과도 아주 비슷해서 더욱 인상적이다. 궁수자리 A*은 M87*보다 2000배 더 가깝고 1500배 더 가벼운데도 두 도넛의 모양과 크기가 비슷하다는 것은 이 결과가 크기와 상관없이 블랙홀의 보편적인 성질을 드러내는 것이라 생각할 수 있다. 이는 또한 블랙홀을 설명하는 중력이론으로서의 일반상대성이론이 대단히 성공적으로 작동하고 있다는 뜻이기도 하다.

여기서 한 걸음 더 나아간다면 두 블랙홀 그림자의 차이점을 면밀하게 분석해 블랙홀의 성질을 더 상세하게 파헤칠 수 있다. 이 때문에 전혀 다른 환경에 있는 두 개의 블랙홀 그림자 영상을 확보했다는 것은 21세기 과학의 혁혁한 성취라 할 수 있다.

EHT의 성공은 우리에게 적지 않은 시사점을 준다. 무엇보다 21세기 과학의 프런티어를 전 지구적 규모의 초협력을 통한 빅사이언스로 개척하고 있다는 점이다. 연구진의 수가 300명을 넘는 것도 인상적이지만 전 세계에 흩어져 있는 여덟 개의 전파망원경을 하나의 네트워크로 연결해 전대미문의 관측에 성공했다는 사실에 주목할 필요가 있다. 즉 21세기에는 인간 지성의 경계선을 넘어서기 위해 인류가 가용할 수 있는 최대한의 인적, 물적 자산이 어디까지이고 이를 어떻게 활용할 수 있을지에 대한 통찰이 필요하다. 또한 이런 대규모 프로젝트를 성사시키기 위해서는 글로벌 협력을 이끌어내고 그로부터 창의적인 결과를 만들어낼 수 있는 소통과 조화, 융합의 리더십이 필요하다. 친구보다 1점이라도 더 받아야 살아남는 한국의 풍토와는 사뭇 다르다. '오징어게임' 같은 경쟁으로 남을 짓밟고 나 혼자만 살아남는 방식으로는 세계를 선도할 수 없다. 우리도 이제는 빅사이언스를 통해 초협력의 리더십을 키워야 하고, 어린 세대에게 다 같이 성공하는 법을 가르쳐야 한다. 그것이 21세기의 생존 규칙이다.

20세기 말, 지상의 망원경에 만족하지 못했던 과학자들은 우주 공간에 망원경을 띄우기에 이르렀다. 1990년에 발사된 허블 우주망원경의 반사경은 2.4미터이고, 지상 약 540킬로미터의 저궤도를 돌고 있다. 허블 우주망원경은 우주론을 21세기 정밀과학의 시대로 진입하도록 초석을 놓았다. 2021년 크리스마스에는 또 다른 우주망원경인 제임스 웹 우주망원경James Webb Space Telescope이 성공적으로 발사되었다. 제임스 웹 우주망원경의 반사경은 약 6.5미터(총 열여덟 개의 조각으로 구성)로 허블 우주망원경보다 훨씬 더 크고 전반적인 성능은 대략 100배 정도 향상되었다. 제임스 웹 망원경은 적외선에 특화돼 있어 우주 초기 은하와 별의 탄생을 탐색할 수 있을 것으로 기대된다. 원래 2007년에 발사할 계획이었으나 무려 14년이 늦어진 만큼 비용도 계속 늘어나 임무 완수까지 대략 12조 원이 소요될 것으로 추산된다.

미시세계를 관측하는 초대형 현미경

우주라는 가장 거대한 대상을 관측하는 기구가 망원경이라면 육안으로 보기 힘든 미세한 세계를 들여다보는 기구는 현미경이다. 현미경도 망원경과 비슷한 시기에 네덜란드에서 개발되었다. 현미경을 이용해 17세기 중엽 이탈리아의 마르첼로 말피기는 모세혈관을, 비슷한 시기에 영국의 로버트 훅은 세포를 발견했다. 현미경 관찰의 대가였던 네덜란드의 아마추어 생물학자 안톤 판 레이우엔훅은 처음으로 미생물을 관찰했다. 그런데 그보다 더 미시적인 세계를 들여다보려면 어떻게 해야 할까?

망원경이나 현미경 모두 물체에 부딪혀 나오는 빛을 렌즈로 확대해서 본다는 점에서는 그 원리가 다르지 않다. 광학기기는 빛, 즉 가시광선으로 대상을 보여주기 때문에 가시광선이 파동으로서 갖는 물리적 특성인 파장에 크게 의존할 수밖에 없다. 즉 가시광선의 파장보다 더 작은 물체를 관측하려면 그만큼 더 짧은 파장을 가진 뭔가를 이용해야 한다. X선도 훌륭한 도구다. 양자역학에 따르면 전자 같은 입자도 파동의 성질을 갖고 있다. 다만 파장이 짧아지려면 에너지가 커야 한다(플랑크 가설을 떠올려보라!). 따라서 원자 이하의 미시세계를 들여다보기 위해서는 전자나 양성자 같은 소립자를 큰 에너지로 가속해 원하는 대상에 충돌시켜 그 결과를 지켜봐야 한다. 그렇게 탄생한 장치가 입자가속기다. 입자가속기는 말하자면 미시세계를 들여다보는 현미경과도 같다.

망원경의 성능을 높이려면 반사경의 크기가 커야 하듯 미시세계를 더 자세하게 들여다보려면 그 현미경, 즉 입자가속기의 에너지가 커야 하고 그 결과 입자가속기의 크기 자체도 커야 한다. 물론 돈도 많이 든다. 1930년대 초반 미국의 어니스트 로런스가 처음 개발한 사이클로트론이라는 원형의 입자가속기는 직경이 대략 10센티미터였다. 오크리지에서 우라늄을 농축했던 Y-12 공장의 칼루트론도 로런스가 사이클로트론을 기반으로 만든 것이었다. 칼루트론이라는 이름 자체가 캘리포니아대학교 사이클로트론에서 따온 것이다.

1950년대 중반 캘리포니아대학교 버클리 캠퍼스에 설치된 베바트론이라는 입자가속기의 직경은 약 40미터였다. 1980년대 시카고 근교 페르미국립연구소에 설치된 입자가속기인 테바트론은 그 둘레가 6.3킬로미터에 달했다. 유럽입자물리연구소에서 현재 운용 중인 대형강입자충돌기의 둘레는 27킬로미터다. 원자보다 훨씬 더 작은 세계를 탐색하기 위해 이렇게 거대한 설비가 필요하다는 것은 아이러니다. 인류가 만든, 역사상 가장 큰 과학 연구 구조물인 대형강입자충돌기를 건설하는 데는 약 10조 원이 들어갔다. 이미 있던 27km의 지하터널을 이용했기에 다행히 터널 공사 비용은 들지 않았다.

테바트론은 1995년 여섯 종의 쿼크 중 마지막으로 톱쿼크를 발견했고, 대형강입자충돌기는 2012년에 힉스입자를 발견했다. 모두가 우리 우주를 구성하는 가장 기본적인 입자다. 쿼크는 양성자나 중성자 같은 핵자를 구성하는 입자이고, 힉스입자는 소립자들이 질량을 갖게 되는 과정과 관계가 있는 입자다. 1897년 전자를 발견한 지 약 50년 뒤인 1948년에 트랜지스터가 발명돼 20세기 전자혁명을 이끌었고, 1911년 원자핵을 발견한 지 겨우 34년 만에 최초의 핵무기가 실전에 사용된 역사를 돌아보면, 우주의 가장 기본적인 단위를 발견하고 이해하고 다룰 수 있다는 것이 훗날 얼마나 엄청난 결과를 초래하는지 쉽게 짐작할 수 있다. 이미 과학자들은 대형강입자충돌기 이후의 차세대 입자가속기도 연구 중이다. 물론 크기는 훨씬 더 커질 것이다.

다 그런 것은 아니지만 인류의 여정에서 가장 거대한 탐구 대상인 우주와 가장 미세한 탐구 대상인 소립자를 관측하기 위한 과학적 장비들은 그 크기가 점점 더 커져왔다. 그에 따라 사람도 돈도 더 많이 투입된다. 이른바 빅사이언스가 계속 요구되는 셈이다. '욕심' 많은 과학자들은 더 큰 망원경과 더 큰 입자가속기를 원할 수밖에 없다. 왜냐하면 제한된 망원경과 현미경으로는 제한된 영역밖에 볼 수 없기 때문이다. 작은 규모로 할 수 있는 것은 거의 다 해본 셈이다. 그 제한된 영역, 그것이 바로 인간 지성의 한계점이다. 과학의 역사는 인간 지성의 한계를 넘어서기 위한 도전이었고, 그것은 과학자들의 사명이기도 했다. 한 발자국만 더 내디디면 신세계가 열릴지도 모르는데, 그 길을 주저할 탐험가는 없다. 남은 문제는 가장 '사소한' 돈 문제일 뿐이다.

5장

최고의 가성비, 우연히 발견하기

인생은 운칠기삼이란 말이 있다. 능력보다 운이 두 배 이상 중요하다는 뜻이다. 50년 넘게 살아보니 이 말에 아주 공감하는 편이다. 과학의 역사에서도 행운이 작용하는 경우가 있다. 특히 우연히 행운으로 발견하는 것이야말로 최고의 가성비를 자랑하는, 그래서 가장 실용적인 성과라고 할 수 있다.

X선과 방사능

우연히 운 좋게 발견된 대표적인 사례는 X선이다. X선이라는 새로운 현상을 발견하게 된 데에는 새로운 기술과 새로운 '장난감'이 큰 역할을 했다. 19세기에는 고전적인 전자기학이 완성되었고 다양한 전자기 현상을 연구하기 위해 여러 장난감을 만들었는데, 그중의 하나가 진공관이다. 진공관이란 말 그대로 공기가 없는 유리용기다. 성능 좋은 진공관을 만들려면 훌륭한 진공펌프가 있어야 한다. 독일의 하인리히 가이슬러가 개량한 진공펌프는 대기압의 1만분의 1 정도까지 구현할 수 있었다. 과학자들은 진공관 안에 전극을 넣고 외부에서 전류를 흘려보내는 실험을 했다. 이때 음극에서 양극으로 진공관 속을 진행하는 어떤 흐름이 있음을 알게 됐다. 그 흐름이 음극에서 유래했기 때문에 이를 음극선이라 불렀다. 음극선 자체가 눈에 보이지는 않지만 진공관 벽에 부딪히거나 형광물질을 만나면 빛을 낸다. 음극선 연구에 많이 쓰였던 진공관으로 영국의 윌리엄 크룩스가 개발한 일명 크룩스관이 있었다. 음극선의 정체는 1897년 영국의 J. J. 톰슨에 의해 전자로 밝혀졌다.

빌헬름 콘라트 뢴트겐이 크룩스관으로 음극선을 연구하던 중 X선을 발견한 것은 이보다 2년 전인 1895년이었다. 이름이 X선인 것은 그 정체를 몰랐기 때문이다. 애초에 뢴트겐은 크룩스관을 마분지로 감싸서 빛이 새어나오지 못하게 했었다. 그럼에도 주변에 있던 시안화백금산바륨을 칠한 형광지가 희미하게 빛나고 있었다. 형광지를 이리저리 옮기거나 그 앞을 두꺼운 책으로 막아도 소용없었다. 이는 X선이 음극선과는 다르다는 증거였다. 음극선은 그보다 훨씬 더 얇은 물체로도 투과를 막을 수 있었다. X선의 정체와 성질을 연구하던 뢴트겐은 X선이 사진건판을 감광시킬 수 있으리라 생각했다. 그렇게 해서 반지를 낀 뢴트겐 부인의 손이 역사상 최초의 X선 사진이 되었다.

X선의 정체가 밝혀진 것은 1910년 이후였다. 결론부터 말하자면 X선은 파장이 자외선보다 더 짧은 전자기파다(그러나 감마선의 파장보다는 길다). 앞서 음극선의 정체가 전자의 흐름이라고 했는데, 진공관의 음극에서 나온 전자가 맞은편 유리벽에 부딪힐 때 자신이 갖고 있

던 에너지를 파장이 짧은 광자로 방출한다. 이것이 X선이다.

음극선을 연구하다 우연히 X선을 발견한 것과 아주 비슷하게, X선을 연구하다가 우연히 발견한 것이 방사능이다. 1896년에 프랑스의 물리학자 앙투안 앙리 베크렐은 태양에 노출시켰다가 어두운 곳으로 옮겨도 한동안 빛을 내는 인광체가 X선과 관련이 있다고 생각해 이를 확인하는 실험을 진행했다. 그 와중에 베크렐은 예상과 다른 결과를 얻었다. 인광체를 햇빛에 노출시켰다가 검은 종이로 감싼 사진건판을 가까이 두면 사진건판에 인광체의 흔적이 남았다. 그런데 햇빛에 노출되지 않고 암실에 있던 인광체 주변의 사진건판에도 흔적이 남은 것을 알게 되었다. 베크렐은 우라늄을 포함한 인광염이 햇빛 노출 여부와 상관없이 사진건판에 흔적을 남기는 성질을 가진다는 것을 발견했다. 이것이 방사능의 최초 발견이었다.

방사능radioactivity이라는 말을 만든 사람은 훗날 마리 퀴리로 더 잘 알려진 폴란드 출신의 마니아 스크워도프스카였다. 파리 소르본대학교에서 유학 중이던 마리는 베크렐의 권유로 박사학위 논문 주제를 방사능으로 정했다. 마리는 남편 피에르 퀴리와 함께 역청우라늄광 속에서 우라늄보다 더 강력한 방사능을 가진 미지의 두 원소를 분리해냈다. 바로 폴로늄(Po, 84)과 라듐(Ra, 88)이었다. 이 공로로 베크렐과 퀴리 부부는 1903년 노벨 물리학상을 공동으로 수상했다.

그러나 한동안 방사능의 정체나 메커니즘은 밝혀지지 않았다. 베크렐이 방사능을 발견한 1896년은 영국의 톰슨이 전자를 발견하기 한 해 전이고, 베크렐과 퀴리 부부가 노벨상을 수상한 1903년은 영국의 러더퍼드가 원자핵을 발견하기 8년 전이다. 방사능이란 어떤 물질이 입자나 파동의 형태로 에너지를 방출하는 성질 또는 능력을 말한다. 이때 방출되는 입자나 파동의 흐름을 방사선이라 하고, 방사능을 가진 원인물질을 방사성 물질이라 한다. 방사능은 기본적으로 원자핵의 수준에서 벌어지는 현상인데 베크렐과 퀴리 부부는 원자의 내부 구조를 제대로 알기 전에 방사능이라는 놀라운 현상을 발견했던 것이다.

데이비슨-저머 실험

원자의 내부 구조와 성질을 더 잘 알게 되면서 과학자들은 그 세계에 걸맞은 새로운 과학의 필요성을 깨달았다. 그렇게 탄생한 것이 양자역학이다. 20세기 초 양자역학의 발전 과정에서도 우연한 발견이 있었다. 대표적인 주인공이 미국 벨연구소의 클린턴 데이비슨과 레스터 저머였다. 이들은 전자를 이용해 니켈의 표면을 연구하고 있었다. 니켈 시료 표면에 전자를 충돌시켜 튕겨 나오는 양상을 조사하는 방식이었는데, 딱히 특별할 게 없는 실험이었다. 전자가 시료에 입사하는 각도와 같은 반사각 주변에서 전자의 밀도가 높게 관측되었고 그 각도에서 멀어질수록 전자의 밀도는 급격하게 떨어졌다.

그런데 니켈 시료가 들어 있던 진공 실험용기가 훼손되는 사고가 일어났다. 그 바람에 니켈 시료가 공기에 노출되면서 산화물이 생겨 오염되었다. 연구진은 산화물을 제거하기 위해 니켈 시료에 열을 가한 뒤 실험을 계속했다. 새로이 열처리된 시료를 이용한 실험 결과는 그 이전과 사뭇 달랐다. 입사각과 같은 각도가 아니라 50도 정도 어긋난 각도에서 전자의 밀도가 높게 나왔다.[26] 어떻게 이런 일이 가능했을까?

달라진 것은 시료의 열처리뿐이었다. 이 과정에서 니켈의 결정격자가 재배열되면서 여기서 튕겨 나오는 전자의 새로운 성질을 드러나게 했다. 전자의 새로운 성질이란 과연 무엇일까? 그것은 바로 전자의 '파동적 성질'이었다! 전자는 당구공이나 모래알처럼 대표적인 알갱이 입자particle다. 그런 전자가 파동이라고? 실제로 전자 같은 입자도 파동의 성질을 가진다는 주장은 프랑스의 이론물리학자 루이 드브로이가 1923~1924년 일련의 논문과 박사학위 논문에서 소개했다. 그때는 이미 광전효과나 콤프턴 산란(빛과 전자의 충돌에 의한 산란) 등의 현상을 빛의 입자적인 성질로 성공적으로 설명하고 있었다. 그동안 파동이라 생각했던 빛이 입자의 성질을 갖고 있다면, 반대로 전자 같은 입자도 파동의 성질을 가질 수 있지 않을까? 그것이 드브로이가 도입한 물질파 개념이었다. 가령 전자 같은 입자도 그 운동량에 반비례하는 파장을 갖는다. 다만 야구공 같은 거시적인 입자의 물질파 파장은 너무나 짧아서 우리가 알아챌 수 없다.

데이비슨과 저머의 실험은 애초에 물질파와는 전혀 상관이 없었다. 그러나 열처리한 시료에서 다른 결과가 나오자 이를 해석하는 과정에서 전자의 물질파가 니켈의 재배열된 격자에 튕겨 회절현상을 일으킨 것으로 설명할 수 있었다. 이때 전자의 '파장'은 드브로이가 주장한 대로 플랑크 상수를 운동량으로 나눈 값과 같은 파장을 갖는 것으로 밝혀졌다. 실제로 당시 과학자들은 이미 X선이 결정격자에 튕겨 나올 때 생기는 독특한 회절무늬를 알고 있었다. 이는 이웃한 격자에서 튕겨 나오는 X선들이 그 경로차(두 파동이 이동한 거리)에 따라 어떻게 간섭을 일으키느냐에 따라 밝음(보강간섭)과 어두움(소멸간섭)이 반복해서 나타난 결과였다. 데이비슨과 저머가 본 것은 '입자'인 전자도 파동인 X선처럼 격자들에 튕겨 파동처럼 회절을 했다는 뜻이다. 회절무늬는 그 대상이 입자가 아니라 파동이라는 강력한 증거다.

데이비슨과 저머의 실험 결과가 전자의 물질파를 규명한 것이라는 해석이 나온 1927년에 영국의 조지 톰슨도 얇은 금박에 전자를 쏘아 전자의 회절무늬를 얻었다. 이 공로로 데이비슨과 톰슨은 1937년 노벨 물리학상을 공동 수상했다. 톰슨은 1897년에 전자를 발견한 J. J. 톰슨의 아들이었다. 아버지는 전자라는 새로운 입자를 발견해 노벨상을 받았고, 아들은 그 전자의 파동적 성질을 규명해 노벨상을 받은 흥미로운 경우다.

허블과 안드로메다

드브로이가 프랑스에서 물질파 개념을 다듬고 있을 무렵 미국에서는 천문학자인 에드윈 허블이 윌슨산 천문대의 후커 망원경으로 안드로메다를 촬영하고 있었다. 앞에서 소개했듯이 그때는 우주의 크기와 성운의 정체를 놓고 학계의 의견이 엇갈렸다. 한쪽에서는 우리은하가 우주의 전부이며 안드로메다 같은 성운들은 우리은하에 속해 있다고 주장했다. 다른 쪽에서는 그런 성운들이 우리은하 밖에 존재하는 독립된 외계은하라고 주장했다. 윌슨산 천문대의 할로 섀플리가 전자에 속했고, 캘리포니아주 해밀턴산에 설치된 릭 천문대의 히버 커티스는 후자에 속했다. 이들은 1920년 미국국립과학아카데미에서 이른바 '대논쟁'을 벌였다.

이 대논쟁을 종식시킨 것이 1923년 안드로메다를 찍은 허블의 사진이었다. 거기에 운 좋게도 재미있는 별이 하나 찍혀 있었던 것이다. 처음에는 신성인 줄 알고 N이라고 썼다가 X표를 하고 VAR로 고쳐 썼다. 이 별은 주기적으로 밝기가 변하는 세페이드 변광성이었다. 세페이드 변광성은 별 내부의 물리적 성질 때문에 별이 수축과 팽창을 반복함에 따라 밝기가 주기적으로 변한다. 따라서 별의 물리적 특성이 결정되면 주기와 밝기가 결정되는 셈이다. 그 결과 세페이드의 주기와 밝기 사이에는 강력한 상관관계가 형성된다.

이 관계를 처음 규명한 사람이 여성 천문학자 헨리에타 레빗이었다. 레빗은 청각장애인으로 하버드 천문대에서 천체 사진 분석팀에서 활동한 적이 있었다. 당시에는 천체 사진을 일일이 수작업으로 분석해야 해서 많은 일손이 필요했는데 특히 여성들이 큰 역할을 했다. 이들을 '여자 사람 컴퓨터woman human computer'라 부르기도 했다. 레빗은 2400개의 변광성을 발견하는 발군의 실력을 발휘했다. 특히 1912년 소마젤란 성운에서 발견한 25개 변광성의 주기와 밝기 사이의 관계를 조사해 레빗의 법칙을 얻었다. 이에 따르면 밝기가 변하는 주기의 로그값과 그 별의 밝기 등급 사이에는 간단한 비례관계가 성립한다.

이 결과가 중요한 이유는 이 관계를 이용해 별까지의 거리를 잴 수 있기 때문이다. 망원경으로 관측한 별의 겉보기 밝기에는 그 별의 실제 밝기와 지구에서 그 별까지의 거리가 섞여 있다. 따라서 별의 밝기만으로는 그 별까지의 거리를 가늠할 수가 없다. 그런데 세페이드가 있으면 밝기가 변하는 주기를 관측할 수 있고, 이를 레빗의 법칙에 대입하면 세페이드의 절대 밝기가 나온다. 이제 그 절대 밝기와 겉보기 밝기를 비교하면 세페이드가 얼마나 멀리 떨어져 있는지를 알 수 있다! 이런 의미에서 세페이드를 표준촛불standard candle이라 한다.

거리를 알려주는 세페이드가 안드로메다 사진에 함께 찍혀 있었다는 것은 거기까지의 거리를 알 수 있게 되었다는 뜻이다. 그렇게 구한 안드로메다까지의 거리는 대략 80만 광년이었다(지금 우리가 알고 있는 안드로메다까지의 거리는 약 250만 광년이다). 우리 은하의 크기가 10만 광년 정도 되므로 80만 광년이라는 거리는 안드로메다가 우리 은하로부터 충분히 멀리 외계에 떨어져 있음을 증명하고도 남는다. 이로써 대논쟁은 끝났다. 안드로메다는 성운이 아니라 당당히 '은하'의 지위를 얻게 되었다. 겨우 100년 전의 일이다.

허블이 운이 좋았던 것은 사실이지만 그것은 당시 최고의 성능을 자랑하던 후커 망원경이 있었기에 가능했다. 또한 그전에 이미 레빗이 세페이드 변광성의 밝기와 주기 사이의 관계를 규명해놓은 것도 결정적이었다. 이처럼 행운이 그 힘을 발휘하기 위해서는 보이지 않는 요소들이 충분히 뒷받침되어야 한다. 아무것도 하지 않으면 행운도 찾아오지 않는다. 과학에서는 특히 더 그렇다.

우주배경복사

안드로메다 사진을 찍은 6년 뒤에 허블은 수십 개의 외계은하 선속도를 분석해 허블-르메트르 법칙을 얻었다. 이 법칙에 따르면 외계은하는 모두가 지구에서 멀어지는데 그 속력은 지구로부터의 거리에 정비례한다. 즉 멀리 있는 은하일수록 더 빨리 멀어진다. 허블-르메트르 법칙은 우주가 팽창한다는 강력한 증거였다. 벨기에의 신부 출신인 조르주 르메트르는 일반상대성이론을 우주 전체에 적용해 허블 이전에 이미 허블-르메트르 법칙을 예견했었다.

우주가 팽창한다는 것은 임의의 두 점 사이의 거리가 계속 증가한다는 뜻이다. 우주가 팽창하고 있다면 시계를 거꾸로 돌렸을 때 우주는 점점 작아지다가 결국엔 한 점으로 수렴될 것이다. 이 시작점을 빅뱅이라고 한다. 르메트르는 우주의 시작점을 원시원자라 불렀는데 이는 빅뱅우주론의 시초라 할 수 있다.

그러나 빅뱅우주론이 팽창하는 우주를 설명하는 유일한 우주론은 아니었다. 이른바 정상상태우주론steady state cosmology(정상우주론)에서는 우주에서 새로운 물질이 끊임없이 생겨나면서 은하들이 계속 멀어진다. 이렇게 되면 우주는 시간이 지나도 원래 모습을 거의 유지하게 된다. 빅뱅우주론에서는 빅뱅에서 시작한 우주가 계속 팽창하므로 우주 속 물질의 밀도가 계속 줄어들지만, 정상상태우주론에서는 새로운 물질이 생겨나면서 우주가 팽창하므로 그 밀도가 항상 일정하게 유지된다.

빅뱅우주론에서는 시간에 따라 우주의 상태가 극적으로 바뀐다.

특히 탄생 초기에 다가갈수록 모든 것이 좁은 영역 안에 집중돼 있기 때문에 고온, 고압, 고에너지의 상태가 존재했을 것이다. 그러다가 우주가 팽창하면서 우주의 온도가 떨어지고 물질의 밀도 또한 줄어든다. 이 과정에서 쿼크와 전자들이 그 모습을 드러내고 양성자와 중성자가 형성되며, 빅뱅 직후 10초에서 20여 분이 지나면 중수소, 헬륨, 리튬 등 가벼운 원소들의 원자핵이 만들어진다. 그러나 우주의 온도가 여전히 충분히 높기 때문에 전자와 원자핵이 안정적인 원자 상태를 유지하지 못하고 따로따로 뒤죽박죽 뒤섞여 있는 플라스마 상태가 만들어진다. 플라스마 상태에서는 빛이 전기를 띤 입자들 사이를 튕겨 다니기 때문에 그 속에 갇혀 있다. 그러다가 우주가 계속 팽창하면서 온도가 더 떨어지면 드디어 전자와 원자핵이 서로 결합해 전기적으로 중성인 원자를 형성한다. 이때(빅뱅 직후 38만 년)가 되면 플라스마 상태가 해소되므로 그 속에 갇혀 있던 빛이 아무런 방해를 받지 않고 제 갈 길을 가게 된다. 이 빛이 우주가 계속 팽창하면서 파장이 길어져 지금 우리에게 전방위에서 도달하고 있다. 이 빛을 우주배경복사라 한다.

우주배경복사는 정상상태우주론에서는 결코 존재할 수 없는 종류의 빛이기 때문에 두 우주론을 구분하는 아주 중요한 증거가 된다. 우주배경복사는 말하자면 빅뱅의 화석이라 할 수 있다. 이런 까닭에 과학자들은 1940년대 후반 우주배경복사의 존재가 처음 예견된 이래 이 화석을 찾기 위해 애써왔다.

그러나 실제 우주배경복사를 처음 발견한 사람들은 우주론과 별 상관이 없었고 우주배경복사가 뭔지도 잘 몰랐다. 벨연구소의 아노

앨런 펜지어스와 로버트 윌슨은 위성통신 안테나를 손질하다가 어떻게 해도 사라지지 않는 이상한 잡음을 포착했다. 두 사람은 안테나에 묻은 비둘기 똥까지 치우면서 잡음을 없애려고 노력했지만 허사였다. 벨연구소의 위성 안테나에 정체불명의 잡음이 들린다는 이야기가 곧 주변에 알려졌고, 마침내 프린스턴대학교에서 우주배경복사를 찾아 헤매고 있던 로버트 디케, 제임스 피블스 등의 귀에도 들어가게 되었다. 이들은 펜지어스 및 윌슨과 의견을 나누면서 그 잡음이 우주배경복사임을 확인했다.

두 연구진의 논문은 1964년 학술지에 나란히 연작으로 실렸다. 펜지어스와 윌슨은 이 공로로 1978년에 노벨 물리학상을 수상했다. 자신이 발견한 것의 정체도 모르고 노벨상을 받았으니 참 운이 좋은 사람들인 것은 분명하다. 또한 그 발견이 그대로 묻히지 않고 그 정체를 제대로 규명할 수 있는 맨파워가 주변에 있었다는 점도 대단한 행운이었다.

뒤집어서 말하자면 마치 도둑처럼 찾아온 행운이 진짜 성공적인 행운으로 현실화되기 위해서는 우선 장비(위성 안테나)도 있어야 하고 그 행운의 가치를 알아보는 사람들이 주변에 있어야 하는 법이다. 학문의 인프라가 잘 갖춰져 있을 때 그런 행운이 일어날 확률은 당연히 높아진다. 남의 행운을 부러워만 하지 말고 우리의 행운 확률을 높일 수 있는 가장 확실한 방법을 차근차근 챙겨 나간다면 우리에게도 도둑 같은 행운이 반드시 찾아올 것이다.

고시바의 가미오칸데

바로 그런 사례가 하나 있다. 우주에서 날아오는 행운은 지역과 국가를 가리지 않는다. 준비가 돼 있다면 하늘에서 쏟아지는 행운을 주울 가능성이 그만큼 커진다. 일본의 물리학자 고시바 마사토시도 그런 사람이었다. 고시바는 중성미자 천문학의 새 시대를 연 사람이다. 중성미자는 전기적으로 중성이고 질량도 극히 미미하며 약한 핵력에만 반응하는 유령 같은 입자다. 애초에 고시바는 양성자가 붕괴할 때 방출되는 신호를 관측하려고 했다. 양성자는 수명이 무척이나 긴 안정적인 입자다(그렇지 않다면 이 세상만물을 구성하는 기본 입자가 되기 어려웠을 것이다). 양성자 붕괴는 아직 관측된 적이 없기 때문에 관측 자체가 획기적인 사건이다.

이를 위해 고시바는 기후현에 있는 폐광인 가미오카 광산 지하 1000미터에 가미오칸데Kamioka Nucleon Decay Experiment라는 관측 시설을 만들었다. 이 커다란 수조는 높이 16미터, 직경 15.6미터의 원통형으로 물 3000톤을 담고 있다.[27] 이처럼 거대한 수조를 만든 이유는 양성자가 붕괴할 때 방출되는 입자가 물속에서 운동하며 방출하는 체렌코프 복사를 관측하기 위함이었다. 체렌코프 복사는 일종의 충격파로 전기를 띤 입자가 물 같은 매질 속에서의 광속보다 더 빨리 운동할 때 방출된다. 원자로의 핵연료가 담긴 수조에서 볼 수 있는 푸른빛도 체렌코프 복사다. 따라서 수조 안쪽 벽에는 미세한 빛을 감지할 수 있는 장비를 도배하듯 깔아야 하는데, 그 장치가 광자증폭관이다. 가미오칸데에는 50센티미터 크기의 광자증폭관이 1000개 깔

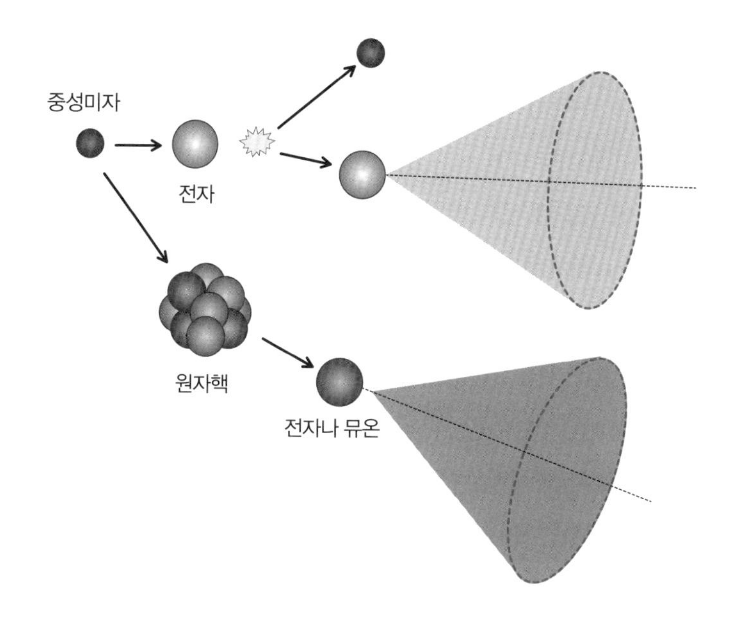

중성미자에 의한 체렌코프 복사

려 있다. 가격도 비싸서 개당 30만 엔 정도다.

그런데 가미오칸데에서는 단지 양성자 붕괴만을 관측할 수 있는 게 아니었다. 주변과 거의 상호작용을 하지 않아 검출하기가 무척 힘든 중성미자도 물속에서 전자나 원자핵과 부딪쳐 전기를 띤 입자를 고속으로 방출해 체렌코프 복사를 만들어낸다. 따라서 가미오칸데는 훌륭한 중성미자 검출 장치이기도 했다. 고시바는 문부성에 가미오칸데 실험을 위한 연구 과제를 제안할 때 이미 초신성 폭발 때 방출되는 중성미자 또한 검출할 수 있다는 내용도 담았다.[28]

건설비 3억 엔이 투입된 가미오칸데는 1983년 7월부터 관측을 시작했다. 기대했던 양성자 붕괴는 관측하지 못했다. 이후 태양에서 나오는 중성미자를 관측하기 위해 광자증폭관을 추가하는 등 성능 향상 작업을 수행했다. 이를 가미오칸데 2라 한다. 가미오칸데 2는 1987년 1월에 가동하기 시작했다. 그리고 바로 그 직후에 이렇게 기막힌 행운이 있을까 싶은 일이 일어났다. 1987년 2월 지구에서 17만 광년 떨어진 대마젤란성운에서 초신성(SN1987A)이 폭발했던 것이다. 이때 방출된 중성미자가 가미오칸데 2에 포착되었다. 2월 23일 13초 동안 열한 개의 전자형 중성미자가 가미오칸데 2에 흔적을 남겼다.

이듬해에는 태양에서 나오는 중성미자를 관측하는 데 성공했다. 우주에서 날아오는 중성미자를 관측했다는 것은 우리가 우주를 보는 새로운 채널이 하나 열렸다는 것을 뜻한다. 즉 가미오칸데가 우주를 보는 새로운 망원경 역할을 하는 셈이다. 이런 까닭에 고시바는 중성미자 천문학의 시대를 열었다는 평가를 받았고, 그 공로로 2002년에 레이먼드 데이비스, 리카르도 지아코니와 함께 노벨 물리학상을 공동 수상했다.

가미오칸데의 성공은 이후 슈퍼가미오칸데로 이어졌다. 가미오칸데 옆에 지은 슈퍼가미오칸데는 지름 39.3미터, 높이 41.4미터의 원기둥 수조로 물 5만 톤을 채우고 있다. 고시바의 제자인 도쓰카 요지가 이 계획을 주도했으며 1996년에 완공되었다. 슈퍼가미오칸데는 1998년 중성미자의 종류가 서로 바뀌는 중성미자 진동 현상을 관측해 중성미자가 미세하지만 질량을 갖고 있다는 강력한 증거를 확보했다. 슈퍼가미오칸데의 성과 또한 노벨상을 받기에 충분한 업적이었다. 1998년 슈퍼가미오칸데가 중성미자 진동을 관측했다는 소식이 전해지자 일본이 다음 노벨상을 벌써 예약했다는 얘기가 나돌았다. 그 주인공은 고시바의 제자인 도쓰카 요지가 유력했다. 그런데 안타깝게도 도쓰카는 2008년에 사망했다. 2015년 노벨 물리학상은 중성미자 진동을 발견한 두 명의 과학자에게 돌아갔는데 그중 한 명이 고시바의 또 다른 제자이자 도쓰카의 후배였던 가지타 다카아키였다(다른 한 명은 캐나다의 아서 맥도널드였다).

가미오칸데의 사례 또한 최선을 다해 노력한 사람에게만 우주의 행운이 깃든다는 평범한 진리를 새삼 일깨워준다. 초신성이 아무리 잘 터져도 그 신호를 관측하기 위한 준비가 되어 있지 않으면 아무런 소용이 없다. 그 준비를 위해 앞에서 언급한 '물량공세'도 가미오칸데의 성공에 한몫을 했다. 지름과 높이가 각각 40미터에 달하는 수조를 값비싼 광자증폭관으로 완전히 도배한다는 것은 말 그대로 돈으로 건물을 처바르는 짓이다. 이미 가미오칸데 실험에서 성공한 경험이 있으니 규모를 키워 더 정밀한 실험을 하면 중성미자의 성질을 더 잘 알 수 있으리라는 것은 누구나 예상할 수 있는 일이다. 역시나 돈은 가장 사소한 문제일 뿐이다.

또한 가미오칸데가 슈퍼가미오칸데로 이어졌듯 하나의 성공을 디딤돌로 삼아 새로운 돌파구를 계속 열어나가는 모습도 인상적이다. 노벨상은 그저 당연한 결과로 따라올 뿐이다. 지금은 슈퍼가미오칸데보다 더 큰 규모의 하이퍼가미오칸데를 건설하고 있다.

4부

혁명적 발상

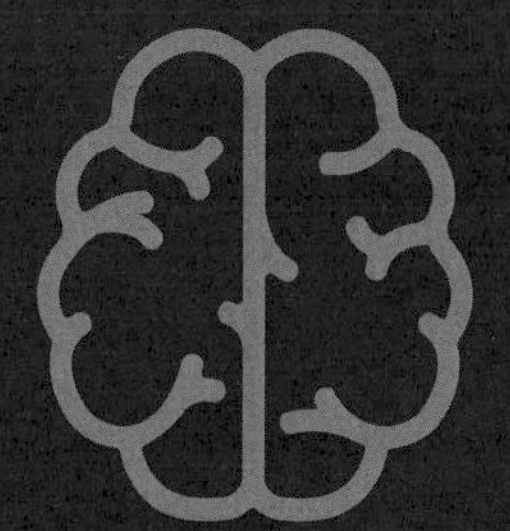

창의성은 그저 사물들을 연결하는 것이다.
– 스티브 잡스

과학자의 발상법이라고 하면 많은 사람들이 아마도 가장 먼저 '혁명적 발상'을 떠올릴 것이다. 과학에서의 혁명은 과학자들의 혁명적인 발상에서 비롯된다. 과학자들이 어떻게 혁명적 발상을 떠올릴 수 있는지 그 패턴을 찾아 공식처럼 만드는 것은 쉬운 일이 아니다. 그런 공식이 있다면 누구나 그 공식을 따라 혁명적인 발상을 성공적으로 떠올릴 수 있을 것이다. 현실은 그렇지 않다. 개인적인 영감의 차이, 환경의 차이 등이 크게 작용하기 때문이다. 다만 여러 사례를 비슷한 유형별로 나누어 살펴보는 것이 참고사항은 될 것이다.

1장

생각의 방향을 전환하기

케플러의 타원 궤도

이번에 다루는 주제는 발상의 전환, 즉 원래 갖고 있던 생각의 방향을 크게 바꾸는 것이다. 과학자도 사람인지라 원래 생각의 방향을 바꾸기는 쉽지 않다. 고정된 생각의 방향을 바꾸려면 틀에 얽매이지 않는 자유로운 사고가 필요하다. 생각의 방향을 완전히 180도 바꾸는 경우는 역발상이라 부를 수도 있을 것이다. 이 장에서 이런 역발상에 대해서 다룰 것이다. 그리고 역발상을 조금 다른 좁은 의미, 특히 대칭적으로 역적용하는 경우에 한정해 2장에서 다룰 예정이다.

생각의 방향을 바꾼 대표적인 사례로 케플러를 들 수 있다. 케플러는 1600년 당대 최고의 천문학자였던 튀코 브라헤의 조수로 들어갔다. 브라헤가 자신의 방대한 천문관측 자료를 수학적으로 정리할 사람이 필요했기 때문이다. 그런데 브라헤가 이듬해에 급사하는 바람에 상황이 급변했다. 그래도 브라헤의 모든 데이터가 곧바로 케플러의 손에 들어가지는 못했다. 우여곡절 끝에 브라헤의 데이터를 확보한 케플러는 곧장 행성운동의 비밀을 파헤치는 작업에 착수했다.

케플러가 처음 한 일은 화성의 공전 궤도를 구하는 것이었다. 케플러의 이 작업은 '화성의 전투'라는 별칭이 붙을 만큼 쉽지 않았다. '화성의 전투'가 힘들었던 까닭 중 하나는 케플러가 화성의 공전 궤도를 원 궤도라고 당연하게 여기고 있었기 때문이다. 확고한 플라톤주의자였던 케플러는 행성의 궤도가 원형이라는 플라톤의 가르침을 충실히 따랐다. 플라톤의 제자였던 아리스토텔레스도 천상의 천체는 모두 원운동을 한다고 여겼고, 케플러와 동시대에 살았던 갈릴레이 또한 행성의 궤도를 원이라 생각했다.

케플러가 원에 화성의 궤도를 맞췄을 때 그 오차는 8분 각도였다. 1분 각도는 1도 각도의 60분의 1에 해당한다. 우리가 보름달이나 태양을 봤을 때 그 크기가 약 0.5도 각도, 즉 30분 각도 정도 된다. 그러니까 8분 각도는 반달의 절반을 바라보는 각도보다도 조금 더 크다. 이 정도의 오차는 무시하기 힘들었을 것이다. 특히나 브라헤가 남긴 관측 데이터 자체의 오차는 그 절반인 4분 각도에 불과했다.

보통 사람이라면 이런 경우 어떻게 대처했을까? 아마도 데이터 자체의 정확성을 의심했을 것이다. 아무리 브라헤가 당대 최고의 관측 능력(시력도 엄청나게 좋았다고 한다)을 가진 천문학자였다고는 하나 갈릴레이 이전에는 광학기기를 이용하지 않고 맨눈으로 관측한 결과였다. 게다가 케플러는 브라헤와 사이도 별로 좋지 않았다.

그러나 케플러는 놀랍게도 브라헤의 관측 데이터를 끝까지 믿었다. 대신 자신의 신념을 바꾸기로 했다. 보통 사람에게는 쉽지 않은 결정이었다. 물론 케플러가 마음을 바꾸는 데에는 브라헤의 관측 자료가 말해주는 행성운동의 다른 성질도 크게 작용했다. 예컨대 화성

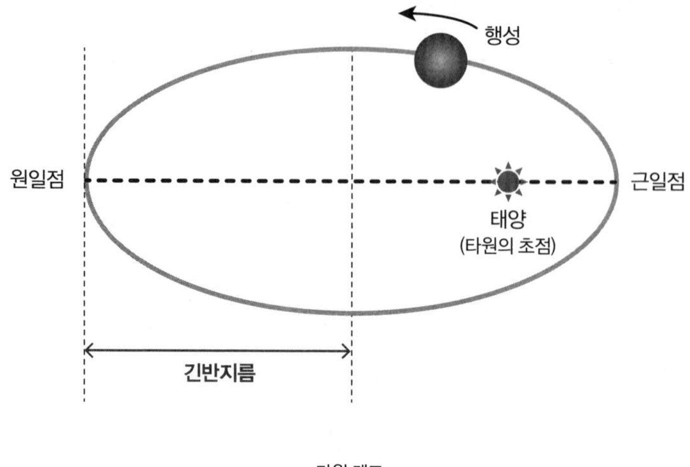

타원 궤도

과 태양 사이의 거리가 일정하지 않았다. 만약 화성이 태양을 중심으로 하는 원형 궤도를 돈다면 궤도상 임의의 세 지점을 골라 궤도를 복원하더라도 똑같은 원형 궤도가 나와야 하지만 실상은 그렇지 않았다.

이 문제를 해결하기 위해 케플러는 태양에서 나오는 어떤 힘에 의한 영향을 고려해, 화성이 태양에 가장 가까운 근일점일 때는 뾰족하고 가장 먼 원일점일 때는 뭉툭한 달걀 모양의 궤도를 제안하기도 했었다. 이 모형에서 태양과 화성 사이의 거리를 계산해 그로부터 달걀 궤도의 넓이를 구하려고 했다(적어도 40번은 계산했다고 한다). 불행히도 그의 결과는 관측 결과와 맞지 않았다. 다시 원점에서 계산을 시작한 케플러는 실제 궤도와 원형 궤도의 차이가 타원 궤도와 원형 궤도 사이의 차이와 같음을 알게 되었다. 이런 힘겨운 시행착오를 거쳐 케플러는 원형 궤도라는 오랜 강박관념에서 벗어날 수 있었다. 케플러가 이렇게 발상을 전환했던 밑바탕에는 하늘의 운동에 대한 그의 물리적 분석과 상상력이 크게 작용했다.[29] 2000년 묵은 고정관념을 타파한다는 것은 대단히 어려운 일이었을 것이다.

특수상대성이론의 두 가정

아인슈타인이 특수상대성이론을 정립하는 과정에서도 발상의 전환이 있었다. 3부에서 소개했듯이, 상대성이론이란 어떤 기준에 대해 정지한 사람과 움직이는 사람이 과연 이 우주를 똑같이 볼 것인가에 관한 이론이다. 이때 똑같음의 기준이 고전적인 갈릴레이식 상대성이론에서는 간단한 상대속도의 덧셈 및 뺄셈과 절대적인 시간 및 공간이었다. 그 대가로 맥스웰 방정식은 움직이는 좌표계에서 그 모양이 달라졌으며 광속 또한 상대적인 운동에 따라 달라진다.

아인슈타인은 이런 발상을 뒤집었다. 똑같음의 기준 자체를 바꿔 버린 것이다. 상대속도의 간단한 덧셈과 뺄셈을 숭배하지 않았고, 절대적인 시간과 공간도 가볍게 무시했다. 그에게는 물리법칙의 불변과 광속불변이 더 중요했다.

아인슈타인은 새로운 똑같음의 기준 두 개를 새로운 상대성이론을 만드는 출발점, 즉 두 가정으로 삼았다. 놀랍게도 두 가정을 만족하면서도 수학적으로 일관된 이론이 존재했다. 그것이 바로 특수상대성이론이다. 다만 똑같음의 기준이 바뀐 만큼 기존의 기준은 더 이상 똑같지 않게 된다. 즉 버스를 타고 가면서 옆에 지나가는 택시를 바라볼 때, 버스와 택시의 간단한 속도셈법은 더 복잡해진다. 무엇보다 암묵적인 전제였던 시간과 공간의 절대성이 더 이상 그 지위를 누리지 못하게 된다. 즉 상대적인 운동에 따라 시간과 공간 자체가 바뀐다. 이는 똑같음의 기준을 바꾸기 위해 반드시 치러야 할 대가다. 그런 대가를 치르고서라도 아인슈타인은 똑같음의 기준을 바꾸는 쪽으로 발상을 전환했다. 그것이 우리 우주의 더 근본적인 속성이라고 생각했기 때문이다. 이것이 어떤 의미를 가지는지에 대해서는 3장에서 자세히 살펴볼 것이다. 이처럼 어떤 문제가 해결되지 않을 때, 그 문제를 품고 있는 패러다임의 근본적인 기준 자체를 바꾸는 발상의 전환이 필요하다. 그것이 특수상대성이론이 주는 교훈이다.

리제 마이트너와 핵분열

상대성이론의 놀라운 결과는 전에 보지 못했던 새롭고 기발한 현상을 이해하는 데에도 큰 도움이 되었다. 1932년에 영국의 물리학자 제임스 채드윅이 중성자를 발견하자 이를 활용한 핵실험이 각광을 받기 시작했다. 양성자나 알파입자(헬륨의 원자핵과 같다)는 전기를 띠고 있어서 이들 입자를 원자핵에 투사하려면 강력한 전기적 반발력을 이겨야만 한다. 반면 중성자는 전기적으로 중성이기 때문에 그럴 필요가 없다. 1932년에는 전자와 전기전하가 반대인 반입자, 즉 양전자도 발견되었다. 미국 캘리포니아공과대학교의 칼 앤더슨이 그 주인공으로 우주에서 날아오는 입자들 속에서 양전자를 발견했다. 이는 최초의 반입자 발견 사례였다.

중성자와 양전자를 먼저 발견할 수 있었으나 아깝게 놓친 사람들이 있었으니 방사능 연구의 선구자인 마리 퀴리의 딸인 이렌 졸리오퀴리와 남편 프레더릭 졸리오퀴리였다(퀴리는 이렌의 성이고 졸리오는 프레더릭의 성인데 두 사람이 결혼하면서 양쪽 성을 모두 쓰게 되었다). 이들은 중요한 입자를 발견하는 걸 놓쳤지만 다른 중요한 업적을 남겼다. 졸리오퀴리 부부는 어머니이자 장모인 마리 퀴리가 발견한 새 원소인 폴로늄에서 방출되는 알파입자를 알루미늄, 붕소, 마그네슘 등 중간 정도 질량의 비방사성 물질에 충돌시키는 실험을 진행했다. 그 결과 새로운 방사성 원소가 만들어진다는 사실을 확인했다. 예컨대 13번 알루미늄(27Al = 양성자 13+중성자 14)에 알파입자(양성자 2+중성자 2)를 쏘면 알루미늄이 양성자 둘과 중성자 하나를 흡수해 원자번호 15번이면서 질량수가 30(양성자 15+중성자 15)인 방사성 인(30P)으로 바뀐다.[30] 이는 인공적으로 방사성 원소를 합성한 최초의 사례다. 이 결과를 담은 논문이 1934년에 발표되었고, 그 공로로 졸리오퀴리 부부는 이듬해에 노벨 화학상을 공동 수상했다. 그해 노벨 물리학상은 중성자를 발견한 채드윅에게 돌아갔다.

졸리오퀴리 부부가 방사성 원소를 합성한 논문을 발표한 1934년, 이탈리아의 물리학자인 엔리코 페르미는 알파입자가 아닌 중성자를 이용해 방사성 원소를 생성하는 연구를 시작했다. 알파입자는 양의 전기를 띠고 있어서 원자핵과 충돌할 때 전기적으로 반발하지만 중성자는 전기가 없어서 원자핵과 충돌하기에 안성맞춤이었다. 페르미는 프랑코 라세티, 에밀리오 세그레, 에도아르도 아말디, 오스카르 다고스티노 등의 이른바 '로마학파'를 이끌면서 가벼운 원소에서 우라늄에 이르기까지 중성자 포격 실험을 진행했다. 그 결과 이들 연구진은 92번 우라늄보다 더 무거운 초우라늄 원소 93번과 94번을 발견했다고 발표했다. 주기율표에서 자연에 존재하는 가장 무거운 원소는 우라늄이고 그보다 원자번호가 더 높은 원소들은 거의 대부분 인공적으로 합성된 것이다.

로마 연구진은 자신들이 새로 발견한 원소에 아우소늄(93번), 헤스페륨(94번)이라는 이름도 붙였다. 모두 그리스어로 '이탈리아'를 뜻하는 이름이다. 이 공로로 페르미는 1938년에 노벨 물리학상을 단독으로 수상했다.[31, 32] 훗날 아우소늄과 헤스페륨의 발견은 사실이 아닌 것으로 드러났다. 이 이야기는 5부 4장에서 자세히 다룰 것이다.

페르미의 실험 결과가 알려지자 독일의 오토 한과 오스트리아 출신의 여성 물리학자 리제 마이트너도 중성자로 우라늄을 포격하는 실험을 시작했다. 1935년에는 독일의 화학자 프리츠 슈트라스만이 합류했다. 이 반응으로 만들 수 있는 초우라늄 원소들이 무엇인지 알아보고 싶어 한 것은 당대 과학자들의 자연스러운 욕구였을 것이다. 한과 마이트너에게는 특별한 동기가 더 있었다. 이들은 이미 1917~1918년에 91번 원소인 프로트악티늄을 발견했었다. 그래서 페르미가 발견한 초우라늄 원소들이 진짜 초우라늄 원소인지 아니면 프로트악티늄의 동위원소• 인지를 명확히 하고 싶었다.

• 원자 번호가 같지만 질량수가 다른 원소.

이 무렵 이렌은 파리에서 유고슬라비아 출신의 폴 사비치와 비슷한 연구를 하고 있었는데, 이들은 반감기가 3.5시간인 새로운 원소가 57번의 희토류 란탄과 비슷하다고 주장했다. 이들의 결과는 쉽게 받아들이기 어려웠다. 우라늄에 중성자를 때렸는데 그보다 훨씬 가벼운 란탄으로 변환된다? 상상하기 어려운 일이었다. 놀랍게도 이와 비슷한 일이 한과 슈트라스만의 실험에서도 일어났다. 당시 마이트너의 상황은 매우 좋지 않았다. 1938년 오스트리아가 나치 독일에 병합되면서 마이트너는 갑자기 독일 국민이 돼버렸는데, 문제는 그녀가 유대인이었다는 사실이다. 결국 마이트너는 나치의 반유대인법을 피해 덴마크로 피신해야 했다. 독일에 남은 한과 슈트라스만이 실험을 이어나갔는데, 이들은 88번 라듐의 동위원소라 생각했던 것들이 바륨과 화학적 성질이 똑같음을 알게 되었고 그 결과를 마이트너에게 편지로 알렸다. 한과 슈트라스만은 공동 저자로 그해 연말에 논문을 투고했다. 이들은 새로운 생성물이 바륨이라 결론지었다. 당시 스웨덴에 머물고 있던 마이트너는 조카 오토 프리슈와 함께 한과 슈트라스만의 결과를 논의했다. 우라늄에 중성자를 때렸더니 그보다 훨씬 가벼운 바륨(56번)이 생성되었다는 것은 당시 상식으로는 이해할 수 없는 결과였다. 이때 마이트너는 원자핵이 물방울 같은 형태일 것이라는 닐스 보어의 모형을 떠올렸다. 그의 모형을 받아들인다면 하나의 물방울이 아령 모양으로 늘어났다가 두 개의 물방울로 갈라지는 과정도 가능하다고 생각했다. 원자핵은 강한 핵력으로 뭉쳐 있지만 양성자들이 발휘하는 전기적 반발력도 엄연히 존재한다. 따라서 원자번호가 커질수록 반발력도 더 커질 텐데, 마이트너는 대략 원자번호 100번 정도면 전기적 반발력 때문에 원자핵의 표면장력이 거의 사라질 것으로 추정했다. 그렇다면 우라늄을 중성자로 때렸을 때 하나의 물방울이 둘로 갈라지듯 원자핵도 쪼개질 것이다![33]

그리고 마이트너는 이 과정에서 원자당 약 200메가전자볼트(MeV)의 엄청난 에너지가 방출된다는 점도 계산할 수 있었다. MeV는 Mega electron Volt의 약자로서 100만 전자볼트를 뜻한다. 1전자볼트(1eV)는 1볼트의 전압 속에 놓여 있는 전자가 가지는 에너지다. 따라서 200메가전자볼트는 2억 전자볼트의 에너지다. 보통의 화학반응에 수반되는 에너지가 원자당 10전자볼트 안팎에 불과하다. 따라서 200메가전자볼트는 화학반응과는 비교할 수도 없는 엄청난 에너지다. 마이트너는 어떻게 이런 엄청난 에너지가 나올 수 있는지까지 정확하게 파악했을까? 바로 아인슈타인의 특수상대성이론에서 나오는 $E=mc^2$의 결과다. 마이트너의 추론대로 만약 우라늄 원자핵이 두 개의 더 가벼운 원자핵으로 쪼개진다고 할 때, 반응 전후의 원자핵들의 질량 차이를 구해보면 대략 양성자 질량의 20퍼센트에 해당하는 질량 결손이 생긴다. 그 양만큼 $E=mc^2$으로 방출되는 것이다. 그 값이 약 200메가전자볼트다.

이듬해 1월 마이트너와 프리슈는 두 편의 논문을 써서 〈네이처〉에 제출했다. 프리슈는 미국의 생물학자에게 문의해 자신과 이모가 발견한 새로운 핵 현상에 '분열fission'이라는 이름을 붙였다. 핵분열이 공식적으로 학계에 등장한 것이다. 1939년 초의 일이었다. 그로부터 불과 6년 뒤에 히로시마에 최초의 원자폭탄이 투하되었다.

모두가 우라늄에 중성자를 포격해 그보다 더 무거운 초우라늄 원소를 만드는 일에 관심이 쏠려 있을 때, 그래서 그 생성물이 우라늄보다 훨씬 가벼운 원소일 것이라는 생각을 아무도 감히 하지 못했을 때 마이트너는 생각의 방향을 완전히 바꾸어 원자핵이 둘로 쪼개질 수 있음을 알아낸 것이다. 지금 우리는 핵분열 현상을 당연하게 여기지만, 그런 생각은 인류 역사상 가장 많은 천재들이 한꺼번에 출현했던 1930년대의 어느 천재도 선뜻 떠올리지 못한 발상의 전환이었다.

오토 한은 실험으로 핵분열을 발견한 공로로 1944년에 노벨 화학상을 받았다. 이때 마이트너가 공동 수상하지 못한 것을 두고 말이 많았다. 마이트너는 물리학상과 화학상 부문에서 마흔아홉 차례나 후보에 올랐지만 결국 수상하지 못했다.[34] 노벨위원회가 꼭 실험에 한정해서 상을 주겠다고 한 것이라면 모르겠지만, 상식적으로는 납득할 수 없는 일이다. 그나마 마이트너의 이름은 109번의 원소 마이트너륨으로 길이 남아 있다. 1979년 글렌 시보그와 앨버트 기오소가 105번 원소의 이름을 오토 한을 기려 하늄이라 명명했으나 최종적으로 105번 원소 이름은 더브늄으로 바뀌었다.

쿠퍼쌍과 초전도성

또 다른 발상의 전환 사례로 쿠퍼쌍Cooper pair을 빼놓을 수 없다. 쿠퍼쌍은 초전도 현상을 설명하는 이론에 등장하는 핵심 개념이다. 초전도 현상이란 간단히 말해 전기저항이 사라지며 외부 자기장을 완전히 밀어내는 현상을 뜻한다. 이런 현상을 보이는 물질을 초전도체라고 한다. 1911년 네덜란드의 물리학자 헤이커 카메를링 오네스가 액체 헬륨을 이용해 극저온에서 금속의 전기저항을 연구하던 도중 최초로 발견했다. 오네스는 헬륨의 녹는점인 절대온도 4.2K 근처에서 수은의 전기저항이 갑자기 사라지는 현상을 발견했다. 오네스는 이 공로로 1913년에 노벨 물리학상을 수상했다.

초전도 현상은 수은, 주석, 납 등 금속에서 많이 관찰되었으나 모든 금속이 초전도성을 보이는 것은 아니다. 또한 합금이나 화합물에서도 초전도 현상이 발견되었다. 니오븀(Nb) 합금은 최초의 합금 초전도체로, 그중 하나인 니오브티타늄(NbTi)은 지금도 초전도체 소재로 많이 쓰이고 있다.

초전도 현상은 특정 온도에서 나타나는데 초전도 현상이 나타나기 시작하는 온도를 임계온도라 한다. 초전도 현상이 나타나는 전류의 양에도 한계가 있어서 전류밀도(단위면적당 전류량)가 어느 값을 넘어서면 초전도 현상은 사라진다. 이 임계값을 임계 전류밀도라 한다.

초전도체에서는 전기저항이 0이므로 일단 초전도체에서 전류가 흐르면 전력 손실이 전혀 없이 계속 전류가 흐른다. 이론적으로는 우주의 나이보다 더 오래 흐를 수 있다. 일상생활에서 초전도체를 마음껏 사용할 수 있다면 우리 삶도 획기적으로 달라질 것이다. 전력 전송이나 저장, 전기모터, 그리고 강력한 자기장이 필요한 곳에서 큰 도움을 줄 것이다. 다만 초전도성이 발현되려면 상온보다 아주 낮은 온도를 유지해야 한다는 점은 여전히 장벽으로 남아 있다. 최근에는 아주 높은 압력에서 임계온도가 상온 가까이 올라왔다는 연구 결과가 발표되었다.

초전도체의 또 다른 중요한 성질은 외부 자기장이 초전도체에 거의 침투하지 못하는 현상이다. 이 현상은 발견자의 이름을 따서 마이스너Meissner 효과라고 불린다. 외부 자기장이 초전도체를 파고드는 깊이를 침투깊이라고 하는데 초전도체에서는 이 값이 극히 작다. 마이스너 효과는 어떤 물질이 초전도 상태로 들어갔음을 알려주는 중요한 지표다. 초전도물질 위에 자석을 올려놓고 액체질소 등으로 냉각했을 때 자석이 공중부양하는 영상을 본 적이 있을 것이다. 초전도물질이 임계온도 이하에서 초전도 상태가 되면서 외부 자기장을 밀어내 자석을 공중부양시킨 것이다. 다만 외부 자기장에도 임계량이 있어서 아주 강력한 자기장이 걸리면 초전도 현상이 사라진다.

초전도 현상이 발견된 이래 이를 설명하기 위한 이론적인 노력도 많았다. 그중에서도 가장 중요한 것이 1957년 미국의 존 바딘, 리언 쿠퍼, 존 슈리퍼가 제안한 이른바 BCS(Bardeen, Cooper, Schrieffer) 이론이다. BCS 이론의 핵심을 간단하게 설명하면 이렇다. 물질 내 전자들이 모종의 상호작용으로 쌍을 이룬다. 이 전자쌍을 쿠퍼쌍이라 부른다. 전자들은 당연히 음의 전기를 갖고 있으므로 두 전자는 전기적으로 반발한다. 이런 전자들이 쌍을 이룬다고 생각하기란 보통의 발상법으로는 불가능하다(쿠퍼쌍에서 전자들이 거리적으로 아주 가까이 붙어 있다는 뜻은 아니다).

전자들이 쌍을 이룰 수 있는 이유는 초전도체 속의 격자구조를 이루는 원자핵들이 양의 전기를 띠고 있기 때문이다. 이들 사이를 음의 전기를 띤 전자가 하나 지나가면 전기적인 인력 때문에 격자들이 약간 전자 쪽으로 쏠린다. 그 결과 부분적으로 전자가 지나가는 경로 주변에는 양전하 밀도가 살짝 높아지게 된다. 이렇게 되면 뒤이어 진행하는 전자를 더 쉽게 끌어들일 수 있다. 전자들의 입장에서 보자면 두 개의 전자가 주변 격자들의 진동을 통해 서로 상호작용을 한 셈이다. 격자들의 이런 진동을 가상의 입자처럼 생각할 수 있는데, 이를 진동자phonon라 한다. 즉 전자들이 진동자를 교환하면서 서로 상호작용한 결과 전기적인 반발력을 이기고 하나의 쌍을 구성한다고 볼 수 있다.

쿠퍼쌍은 왜 초전도 현상을 일으킬까? 쿠퍼쌍이 형성되면 그 인력 때문에 아무래도 단일 전자로 움직일 때보다 주변 격자들로부터 영향을 덜 받는다. 그러나 한두 개의 쿠퍼쌍으로는 초전도 현상이 일어나지 않는다. 초전도 현상은 이런 쿠퍼쌍이 수없이 많이 모여 있는 전체 계의 집단적인 특성이다. 양자역학적으로 보자면 전자는 스핀이 1/2인 페르미온이다. 그러나 전자가 두 개 모인 쿠퍼쌍은 스핀이 정수인 보손과 비슷한 성질을 보인다. 보손은 페르미온과 달리 파울리의 배타원리가 적용되지 않아 한 상태에 여러 보손이 응축돼 있을 수 있다. 쿠퍼쌍도 비슷한 성질을 보이는데 쿠퍼쌍 전체 계의 에너지는 정상상태의 에너지보다 더 낮은 상태에 있을 수 있다. 이는 응축된 쿠퍼쌍 상태를 깨뜨리기 위해 더 큰 에너지가 필요함을 뜻한다. 따라서 주변 격자들의 방해를 더 쉽게 극복하면서 지나갈 수 있다. 그 결과로 초전도성이 나타난다.

이런 맥락에서 보자면 BCS 이론의 핵심적인 결과는 쿠퍼쌍이 어떻게 형성되느냐와는 다소 무관하다. BCS 이론에도 약점이 없는 것은 아니다. 무엇보다 BCS 이론에서는 임계온도가 절대온도 30K 정도로 그리 높지 않다. 온도가 올라가면 쿠퍼쌍이 잘 형성되지 않기 때문이다.

그런데 1986년에 독일의 요하네스 베드노르츠와 스위스의 카를 뮐러가 세라믹 계열의 새 화합물이 35K 근방에서 초전도 현상을 보인다고 발표했다.[35] 이로부터 고온 초전도체 시대가 열렸다. 1995년에는 임계온도 138K의 물질이 학계에 보고되기도 했다. 고온 초전도체 현상은 BCS 이론으로는 충분히 설명할 수 없다. 21세기 들어 홀로그래피 이론을 이용해 고온 초전도체를 설명하는 노력들이 있었다.

바딘과 쿠퍼, 슈리퍼는 BCS 이론을 정립한 공로로 1972년 노벨 물리학상을 수상했다. 바딘은 1948년 트랜지스터를 개발한 연구에도 참여해 그 공로로 1956년에 이미 노벨상을 받은 적이 있었다. 아직까지 노벨 물리학상을 두 번 이상 받은 사람은 바딘이 유일하다. 고온 초전도체의 시대를 열었던 베드노르츠와 뮐러는 논문을 발표한 이듬해인 1987년에 노벨 물리학상을 받았다.

2장

역발상, 뒤집어 생각하기

과학을 연구하면서 혁명적 발상의 카타르시스를 가장 극적으로 보여주는 경우는 바로 역발상으로 대박 나는 경우가 아닐까 싶다. 물론 역발상 또한 넓게 보자면 앞 장에서 다룬 발상의 전환이라는 범주에 속하지만 그 극적인 카타르시스 때문에 좁은 의미의 역발상 사례를 별도의 항목으로 뽑아보았다. 앞으로 소개할 사례들을 보면 단순히 생각의 방향을 크게 바꾼 것 이상의 의미를 발견하게 될 것이다.

패러데이의 모터와 발전기

처음으로 소개할 사례는 전기에 관한 것이다. 19세기는 이탈리아의 알레산드로 볼타가 전지를 개발하면서 시작되었다. 전지를 만들었다는 것은 전류가 안정적으로 흐르는 도구가 생겼다는 의미다. 이로써 과학자들이 좀 더 수월하게 전기 현상을 연구할 수 있게 되었다. 덴마크의 한스 크리스티안 외르스테드는 1820년에 우연히 전류가 흐르는 도선 주변의 나침반 바늘이 움직이는 것을 알게 되었다. 나침반 바늘이 움직였다는 것은 어디선가 자석과 같은 효과가 작동했다는 뜻이다. 전류를 끊자 나침반 바늘이 원래 위치로 돌아갔으니 그 자석 효과는 분명 전류가 흐르는 도선 때문임이 명확했다. 즉 도선에 전류가 흐르면 주변에 자기장이 형성된다. 이는 무척 놀라운 결과였다. 그때까지 전기와 자기는 전혀 다른 두 현상으로 인식하고 있었기 때문이다. 외르스테드가 발견한 이 신기한 현상에 관한 소식은 곧 유럽 전역으로 퍼졌다. 프랑스의 장바티스트 비오와 펠릭스 사바르는 전류가 흐르는 도선 주변에서 자기장이 어떻게 형성되는지를 수학적으로 공식화했다.

영국의 마이클 패러데이는 외르스테드가 발견한 현상을 연구하다가 전류가 흐르는 도선이 자석 주위를 계속 도는 현상을 발견했다(비슷한 시기에 윌리엄 울러스턴과 험프리 데이비도 전기모터를 연구했다). 이것이 바로 전동기, 즉 모터다. 요즘은 유튜브에서 검색해보면 건전지와 도선, 자석을 이용해 패러데이가 발견한 것과 비슷한 모터를 바로 만들어볼 수 있다. 모터는 전기에너지를 운동에너지로 바꾸는 장치다. 모터의 회전운동을 잘 활용하면 인간의 노동을 대신하게 할 수 있다 예컨대 세탁기, 냉장고, 그리고 지금은 전기자동차에도 모터가 들어가 있다.

그렇다면 한 가지 궁금증이 생긴다. 전류가 흐르는 도선이 주변에 자석과 같은 효과를 만들 수 있다면, 자석이 도선에 전류를 흐르게 할 수도 있지 않을까? 이런 접근법이 내가 생각하는 대표적인 역발상이다. 단지 발상을 정반대로 바꾸는 것과는 또 다르게, 어떤 하나의 원리를 대칭적으로 역적용하는 것이다. 물론 외르스테드 이후

1820년대에 많은 과학자들이 이런 생각을 떠올렸고 자석으로부터 전류를 유도하려는 노력을 기울였다. 당연하게도 이런 식의 역발상이 모두 우리 우주에서 구현되는 것은 아니다. 예컨대 전기와 자기 현상은 대단히 비슷하고 대칭적임에도 불구하고 완전히 대칭적이지는 않다. 어느 발상이나 마찬가지이겠지만, 발상의 완성은 현실적 구현이다. 마이클 패러데이는 그 일을 해냈다. 1831년의 일이었다.

패러데이는 쇠고리를 준비해 그 일부분을 코일로 감아 전지와 연결했다. 그 반대편에도 마찬가지로 코일을 감아 이번에는 검류계와 연결했다. 쇠고리를 기준으로 양쪽의 코일은 연결되지 않고 떨어져 있다. 패러데이가 한쪽 코일을 전지에 연결하는 순간 반대편 코일과 연결된 검류계의 눈금이 움직였다가 다시 0으로 돌아갔다. 전지와 연결되지 않은 도선에 순간적으로 전류가 유도된 것이다. 이후 패러데이는 막대자석을 이용해 도선에 전류를 유도하는 데 성공하기도 했다.[36] 여기서 중요한 점은 도선 주변 자기장이 시간에 따라 변해야 한다는 것이다. 더 엄밀히 말하자면 도선이 둘러싼 면적을 뚫고 지나가는 자기장의 자력선속•이 시간에 따라 변해야 한다. 첫 실험에서는 전지에 연결된 코일이 자석 역할을 한 것이다. 전지에 코일을 연결하는 순간 없던 자기장이 생기면서 반대편에 전류가 유도된다. 그러나 도선이 계속 전지에 연결돼 있으면 자기장이 시간에 따라 변하지 않으므로 전류가 계속 유도되지 않는다. 영구자석도 마찬가지다.

• 자기력선 다발. 어떤 가상의 곡면에 작용하는 총 자기력을 나타내는 물리량이다. 곡면의 넓이와 곡면에 대해 수직인 자기장 성분의 곱으로 구한다.

자석이 고리 모양의 도선 속을 계속 움직여야 도선에 전류가 흐른다. 이것이 바로 전자기 유도 현상이다. 지금 우리가 전기를 만드는 발전기의 원리이기도 하다.

드브로이 물질파

또 다른 사례는 양자역학이 한창 형성되고 있던 1920년대 초반의 이야기다. 이 무렵이면 이미 아인슈타인의 광양자 가설(1905)이 널리 받아들여지고, 닐스 보어의 원자모형이 제시된 지도 10년쯤 되는 때였다. 그러나 베르너 하이젠베르크가 뉴턴역학과는 완전히 다른 역학체계를 들고 나오기(1925) 전이었다.

광양자 가설은 빛, 즉 전자기파도 일종의 입자라고 주장한다. 빛은 플랑크 상수 h와 빛의 진동수 v를 곱한 hv라는 양만큼 덩어리진 에너지를 가진다. 플랑크가 흑체복사를 설명하기 위해 흑체 내부의 가상의 진동자에 적용했던 가설을 아인슈타인은 실제 전자기파에 그대로 적용해 광전효과••를 성공적으로 설명했다. 19세기를 거치며 빛은 파동임이 굳건해졌는데 갑자기 빛이 입자라니, 모두가 당황할 수밖에 없었다. 혁명적인 아이디어나 패러다임이 도입되면 처음에는 아무래도 거부감을 보이는 사람이 많다. 어떤 이들은 구경꾼 또는 방관자적인 입장을 취하기도 한다.

•• 물질에 전자기파를 쏘았을 때 전자가 방출되는 현상.

그런 교착상태를 돌파하는 것은 소수의 선각자들이다. 이들은 오히려 적극적으로 새로운 패러다임을 도입해 극한까지 밀어붙인다. 앙시앵레짐을 고집하는 사람들의 눈에는 그런 막장 드라마도 없을 것이다.

프랑스의 루이 드브로이는 말하자면 '막장 드라마'를 이끌었던 선각자 중 한 명이었다. 드브로이는 다소 늦은 나이에 박사학위 논문을 준비하면서 아인슈타인의 광양자 가설($E=h\nu$)과 특수상대성이론에서의 질량-에너지 등가 방정식($E=mc^2$)을 함께 고민하고 있었다. 만약 빛이 입자적 성질을 갖고 있다면, 빛을 기술하는 여러 방정식들은 전통적인 입자, 예컨대 전자에도 적용할 수 있을 것이다. 빛은 파장을 갖고 있지만 동시에 파장에 반비례하는 에너지를 불연속적으로 가지고 있다. 바로 이 관점을 전자에 적용하면 어떨까? 그렇다면 덩어리진 입자로 행동하는 전자도 빛처럼 파장을 가질 수 있지 않을까?[37]

그러니까 드브로이는 전통적인 파동인 빛이 입자적 성질을 갖고 있다면, 전통적인 입자인 전자도 파동적 성질을 가질 것이라고 과감하게 가정한 것이다. 이런 의미에서 드브로이의 시도는 역발상에 해당한다. 빛에 적용되는 원리를 거꾸로 입자에도 적용해 큰 성공을 거두었기 때문이다. 전자가 파동적 성질을 갖는다는 것은 전자도 일정한 파장을 가진다는 뜻이다. 앞서 아인슈타인의 공식 $E=mc^2$은 0이 아닌 질량을 가진 입자에 적용되는 공식이다. 빛은 질량이 없기 때문에 이 공식을 그대로 쓸 수 없다. 다만 빛은 질량이 없지만 운동량을 가질 수 있다. 일반적으로 운동량 p를 가진 물체의 상대론적인 에너지는 $E=\sqrt{p^2c^2+m^2c^4}$ 으로 주어진다. 이 관계식은 질량이 없는

$(m=0)$ 빛에도 적용할 수 있다. 따라서 빛이 가지는 에너지는 $E=pc$로 주어진다. 이 식과 광양자 관계식을 연결하면 $c/\nu=\lambda=h/p$의 결과를 얻게 된다. 여기서 λ는 진동수 ν에 상응하는 파장이다. 드브로이는 이 관계가 전자 같은 입자에도 똑같이 적용된다는 파격적인 주장을 내놓았다. 이처럼 입자가 갖는 파동적 성질을 물질파matter wave라고 한다.

거시적인 야구공 같은 물질은 운동량이 대단히 크기 때문에 파장의 분모가 커지므로(게다가 분자인 플랑크 상수는 원래 엄청나게 작은 숫자다), 그에 상응하는 물질파의 파장은 대단히 짧다. 그래서 실질적인 파동으로서의 의미를 갖기 어렵다. 그러나 질량이 굉장히 작은 전자의 운동량은 상당히 작기 때문에 물리적으로 유의미한 파장을 가질 수 있다. 앞서 소개했던 데이비슨-저머는 바로 그 전자의 파동을 우연히 본 것이다.

드브로이의 물질파는 10년쯤 전인 1913년에 닐스 보어가 제시한 원자모형을 어느 정도 뒷받침하는 역할을 했다. 보어의 원자모형은 원자가 보이는 불연속적인 선스펙트럼을 설명하기 위해 다소 임의적인 요소들을 도입했다. 즉 원자 속의 전자는 특정한 궤도에서만 안정적으로 존재하는데, 그 궤도는 전자의 각운동량이 플랑크 상수의 정수배를 만족하는 불연속적인 궤도라는 것이다. 그리고 두 궤도 사이의 에너지 차이만큼을 광자의 형태로 흡수하거나 방출하면 궤도를 옮겨갈 수 있으며, 이때 흡수하거나 방출되는 광자의 에너지는 광양자 가설을 만족한다.

보어의 각운동량 양자화 가설에 드브로이의 물질파 파장을 대입하

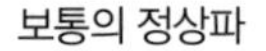

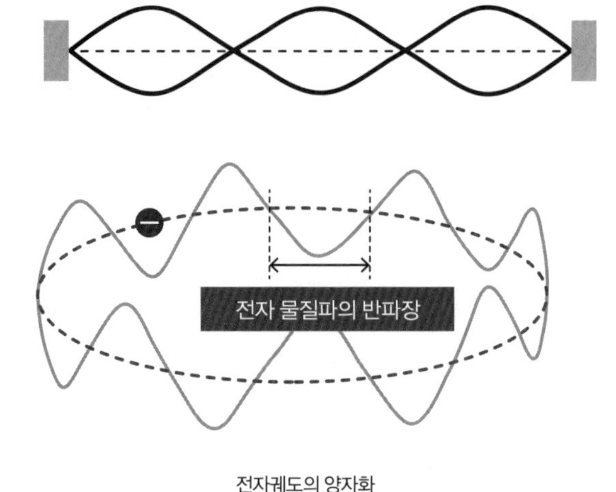

전자궤도의 양자화

면 흥미로운 결과를 얻게 된다. 즉 전자의 궤도 둘레가 항상 전자 물질파 파장의 정수배와 일치한다. 이는 파동으로서의 전자가 자신의 원형 궤도상에서 일종의 정상파standing wave로만 존재함을 뜻한다. 정상파란 기타의 줄처럼 양끝이 고정된 채로 진동하며 어느 방향으로도 진행하지 않는 파동을 뜻한다. 정상파는 양끝이 고정돼 있으므로 정상파가 형성된다는 것은 파동의 고정된 길이 자체가 파장의 절반의 정수배일 때만 가능한 일이다. 전자의 경우는 고정된 기타 줄이 그대로 원형으로 휘어진 것이라고 할 수 있다.

드브로이는 자신의 결과를 정리해 1924년 소르본대학교 박사학위 논문으로 제출했다. 그러나 그 내용이 너무 파격적이어서 심사위원들은 당황할 수밖에 없었다. 심사위원 중 한 명이었던 폴 랑주뱅은 드브로이의 논문을 아인슈타인에게 보내 자문을 구했다. 아인슈타인은 드브로이의 논문이 물리학에 드리워졌던 큰 베일을 걷어낸 것과 도 같다는 찬사로 응답했다. 논문은 통과되었고, 드브로이는 무사히 박사학위를 받았다. 그리고 전자의 파동적 성질을 발견한 공로를 인정받아 1929년에 노벨 물리학상을 받았다.[36]

드브로이의 물질파는 에르빈 슈뢰딩거에게도 영감을 주었다. 1925년 드브로이의 논문을 접한 슈뢰딩거는 크게 감명을 받았는데 마침 취리히연방공과대학교에서 드브로이의 논문을 주제로 발표할 기회가 있었다. 그 자리를 마련했던 피터 디바이는 당시 다른 많은 학계의 과학자들처럼 드브로이의 이론에 회의적이었다. 만약 전자가 파동이라면 그에 합당한 파동방정식이 있어야 한다는 입장이었다. 이 말을 놓치지 않았던 슈뢰딩거는 그해 크리스마스 휴가 여행 때 새로운 파동방정식을 구축했다. 그 결과로 1926년 슈뢰딩거는 자신의 이름이 새겨진 불멸의 방정식('슈뢰딩거 방정식')을 세상에 선보였다. 슈뢰딩거 방정식은 한 해 전에 하이젠베르크가 발표한 행렬역학과 동등하지만 좀 더 쉽게 방정식을 풀어 양자역학적인 상태를 구할 수 있다. 과도기적이고 준고전적인 보어의 원자모형이 드브로이의 물질파를 징검다리 삼아 슈뢰딩거의 파동역학으로 발전할 수 있었던 것이다.

전통적으로 파동이라 생각해온 빛이 입자의 성질을 갖고 있고, 반면 평범한 입자라고 생각했던 전자도 파동적 성질을 갖고 있는 이런 모습을 입자-파동의 이중성이라 한다. 입자-파동의 이중성은 빛의 입자성만으로는 부족했을 것이다. 전자의 파동성이 뒷받침돼야 비로소 우리는 입자-파동의 이중성이라는 말을 온전하게 쓸 수 있다. 이런 관점에서 보자면 드브로이가 물질파의 개념을 생각해낸 것은 필연적이었는지도 모르겠다.

끈풍경과 다중우주

아주 전형적인 역발상도 하나쯤 소개해야겠다. 이는 21세기 초 끈이론과 관계가 있다. 3부 2장에서 잠깐 소개했듯이 끈이론이란 세상만물의 기본 단위가 0차원의 점입자가 아니라 1차원적인 끈이라는 가정에서 출발한 이론으로서 그 1차원적 끈에 대한 양자장론이다. 끈이론이 수학적으로 일관된 이론이 되려면 초대칭성이 있는 초끈이론의 경우 시공간의 차원이 10차원(시간 1차원+공간 9차원)이어야 한다. 그러나 우리가 일상에서 경험하는 공간은 3차원밖에 없다. 그렇다고 해서 끈이론이 틀렸다는 결론에 곧바로 이르지는 않는다. 나머지 6차원이 굉장히 작은 스케일로 돌돌 말려 있으면 우리가 알아차릴 수 없다. 가느다란 낚싯줄을 멀리서 보면 1차원의 줄이지만 가까이서 보면 유한한 두께를 감지할 수 있는 것과 비슷한 이치다. 다만 숨겨진 6차원의 구조물은 우리에게 익숙한 기하학적 형태가 아니라 칼라비-야우 공간Calabi-Yau space, 또는 칼라비-야우 다양체Calabi-Yau manifold라는 다소 복잡한 구조물이다.

끈이론이 각광을 받은 이유는 자체적으로 중력을 기술하는 요소(닫힌 끈)를 포함하고 있기 때문이다. 2부에서도 말했지만 현대 물리학의 두 기둥인 상대성이론과 양자역학은 서로 궁합이 잘 맞지 않는다. 특수상대성이론은 양자역학과 잘 어울려 상대론적 양자역학과 양자장론으로 발전했지만, 중력이론인 일반상대성이론은 양자역학과 전혀 어울리지 않는다. 달리 표현하자면 중력을 양자역학적으로 전혀 이해하지 못하고 있다고도 할 수 있다. 양자역학적인 중력이론을 양자중력이론이라 하는데, 이는 20세기는 물론 지금도 물리학의 가장 큰 과제 중 하나다. 그런데 1차원 끈에 대한 양자역학적 이론인 끈이론에 중력을 기술하는 요소가 포함돼 있으니 현대 물리학의 두 기둥을 하나로 통합하는 과업이 끈이론으로 달성될 것이라는 기대가 높을 수밖에 없었다.

한편 1990년대 중반까지 수학적으로 일관된 끈이론이 다섯 가지 알려져 있었다. 1995년 에드워드 위튼은 다섯 개의 끈이론이 모두 11차원의 관점에서 봤을 때 서로 연결돼 있다고 주장했다. 즉 다섯 개의 끈이론은 11차원의 아직 알려지지 않은 이른바 'M이론'의 서로 다른 모습이라는 것이다. 이 시기를 2차 끈이론 혁명이라 부른다.

2차 끈이론 혁명은 20세기 말이라는 시기와 맞물리며 물리학에서의 궁극의 이론, 최종 이론, 또는 모든 것의 이론에 대한 기대감을 높였다. 이런 분위기는 100년 전인 1890년대 중반과도 비슷했다. 그러나 상황은 21세기 들어서면서 미묘하게 달라졌다. 6차원의 칼라비-야우 공간을 거시적으로는 알아채지 못하게 미시적으로 우겨넣는 과정을 조밀화compactification라고 한다. 문제는 수학적으로 가능한 칼라비-야우 공간이 수백만 개인 데다 하나의 칼라비-야우 공간의 형태를 결정하는 계수인 모듈라이moduli가 수백 개나 된다는 점이다. 설상가상으로 칼라비-야우 공간을 휘감거나 그 속에 존재할 수 있는 도넛 구멍 같은 구멍들을 뚫고 지나가는 선속flux에 따라 끈이론은 서로 다른 진공상태를 가진다. 여기서 진공상태란 아무것도 없는 상태가 아니라 어떤 물리적 상태가 발생할 수 있는 배경 또는 출발점을 뜻한다. 그러니까 끈이론에서 가능한 풀이(해)의 개수가 상당히 많을 수 있다.

문제는 그 개수가 천문학적으로 많다는 것이다. 적게는 10^{500}에서 많게는 10^{10^5}도 가능하다. 이렇게 많은 가능한 진공상태를 레너드 서스킨드는 풍경landscape이라 명명했다.[37] 이렇게 많은 진공상태의 풍경이 왜 문제가 되냐 하면, 세기말의 기대로는 끈이론(또는 M이론)이 모든 것의 이론으로서 자리매김해 입자물리학의 표준모형이 구현되는 진공상태를 어렵지 않게 구현할 것으로 생각했기 때문이다. 그러나 모순 없이 가능한 끈이론의 풀이가 풍경처럼 많다면 대체 그중에 어느 풀이가 우리 우주에 해당하는지, 이를 가려낼 새로운 물리법칙이나 선택의 규칙이 필요할지도 모른다. 이는 유일무이한 끈이론을 꿈꾸었던 과학자들에게는 재앙이나 마찬가지였다.

서스킨드는 여기서 발상을 뒤집었다. 그는 수많은 진공상태로서의 끈이론 풍경을 재앙이나 '고뇌의 근원'이 아니라 끈이론의 가장 중요하고 강력한 특성으로 여겼다. 고뇌의 근원은 '유일무이한 끈이론'을 추구하는 것이었다. 서스킨드는 이를 '영원히 멀어지는 신기루'로 치부했다. 나아가 그 넓은 풍경 속에서 우리 우주와 부합하는 하나의 풀이를 고르는 원리나 규칙 따위는 없으며, 애초에 그런 질문 자체가 잘못되었다고 주장했다.[40]

대신 수많은 가능성을 가진 진공상태들이 풍경처럼 펼쳐져 있을 뿐이다. 각각의 진공상태는 서로 다른 우주에 해당할 수 있다. 즉 끈 풍경은 다중우주multiverse의 강력한 모티프가 된다. 다중우주는 수많은 우주들이 모인 집합체다. 또한 각 진공상태에서는 끈이론의 기본 원리를 만족하는 한 다른 물리상수들이 제각각 다른 값을 가질 수도 있다. 그렇다면 다중우주 전체로 봤을 때 어떤 물리상수가 10^{500}개에 달하는 각각의 우주마다 10^{500}가지의 값을 가지게 되는 셈이다. 우리는 우연히 그중의 하나에 살고 있을 뿐이다. 심지어 다중우주의 다양성을 더 적극적으로 용인한다면 각 우주마다 물리법칙도 모두 다를 수 있다.

서스킨드는 왜 발상을 뒤집었을까? 여기에는 미세조정의 문제와 이른바 인류원리anthropic principle가 크게 작용했다.

"나는 자연의 미세조정에 대한 유일하고 합리적인 설명은 끈이론과 모종의 인류원리적 추론을 필요로 한다고 결론 내렸다."[41]

미세조정과 인류원리는 6부 5장에서 다시 자세히 다룰 것이다. 여기서는 기본적인 아이디어만 살펴보자. 이 우주를 설명하는 여러 물리상수들은 하필 우리 인간이라는 생명체가 존재하기에 아주 적합한 값으로 굉장히 세밀하게 조정된 것처럼 보인다. 이런 사실은 신의 존재를 믿는 종교인들에게 희소식일지도 모른다. 과학자들은 과학적인 근거로 자연의 상수들이 왜 그런 값을 가지는지 설명하려고 한다.

하지만 만약 또 다른 우주가 10^{500}개나 존재한다면 자연의 상수들이 왜 하필 그런 값을 가졌는지 굳이 설명할 필요가 없다. 각 우주마다 자연 상수들이 수많은 다양한 값들의 조합을 가지고 있을 것이고, 우리는 그냥 그중 하나에 살고 있기 때문이다. 왜 하필 우리가 이런 우주에 살고 있는가 하면, 자연의 상수가 이런 식으로 세팅된 우주에서 우리 같은 생명체가 탄생해 진화하기에 적합하기 때문이다. 이는 마치 왜 지구와 태양 사이의 거리가 1억 5000만 킬로미터인가라는 질문에 답을 하는 것과 비슷하다. 그 정도의 거리가 우리 인간 같은 생명체가 생기고 살아가기에 가장 적합했기 때문이다. 우리는 우연히도 태양계의 행성 중에 그런 조건을 가진 세 번째 행성에 살고 있을 뿐이다. 이처럼 인간의 존재 자체를 근거로 자연현상을 설명하려는 시도를 인류원리라 한다.

방금 논의한 간단한 사례에서 봤듯이 10^{500}개나 되는 진공상태가 존재한다면 그 어떤 미세조정의 문제도 끈풍경에서는 크게 문제가 되지 않는다. 어떤 자연의 상수가 과학자들이 예상했던 값보다, 또는 자연스럽게 여기는 값보다 10^{100} 정도 차이가 난다 하더라도 아무런 문제가 없다. 10^{500}개나 되는 진공상태 속에는 분명히 10^{100} 정도 차이가 나는 우주가 반드시 있을 것이기 때문이다.

이런 맥락에서 보자면 끈이론의 수없이 많은 진공상태는 재앙이라기보다 오히려 축복에 가깝다. 서스킨드는 유일무이한 궁극의 이론이라는 관점을 폐기하면서 "자연의 미세조정에 대한 유일하고 합리적인 설명은 끈이론과 모종의 인류원리적 추론을 필요로 한다고 결론 내렸다."[42]

물론 아직 끈이론이 올바른 자연의 이론이라거나 다중우주에 대한 증거가 있는 것은 아니다. 스티븐 호킹을 비롯해 서스킨드의 입장에 동조한 과학자들이 많지만 반대하는 입장도 만만치 않다. 따라서 서스킨드의 역발상은 아직은 미완으로 남아 있는 상태다. 스티븐 호킹은《위대한 설계》에서 "우리는 과학사의 전환점에 도달한 듯하다. 물리 이론의 목표와 조건에 대한 우리의 생각을 바꾸어야 할 때가 된 성싶다는 말이다"라고 역설했다.[43] 훗날 호킹의 주장이 사실로 밝혀진다면 끈풍경이라는 서스킨드의 역발상은 과학사적 전환점을 만든 역발상으로 기억되지 않을까 싶다.

3장

직관과 어긋나도록 생각의 회로를 틀기

현대 물리학이 어려운 이유

과학자들이 혁명적인 발상을 한다는 것은 생각의 회로를 바꾸는 것과도 같다. 내가 '생각의 회로를 바꾼다'는 표현을 좋아하는 데에는 특별한 이유가 있다. 과학계에서 큰 뉴스가 나오거나 노벨상 수상자가 발표되면 기자들로부터 해당 내용을 "초등학생도 이해할 수 있게 쉽게 설명해주세요"라는 요청을 많이 받는다. 외부 강연을 다닐 때도 마찬가지다. 현대 물리학은 너무 어려우니까 초등학생도 이해할 수 있게 쉽게 설명해달라는 요청이 수시로 따라 붙었다. 한동안은 이런 요청에 부응하려고 노력했으나 그게 사실상 불가능하다는 것을 이미 알고 있었다. 다만 그게 왜 어려운지를 기자나 강연 요청자나 청중에게 설득하기가 쉽지 않았다.

그러다가 서스킨드의 《블랙홀 전쟁》을 번역할 기회가 있었는데, 그 책에 적혀 있던 한 단어가 머릿속에 콕 박혔다. 'rewire.' 전선과 같이 이미 갖추어져 익숙해진 회로를 재배선한다는 뜻이다. 20세기의 시작과 함께 새로운 물리학의 물결이 몰아칠 때 당대 최고의 과학자들도 그 새로운 물결(주로 상대성이론과 양자역학)을 따라가기 위해 생각의 회로를 바꾸어야만 했다는 이야기였다. 아인슈타인은 그 두 물결 모두에서 주도적인 역할을 했던 인물이지만 결과적으로 양자역학의 교리를 끝내 받아들이지 않았다. 그러니까 천하의 아인슈타인조차도 생각의 회로를 쉽게 바꾸지 못했던 셈이다.

생각의 회로를 바꾼다는 것은 오랜 세월에 걸쳐 지금 우리 인간을 있게 한 진화의 압력을 극복한다는 뜻이다. 인간의 생각 회로는 거시적인 세계를 직관적으로 이해하도록 진화해왔다. 당연하게도 그것이 생존에 유리하기 때문이다. 우리가 이 험난한 자연에서 살아남으려면 수없이 많은 입자와 세포들이 모여 이룬, 복잡하고 거대하기 이를 데 없는 생명체와 자연현상을 직관적으로 쉽게 받아들이는 것이 세포 하나하나, 분자나 원자 하나하나의 움직임을 직관적으로 감지하는 것보다 훨씬 더 중요하다. 인간의 생각의 회로는 거기에 적합하게끔 최소 수십만 년에서 길게는 수백만 년에 걸쳐 진화해왔다.

이런 진화의 압력을 이긴다는 것은 쉬운 일이 아니다. 졸리면 자야 하고, 배고프면 먹어야 한다. 다이어트를 시도해본 사람이라면 배고픔을 이기는 것이 얼마나 고통스러운 일인지 잘 알 것이다. 생각의 회로를 바꾸는 것도 그와 비슷하다. 이미 400년 전에 갈릴레이가 볼링공과 깃털이 동시에 떨어진다고 설파했지만 우리는 그 말이 옳다는 걸 알면서도 진공상태에서 볼링공과 깃털이 동시에 떨어지는 영상을 보면 신기하고 놀랍다는 느낌을 지울 수 없다. 적어도 진화의 압력이 강요하는 생각의 회로에서는 볼링공과 깃털의 동시 낙하가 전혀 자연스럽지 않다.

생각의 회로를 바꾼다는 것은 물론 외과수술로 머리를 열고 뇌신경의 배선을 바꾼다는 뜻이 아니다. 그렇다면 대체 어떻게 생각의 회로를 바꿀 수 있을까? 생각의 회로를 바꾼다는 게 정확하게는 어떤 뜻일까?

우주의 언어로 기술한 상대성이론

앞서 소개했던 특수상대성이론을 다시 떠올려보자. 아인슈타인은 상대성이론에서 똑같음의 기준을 바꾸었다고 했다. 즉 관성좌표계에서 물리법칙이 같아야 하고 광속 또한 변하지 않아야 한다. 그 대가로 우리에게 익숙한 상대속도의 덧셈은 달라져야 하고 무엇보다 상대적인 운동과 상관없이 언제나 절대적인 의미를 부여받았던 시간과 공간도 운동 상태에 따라 다이내믹하게 달라져야 한다. 이를 달리 표현하자면, 특수상대성이론은 인간에게 익숙한 시간과 공간이라는 개념이 아니라 광속이라는 개념을 중심으로 구축된 새로운 이론이다. 시간과 공간은 우리에게 너무나 익숙해서 태초부터 이 우주에 붙박이로 고정돼 있으며 운동 상태와 상관없이 누구에게나 똑같이 절대적으로 적용되는 것으로 여겨져왔다. 그러나 인간에게 익숙하고 편리한 개념이라고 해서 우주의 근본적인 원리를 담지하고 있을 이유는 없다. 과학은 인간을 위한 것이 아니라 자연을 위한 것이다. 따라서 자연을 올바로 기술하려면 인간의 언어가 아니라 자연의 언어로 기술해야 한다. 인간의 언어는 단지 번역된 언어일 뿐이다.

그러니까 아인슈타인은 시간과 공간이라는 개념이 우리 우주 본연의 언어가 아니라 인간의 번역어일 뿐임을 밝히고 새로운 우주 본연의 언어를 발견해 그 언어로 우주를 다시 기술한 셈이다. 우주 본연의 언어란 바로 광속이었다. 아인슈타인은 광속이 매우 특별해서 갈릴레이식의 속도 덧셈법이 적용되지 않음을 간파했다. 그래서 광속은 어떤 관성좌표계에서도 변하지 않는다는 점을 새로운 이론의 전제조건으로 제시했다. 이는 곧 아인슈타인이 우주의 언어로서의 광속을 인식했다는 뜻이다.

그렇다면 이전까지 시간과 공간이라는 인간의 언어로 자연을 기술하던 것을 뒤집어서, 우주의 언어인 광속을 중심으로 다시 자연을 기술해야 한다. 그리고 광속으로부터 다시 인간의 언어인 시간과 공간을 '번역'해야 한다. 원래 광속은 간단히 말해 빛이 진공 속에서 이동한 거리를 이동하는 데 걸린 시간으로 나누면 된다(인간은 이렇게 광속이라는 우주의 단어를 시간과 공간이라는 인간의 언어로 '번역'해서 이해하고 있었다). 그래서 절대적인 시간과 공간 속에서는 광속이 자동차나 에스컬레이터의 속도처럼 쉽게 더하고 뺄 수 있는 양으로 받아들여졌던 것이다.

아인슈타인은 우주의 언어인 광속으로 우주를 기술하고 그로부터 인간의 언어인 시간과 공간을 다시 번역해냈다. 그러고 보니까 시간과 공간이 절대적이지 않고 운동 상태에 따라 마구 변하게 된 것이다. 그것이 특수상대성이론이다. 생각의 회로를 바꾼다는 건 이런 의미다. 비록 양자역학에 대해서는 생각의 회로를 바꾸지 못했지만 적어도 시간과 공간을 이해하는 데에 있어서 아인슈타인이 진화의 압력을 이기고 생각의 회로를 획기적으로 재배선한 최초의 사람임은 부인하기 어렵다. 20세기 초 상대성이론과 양자역학으로 과학혁명을 이끌었던 새로운 지식은 인간의 언어를 벗어난 자연의 언어를 받아들이고 철저하게 그 규칙에 따라 다시 자연을 기술하면서 시간과 공간에 대한 우리의 사고방식을 재배선했다.

미시세계의 새로운 규칙, 양자역학

자연의 언어로 생각의 회로를 재배선하는 과업은 양자역학에서 특히 쉽지 않았다. 원자 이하의 미시세계를 탐색하던 과학자들은 거시세계와 너무나 다른 모습에 몹시 당황할 수밖에 없었다. 그러다 어느 순간, 인간의 언어 자체가 거시적인 세상에 부합하도록 발달된 것이며 따라서 미시세계를 기술하는 데는 인간의 언어가 적합하지 않다는 것을 깨닫게 되었다. 따지고 보면 이는 당연한 귀결이다. 같은 인간의 언어라도 환경과 문화에 따라 발달하는 어휘가 달라지게 마련이다. 인류가 여태 한 번도 직접 겪어본 적이 없는 미시세계에 적합한 언어가 있을 리 만무하다.

앞서 소개했던 입자-파동의 이중성을 예로 들어보자. 입자나 파동은 인간에게 편리한 말이다. 상대성이론에서와 마찬가지로 인간에게 편리하고 익숙한 개념이 자연의 근본 원리를 담지하고 있을 이유는 없다. 빛은 왜 입자이면서 동시에 파동의 성질도 보이는 것일까? 이런 질문은 지극히 인간 중심적인 사고에서 나온 것이다. 입자나 파동이라는 인간적인 틀에 빛을 억지로 꿰맞추려는 시도이기 때문이다. 여기서 생각의 회로를 바꾸면 어떻게 될까? 빛은 빛이고 전자는 전자일 뿐이다. 그것이 자연의 언어다. 이를 인간의 언어인 입자나 파동으로 번역을 하다 보니 문제가 생겼다. 입자나 파동이라는 개념으로는 빛의 모습을 온전히 담아낼 수가 없었던 것이다. 그러니까 빛은 왜 입자이면서 동시에 파동의 성질을 갖는가라는 질문은 거시적인 인간 언어의 한계를 스스로 드러내는 증거일 뿐이다. 실제로 빛이나 전자를 수학적으로 기술할 때는 입자적 요소와 파동적 요소가 함께 들어간다. 자연의 언어를 인간의 언어로 번역하는 과정에서 발생하는 필연적인 불일치라 할 수 있다.

물리적 대상을 지칭하는 단어부터 이럴진대 그 대상들이 펼치는 놀라운 활약상을 거시세계의 규칙에 익숙한 우리의 뇌 회로가 자연스럽게 받아들일 리가 없다. 양자역학을 처음 접할 때 가장 받아들이기 힘든 대목은 확률론적 해석과 측정가설일 것이다. 1925년에 하이젠베르크가 행렬을 이용해 미시세계에 적합한 새로운 역학체계(이른바 행렬역학)를 정립하고, 이듬해에 슈뢰딩거가 그와 동등한 파동 방정식, 즉 슈뢰딩거 방정식을 제시했다. 슈뢰딩거 방정식은 파동함수wave function라 불리는 어떤 함수에 대한 2차 미분방정식으로 과학자들에게 아주 친숙한 형태였다. 문제는 파동함수의 실체가 무엇인가였다. 예컨대 수소원자의 전자를 기술하는 파동함수의 물리적인 의미는 무엇일까? 방정식을 발견한 장본인인 슈뢰딩거는 파동함수가 전자의 실체와 직결되는 것으로 여겼다. 독일 괴팅겐대학교의 막스 보른은 파동함수에 대해 획기적인 해석을 내놓았다. 보른에 따르면 전자의 파동함수는 전자의 존재에 대한 확률적인 정보를 제공한다. 더 정확하게 말하자면, 일반적으로 복소수로 주어지는 파동함수의 복소제곱을 특정 영역에 대해 적분하면 그 결과는 그 영역에 전자가 존재할 확률이 된다. 이는 뉴턴역학에서는 상상할 수도 없는 놀라운 해석이다.

고전역학에서 확률을 전혀 도입하지 않았던 것은 아니다. 19세기에는 열 현상을 분자 수준에서 수많은 분자들의 운동으로 기술하기 시작했다. 이때 수많은 분자들 각각의 움직임을 추적하기보다 이들 전체를 통계적으로 분석하는 것이 유효하다. 이것이 통계역학이다. 여기서 확률이 들어간다. 그런데 보른의 해석에서는 전자 하나의 존재가 확률적으로 주어진다. 이 둘은 근본적으로 다르다. 통계역학에서는 전체 계를 구성하는 개별 입자들이 뉴턴역학의 동역학적 방정식에 따라 결정론적으로 움직인다. 반면 보른의 해석에서는 예컨대 전자가 확률적으로만 존재할 뿐이다. 아인슈타인은 확률론적 해석을 극도로 싫어해서 "신은 주사위놀이 따위는 하지 않는다"라는 유명한 말을 남겼다. 그러자 보어는 신에게 이래라저래라 하지 말라고 대꾸했다고 한다.

전자가 확률적으로 존재할 경우 고전역학에서는 상상할 수도 없는 현상이 일어날 수 있다. 예를 들어보자. 공을 벽에 던지면 공이 튕겨 나온다. 공을 벽 너머로 높이 던지거나 벽을 아예 뚫고 지나갈 만큼 강력하게 던지지 않는다면 공은 반드시 튕겨 나온다. 이것이 고전역학이다. 전자에도 그런 환경을 만들어줄 수 있다. 그러나 전자는 확률적으로 존재한다. 전자를 가둬두는 퍼텐셜 장벽이 유한하면 전자의 파동함수는 장벽 너머로 빠져나갈 수 있다. 이런 현상을 양자관통quantum tunneling이라 한다. 양자관통은 전자가 확률적으로 존재하기 때문에 가능한 현상이다.

실제로 삼성전자 등이 반도체 회로 선폭을 3나노미터급 이하로 미세하게 만들고 있는데, 회로 선폭이 줄어들면 전자가 양자관통을 할 확률이 높아진다. 그에 따라 전류가 엉뚱한 곳으로 새는 문제가 발생하는데 이를 완벽하게 제어할 수 있는 반도체를 만들기 위해서는 이 문제를 반드시 해결해야 한다.

전자가 확률적으로만 존재한다면 전자를 관측하기 전까지는 전자가 어디에 있는지 알 수 없다. 원자 속의 전자도 마찬가지다. 다행히도 우리는 양자역학의 원리를 이용해 전자가 어디에 있을지 그 확률 분포를 알 수 있다. 일반적으로 슈뢰딩거 방정식을 풀면 어떤 계가 가질 수 있는 가능한 에너지 상태를 구할 수 있다. 어떤 계가 특정한 물리량에 상응해서 가질 수 있는 가능한 상태를 고유상태eigenstate라고 한다. 일반적으로 어떤 계의 파동함수는 그 계의 모든 물리적 정보를 갖고 있으며 특정한 물리량에 상응하는 고유상태들의 합으로 표현할 수 있다. 이때 각 고유상태에 어떤 계수가 곱해져 있는데 이는 일종의 가중치라 할 수 있다. 그 계수의 복소제곱이 클수록 그 상태가 구현될 가능성이 크다. 이처럼 파동함수를 계수가 곱해진 고유상태의 합으로 표현되는 것을 양자중첩quantum superposition이라 한다. 양자중첩 상태는 일종의 확률분포라 할 수 있다. 양자중첩은 마치 오케스트라의 모든 악기가 중첩돼 하나의 하모니를 이루어 아름다운 교향곡을 연주하는 것과도 비슷하다.

여기서 양자역학의 또 다른 중요한 가정이 들어간다. 어떤 계를 측정 또는 관측하기 전에는 그 파동함수가 가능한 고유상태들의 양자 중첩 상태에 있다가 특정한 물리량을 관측하는 순간, 그 관측의 결과 얻게 되는 물리량에 해당하는 고유상태 하나만 남고 나머지 모든 상태는 사라진다. 이를 파동함수의 붕괴라고 하며, 측정에 의한 파동함수의 붕괴를 측정가설이라 한다. 측정가설은 양자역학의 가장 신묘하면서도 일반적인 동역학적 과정으로 설명되지 않는 부분이다. 그럼에도 측정가설에 따른 해석은 지금까지 실험 결과와 잘 일치한다.

측정 결과 어떤 고유상태가 실현될 것인지는 알 수 없다. 다만 우리는 그 확률만 알 뿐이다. 중첩상태가 확률분포로 존재하기 때문이다. 특히 특정한 고유상태가 실현될 확률은 중첩상태에서 그 고유상태의 계수의 복소제곱에 비례한다. 예를 들어 주사위를 던졌을 때 어떤 눈이 나올 것인지를 고전역학에서는 '원칙적으로' 계산할 수 있다. 주사위를 던지는 초기 조건과 공기와의 상호작용을 계산하면 바닥에 어떻게 부딪혀 어떤 눈이 나올지가 정해진다. 양자역학에서는 관측하기 전까지 1부터 6까지의 눈이 나올 확률분포만이 양자중첩으로 주어진다. 가령 주사위를 던져 컵으로 가렸다면 컵을 열고 최종 상태를 확인하는 바로 그때 중첩이 깨지고 어떤 눈이 나오는지가 정해진다. 양자역학에 대한 이런 일련의 가정과 해석을 '코펜하겐 해석'이라 한다. 보어, 하이젠베르크, 보른 등이 코펜하겐 학파에 속했다.

양자역학에서 또 하나 흥미로운 사실은 불확정성 원리uncertainty principle다. 불확정성 원리란 서로 상보적인 관계에 있는 두 물리량을 동시에 무한히 정밀하게 측정할 수 없다는 원리다. 대표적으로 위치와 운동량이 그런 관계에 있다. 운동량이란 고전역학에서는 물체의 질량과 속도의 곱으로 주어지는 양이다. 불확정성 원리에 따르면 위치의 불확정성과 운동량의 불확정성을 동시에 임의로 작게 줄일 수 없다. 수학적으로 기술하자면 위치의 불확정성과 운동량의 불확정성을 곱한 값이 항상 어떤 값보다 작아질 수가 없다. 따라서 하나의 불확정성이 작아지면 다른 하나의 불확정성이 커지게 된다. 시간과 에너지에 대해서도 똑같은 불확정성의 원리가 적용된다.

불확정성 원리는 고전역학에는 존재하지 않는 개념이다. 고전역학에서는 원리상 그 어떤 물리량이라도 동시에 무한히 정밀하게 측정할 수 있다. 양자역학에서는 이게 사실이 아니다. 불확정성 원리는 측정을 하는 인간이나 실험 장치의 현실적인 한계가 아니라 우리 우주의 근본적인 속성이다.

얽힘, 가장 놀랍고도 신묘한

그러나 뭐니 뭐니 해도 양자역학에서 가장 신묘하고도 기괴한 현상은 얽힘entanglement이다. 얽힘의 출발은 역설적이게도 1935년 아인슈타인이 보리스 포돌스키, 네이선 로즌과 함께 양자역학을 공격하기 위해 작성한 논문에서 처음 제기되었다. 이 논문은 저자들 이름 Einstein, Podolsky, Rosen의 머리글자를 따서 EPR 논문이라 불린다.

EPR 논문은 양자역학이 옳다고 가정했을 때 생기는 모순을 추적해 양자역학이 불완전하다는 것을 보이고자 했다. EPR이 제기한 문제는 양자역학에서 대단히 중요하고도 신묘하기 때문에 여기서 좀 더 쉽게 각색해 소개하려 한다.

아인슈타인과 보어가 식사를 하려고 '양자quantum식당'에 갔다. 양자식당 입구에는 고기메뉴 상자와 식사메뉴 상자가 하나씩 놓여 있다. 고기메뉴 상자 속에는 '삼겹살'과 '갈비'를 적은 쪽지가 접힌 채로 하나씩 놓여 있고, 식사메뉴 상자 속에는 '누룽지'와 '냉면'이 적힌 쪽지가 역시 접힌 채로 하나씩 놓여 있다. 아인슈타인과 보어는 고기메뉴 상자에서 쪽지를 하나씩 뽑고 또한 식사메뉴 상자에서 쪽지를 하나씩 뽑은 다음 자리를 잡고 앉는다. 이제 메뉴 쪽지를 펴 볼 차례인데, 이 식당에서는 고기메뉴 쪽지와 식사메뉴 쪽지가 동시에 펼쳐져 있으면 안 된다는 규칙이 있다.

먼저 아인슈타인이 두 개의 쪽지를 만지작거리면서 야릇한 미소를 띤 채 입을 연다. "여기 양자식당의 규칙이 얼마나 말도 안 되는지 제가 증명해 보이죠." 양자식당의 메뉴 쪽지에는 신묘한 힘이 있어서 쪽지를 펴서 직접 확인해보기 전에는 두 메뉴, 예컨대 삼겹살과 갈비가 서로 섞여 있는 이른바 '중첩' 상태에 놓여 있다. 중첩이란 마치 두 사람의 목소리가 합쳐져 화음을 내는 것과 비슷하다. 만약 누군가 쪽지를 펴 보면 그제야 둘 중 하나의 메뉴가 정해진다. 삼겹살이 나올지 갈비가 나올지는 오직 확률로만 정해진다. 여기서는 그 확률이 각각 50퍼센트라고 하자.

양자식당의 이런 규칙은 아인슈타인에게 익숙한 고전적인 물리학의 규칙과 다르다. 뉴턴역학으로 대변되는 고전역학에서는 누군가 상자에서 쪽지를 선택하는 바로 그 순간에 메뉴가 결정된다. 반면 양자식당에서는 관측이 이루어지기 전까지는(쪽지를 펴 보기 전까지는) 결과가 오직 확률적으로만 존재한다. 게다가 고기메뉴와 식사메뉴 쪽지를 동시에 펴 볼 수 없다는 규칙도 이해하기 어렵다. 이렇게 되면 고기메뉴와 식사메뉴를 동시에 정확하게 정할 수 없다. 고기메뉴를 먼저 선택하면 그 영향으로 고기메뉴와 어울리는 식사메뉴를 생각할 수밖에 없어 정말로 식사만으로 무엇을 먹고 싶은지 정할 수 없기 때문이라는 것이 양자식당의 논리다. 따라서 고기메뉴가 정해지면 식사메뉴는 누룽지와 냉면의 중첩상태로 남아 있을 수밖에 없다. 반대의 경우, 즉 식사메뉴를 먼저 펴 보는 경우에도 마찬가지다. 식사메뉴를 먼저 펴 보면 그 결과가 고기메뉴에 영향을 주기 때문에(온전히 고기만으로 무엇을 먹을지 정확하게 정할 수 없다는 이유에서) 고기메뉴를 펴 볼 수 없다. 이것이 바로 '불확정성의 원리'다.

불확정성의 원리가 작동하면 고기메뉴를 펴 봤을 때 펴 보지 않은 식사메뉴는 중첩상태에 놓이게 된다. 이때 고기메뉴를 다시 접어놓고 식사메뉴를 펴 보면, 식사메뉴가 결정되고 고기메뉴는 다시 중첩상태가 된다. 고기메뉴를 먼저 펴 봤다 하더라도 그걸 접어놓고 식사메뉴를 펴서 확인하는 순간 고기메뉴가 무엇인지 알 수 없는 상태가 된다는 것이다. 물론 고전역학이 작동하는 다른 일반 식당에서는 이런 일이 벌어지지 않는다. 누구라도 고기메뉴와 식사메뉴를 '동시에' 그 어떤 불확실함도 없이 정할 수 있다.

아인슈타인은 오랜 세월 보어에 맞서 고기메뉴와 식사메뉴의 불확정성을 깨뜨릴 수 있는 다양한 사고실험을 제안했지만 번번이 실패했다. 이번만은 달랐다. 독특한 메뉴 선택 방식이 그 출발점이다. 둘

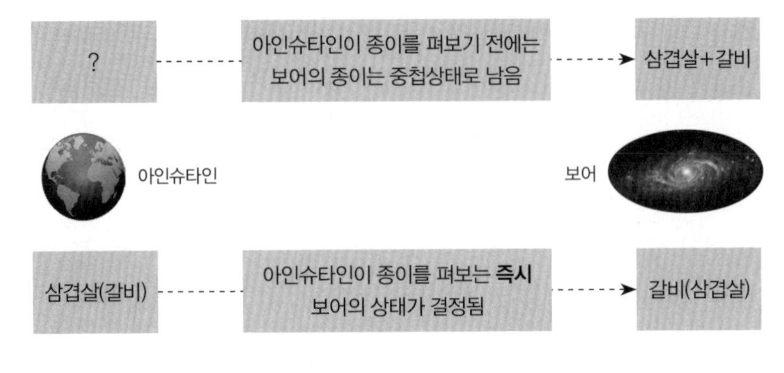

양자식당 비유로 본 얽힘

이서 쪽지를 하나씩 나눠 갖기 때문에 한쪽의 결과가 다른 쪽과 결부될 수밖에 없다. 이런 상태를 '얽힘'이라 한다. 이 효과를 극대화하기 위해 아인슈타인과 보어가 각자 자신의 쪽지를 갖고 아주 멀리 떨어져 있는 상황의 사고실험을 수행한다. 거리가 멀수록 좋다. 아인슈타인 은 지구에 남아 있고 꼴도 보기 싫은 보어를 지구에서 250만 광년 떨어져 있는 안드로메다로 보낸다고 하자. 아마 보어도 좋아할 것이다.

얽힘과 양자식당의 교리가 결합되면 흥미로운 일이 벌어진다.

아인슈타인의 논리는 이렇다. 아인슈타인이 고기메뉴를 펴 보면 그 결과로부터 안드로메다에 있는 보어의 고기메뉴를 알 수 있다. 아인슈타인이 삼겹살이면 보어는 갈비이고, 아인슈타인이 갈비이면 보어는 삼겹살이다. 양자식당의 규칙이 맞는다면 이들의 얽힌 상태는 쪽지를 펴 보는 순간 결정된다. 이제 아인슈타인이 고기메뉴를 다시 접어놓고 식사메뉴를 편다. 그 결과로부터 역시 아인슈타인은 보어

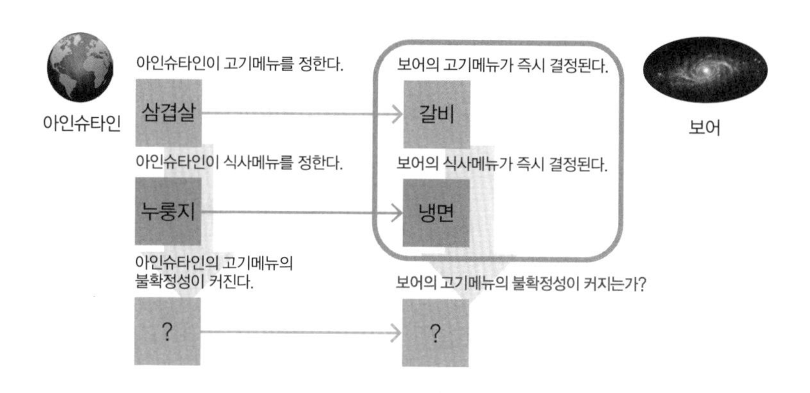

양자식당 비유로 본 불확정성 원리의 모순

의 식사메뉴가 무엇인지 알 수 있다. 아인슈타인이 누룽지이면 보어는 냉면이고, 아인슈타인이 냉면이면 보어가 누룽지다.

여기서부터가 중요하다. 만약 양자식당의 규칙이 옳다면, 지구에 있는 아인슈타인이 식사메뉴를 펴 보는 행위가 접혀 있는 고기메뉴의 상태에 영향을 줘서 고기메뉴를 다시 중첩상태로 바꾼다. 그 결과 아인슈타인은 고기메뉴와 식사메뉴를 동시에 정할 수 없다. 불확정성의 원리가 성립하는 것이다. 안드로메다에 있는 보어는 어떻게 될까? 아인슈타인이 고기메뉴를 폈다가 다시 접어놓고 그다음 식사메뉴를 펴봤다는 정보가 안드로메다까지 가려면 아무리 빨라야 250만 년이 걸린다. 왜냐하면 아인슈타인의 특수상대성이론에 따르면 이 우주에서는 빛보다 빠르게 물리적 신호를 전달할 수 없기 때문이다. 그런데 아인슈타인은 지구에 가만히 앉아서 보어의 고기메뉴와 식사메뉴를 모두 알아버렸다! 아인슈타인의 행위가 광속으로 보어에게 전달된다 하더라도 250만 년 뒤의 일이다. 그 전까지는 아인슈타인이 보어에게 어떤 영향도 미치지 않고서 보어의 고기메뉴와 식사메뉴를 알아낸 셈이 된다. 이는 양자식당의 고기메뉴와 식사메뉴에 대한 불확정성의 원리가 성립하지 않는다는 뜻이다!

그러니까 아인슈타인은 양자식당의 규칙이 완전하다면 그 식당이 내세운 중요한 원칙인 '불확정성의 원리'가 무너짐을 보인 것이다. 이는 모순이다. 따라서 아인슈타인은 양자식당의 규칙, 즉 양자역학이 불완전하다고 주장했다. 아직 인류가 모르는 어떤 숨은 변수가 있어서 그걸 알아내면 양자식당의 모든 모호함도 사라질 것이라고 주장했다. 이것이 1935년 아인슈타인, 포돌스키, 로젠이 쓴 이른바 EPR 논문의 주요 결론이다.

EPR을 구성하는 중요한 요소 중 하나는 국소성locality이다. 한곳에서 일어난 현상이 멀리 있는 다른 곳에 즉각적인 효과를 미치지 못한다는 것이다. 이는 거시적인 직관 경험이나 광속 제한이 있는 특수상대성이론과 잘 부합한다. 고전역학에서는 아인슈타인이나 보어가 상자에서 쪽지를 선택하는 순간 모든 상태가 결정된다. 그런 의미에서 고전역학은 국소적이다. 양자역학은 다르다. 쪽지를 펴 보지 않는 이상 둘이 250만 광년이나 떨어져 있어도 고기메뉴나 식사메뉴의 상태가 정해지지 않는다. 한쪽에서 쪽지를 펴 보는 바로 그 순간 다른 쪽의 상태가 동시에 결정된다. 그런 의미에서 양자역학은 비국소적이다. 아인슈타인이 그렇게도 싫어하는, 뭔가 "유령 같은 원격 작용spooky action at a distance"이 있었다는 말이다. 그 결과는? EPR의 결론에서 봤듯이 양자역학의 파멸이다.

보어는 큰 충격을 받았다. 아인슈타인의 공격은 그 어느 때보다 강력했다. 이후 보어는 EPR에 답변하는 형식의 논문을 썼지만 EPR을 완전히 극복했다는 평가를 받지는 못했다. 과연 누가 옳을까? 과학에서 궁극적인 심판자는 자연 그 자체다. 검증 가능한 실험이 누구의 결과와 일치하는지로 승패가 갈린다. 문제는 EPR의 주장을 실험으로 재현하기가 쉽지 않다는 점이었다.

벨 부등식과 실험적 검증

획기적인 돌파구가 열린 것은 EPR이 나온 지 거의 30년이 지난 1964년이었다. 영국의 물리학자 존 스튜어트 벨은 EPR을 검증할 수 있는 하나의 부등식(벨 부등식)을 제시했다. 이 부등식은 EPR처럼 국소적인 숨은 변수 이론이 옳다면 그대로 성립한다. 반면 양자역학처럼 비국소적인 이론에서는 성립하지 않을 수도 있다. 이 두 가지 선택지는 양립할 수 없다. 한쪽이 옳다면 다른 쪽은 기각된다.

1972년에 벨 부등식을 실험적으로 검증하기 위한 최초의 시도가 있었다. 그 주인공은 미국의 물리학자 존 클라우저였는데 다소 미흡한 점은 있었으나 최초의 시도로서 의미가 있었다. 1980년대 초반에는 프랑스의 알랭 아스페가 일련의 다양한 실험으로 대단히 의미 있는 결과를 얻었다. 1990년대에는 오스트리아의 안톤 차일링거가 더욱 개량된 실험으로 벨 부등식을 검증했다. 또한 양자얽힘을 이용한 양자 전송 실험에도 성공했다.

이들 및 다른 모든 실험들은 한결같이 벨 부등식이 깨지는 결과를 보였다. EPR이 틀린 것이다. 국소적인 이론으로는 실험 결과를 설명할 수 없었다. 설령 숨은 변수가 있다 하더라도 그 변수는 대단히 비국소적이어야만 한다. 놀랍게도 모든 실험 결과가 양자역학의 예측과 일치했다. 달리 말하자면 양자역학의 비국소적 성질이 실험적으로 검증된 셈이었다. 클라우저와 아스페, 차일링거는 얽힌 광자를 이용한 실험으로 벨 부등식이 깨짐을 증명했고, 양자정보과학을 개척한 공로로 2022년에 노벨 물리학상을 수상했다.

그렇다면 아인슈타인과 보어는 250만 광년을 가로질러 초광속으로 정보를 주고받은 걸까? 벨 부등식이 깨지는 결과는 특수상대성이론의 광속 제한 조건과 잘 부합하는 걸까? 그렇다. 아인슈타인의 고기메뉴 쪽지와 보어의 고기메뉴 쪽지는 서로 얽힌 상태에 있다. 양자역학적으로 두 쪽지의 상태가 어느 한쪽의 쪽지를 펴 보는 순간 '동시에 세트로' 정해진다. 아무리 멀리 떨어져 있어도 그렇다. 그러나 양자역학적 상태가 세트로 정해지는 것과 물리적인 정보가 전달되는 것은 다른 문제다. 지구의 아인슈타인이 자신의 고기메뉴 쪽지를 펴 보았고 그 결과 보어의 고기메뉴가 동시에 정해졌다 하더라도, 보어는 그 사실을 알 수가 없다. 아인슈타인이 식사메뉴가 아니라 고기메뉴를 펴 봤다는 사실을 알기 위해서는 최소한 250만 년이 필요하다. 따라서 보어는 자신의 펴 보지 않은 고기메뉴 쪽지가 이미 양자역학적으로 정해졌는지 또는 아직 중첩상태에 있는지 알 길이 없다. 만약 아인슈타인이 이미 고기메뉴 쪽지를 펴서 삼겹살이 나왔다면, 보어가 쪽지를 펴봤을 때 100퍼센트의 확률로 갈비가 나온다. 반면 아인슈타인이 고기메뉴 쪽지를 펴 보지 않았다면 보어가 쪽지를 폈을 때

갈비와 삼겹살이 5:5의 확률로 나올 것이다.

EPR이 틀린 것으로 밝혀졌지만 여전히 얽힘 상태에 있는 두 입자는 이들의 이름을 따서 EPR 상태라 불린다. EPR 상태는 아인슈타인의 기대와 달리 비국소적이다. 양자역학의 비국소적 성질은 우리의 고전적인 사고방식으로는 쉽게 납득할 수 없는 것이다. 양자얽힘을 받아들이려면 다시 한번 생각의 회로를 바꿔야 한다.

이처럼 천하의 아인슈타인도 양자역학에 관해서는 번번이 패배했고, 그럼에도 끝내 양자역학을 받아들이지 않았다. 생애 후반부엔 전자기력과 중력을 통합하려고 시도했으나 뜻을 이루지 못했다. 반면 양자역학의 발전된 형태인 양자장론은 이후 전자기력과 약한 핵력, 강한 핵력을 아우르는 표준모형으로 이어졌다. 다만 표준모형에도 아직 중력은 포함돼 있지 않다. 아인슈타인이 양자역학의 교리를 인정하지는 않았으나 이에 반대하며 논쟁하는 과정에서 양자역학이 크게 발전한 것은 역설 아닌 역설이다. 그런 의미에서 아인슈타인이 양자역학의 발전에 크게 기여한 셈이다. 아인슈타인도 양자역학적으로 생각의 회로를 재배선하는 데 실패했다는 사실은 우리에게 작은 위안을 준다. 생각의 회로를 바꾸는 일은 그만큼 어렵다. 혁명적인 발상의 출발점은 누군가가 생각의 회로를 바꾸기 시작할 때다.

4장

사고실험, 전제를 극단까지 밀어붙여 상상해보기

어릴 때 라면을 참 좋아했던 내가 아주 신기하게 생각했던 현상이 있다. 라면을 끓일 때 물의 양이 조금 많거나 조금 적더라도 라면 맛이 그다지 달라지지 않는다는 점이었다. 물론 물이 많으면 약간 싱겁고 물이 적으면 좀 짜기는 했으나 라면 특유의 맛에는 큰 변화가 없다는 게 너무 신기했다. 라면스프는 정말로 마법의 가루처럼 느껴졌다. 나 같은 어린이가 물의 양을 잘 조절하지 못하더라도 항상 같은 맛을 내니까 말이다.

그런데 어느 날 문득 라면스프의 그 절대적 효능에 의문이 생겼다. 냄비에 물을 아무리 많이 넣어도 라면스프 하나면 라면 맛이 나는 게, 어디까지 사실일까? 만약 라면스프를 바다에 풀면 어떻게 될까? 아무리 라면스프가 절대적 효능을 갖고 있다 하더라도 태평양 바다 전체를 라면 국물로 만들 것 같지는 않았다. 부산에 살았기 때문에 나는 바다가 얼마나 광활한지 어렴풋하게나마 알고 있었다. 만약 라면스프가 절대반지의 효능을 갖고 있다면 해운대 앞바다에서도 이미 라면 맛이 나야 하지 않을까?

어이가 없을 만큼 단순하고 자명하긴 해도, 위의 사례는 과학자들이 즐겨하는 '사고실험'의 일종이라 할 수 있다. 생각은 자유니까, 사고실험에서는 원하는 실험 세팅을 마음껏 할 수 있고 아주 극단적인 상황도 연출할 수 있다. 실제 과학의 역사에서 사고실험은 난제를 해결하고 새로운 돌파구를 마련하는 데에 크게 기여했다.

갈릴레이가 아리스토텔레스를 무너뜨린 방법

사고실험의 대표적인 사례는 갈릴레이까지 거슬러 올라간다. 그러니까 사고실험은 근대 과학이 태동할 때부터 과학의 중요한 방법론이었다고 할 수 있다. 근대 과학이 성립되는 과정은 간단히 말해 2000년 동안 유럽을 지배했던 아리스토텔레스를 극복하는 과정이었다. 철학뿐만 아니라 자연학에서도 아리스토텔레스의 세계관이 2000년이나 지속될 수 있었던 것은 우리의 일상적인 경험이나 직관에 잘 맞았기 때문이다.

아리스토텔레스의 운동관에서는 무거운 물체가 가벼운 물체보다 더 빨리 떨어진다. 그의 목적론적 세계관에 따르면 무거운 물체는 무거움이라는 본성을 좇아 지구 중심을 향하고, 가벼운 물체는 가벼움이라는 본성을 좇아 천상을 향하게 된다(이를 본성적 운동이라 한다). 이는 우리의 일상적인 경험과도 잘 맞는다. 볼링공은 깃털보다 더 빨리 떨어진다.

갈릴레이는 여기에 의문을 품었다. 그렇다고 해서 속설처럼 피사의 사탑에 올라가 질량이 다른 두 물체를 떨어뜨리지는 않았다. 피사에서 태어나 피사대학교를 나왔으니 사탑에도 여러 번 올라가기는 했을 것이다. 그러나 갈릴레이가 아리스토텔레스를 무너뜨린 방법은 직접 수행한 실험이 아니라 머릿속에서만 수행한 '사고실험'이었다.

갈릴레이의 사고실험은 아주 간단했다. 볼링공과 깃털을 하나로 묶는 것이었다. 이렇게 되면 깃털은 위로 향하려 하고 볼링공은 아래로 향하려 하기 때문에 볼링공이 단독으로 있을 때보다 더 천천히 떨어져야 한다. 그러나 볼링공과 깃털을 하나로 묶으면 전체 질량이 늘어났으므로 볼링공 하나만 있을 때보다 더 빨리 떨어져야 한다. 이는 모순이다. 모순을 해결하려면 볼링공이든 깃털이든 동시에 떨어져야 한다. 현실에서 깃털이 더 천천히 떨어지는 것은 공기의 저항 때문이다. 공기의 저항이라는 요소를 사고실험 속에서 지워버리면 볼링공이든 깃털이든 동시에 떨어진다. 갈릴레이는 간단한 사고실험으로 2000년 묵은 아리스토텔레스의 체계를 깨버렸다.

갈릴레이의 사고실험은 자유낙하에 멈추지 않았다. 또 다른 사고실험에서 갈릴레이는 힘과 운동의 관계를 새로 정립했다. 아리스토텔레스의 운동관에서는 본성적 운동을 거슬러 물체가 움직이려면 뭔가가 접촉해서 힘을 가해야 한다. 탁자 위의 컵은 손으로 밀어야 움직이고, 마차는 말이 끌어야 움직인다. 이 또한 우리의 일상 경험과 잘 맞아떨어진다. 이런 운동관을 간단한 식으로 표현하자면, 물체의 속도(v)는 접촉해서 가해진 힘(F)에 비례한다. 즉, $F \sim v$이다.

갈릴레이는 간단하면서도 신박한 사고실험으로 이것이 사실이 아님을 밝혔다. 갈릴레이는 V자 경사면에서 공을 굴리는 사고실험을 했다. 여기서도 운동의 본질을 파악하기 위해 마찰은 무시한다. 이제

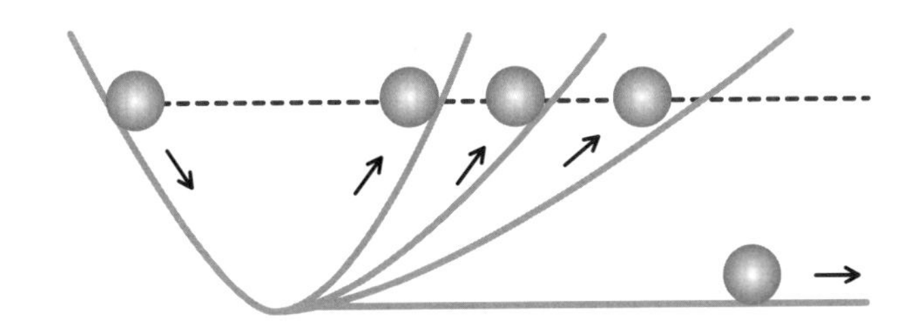

갈릴레이의 경사면 사고실험

한쪽 경사면 위에서 공을 놓으면 공은 경사면을 따라 굴러 내려갔다가 바닥에 도달한 뒤 반대편 경사면을 따라 올라갈 것이다. 이때 마찰이 없다면 공은 원래 출발했던 높이와 똑같은 높이까지 반대편 경사면을 타고 올라갈 것이다. 반대편의 경사면 각도를 약간 낮추면 어떻게 될까? 이번에도 공은 똑같은 높이까지 올라갈 것이다. 하지만 경사면의 각도가 낮아졌으므로 처음보다는 더 긴 거리를 움직이게 될 것이다. 이런 식으로 경사면을 점점 더 낮춰서 마침내 경사면이 바닥과 평평해지면 어떻게 될까? 이제는 공이 원래 출발했던 높이까지 올라갈 방법이 없다. 그렇다면 공은 영원히 평면을 따라 계속 굴러갈 것이다.

이 상황을 다시 정리하면 이렇다. 경사면에서 굴러 내려온 공이 평면을 따라 굴러가게 하면, 그 공은 영원히 평면을 따라 굴러간다. 이 공에는 어떤 힘도 작용하고 있지 않다. 그럼에도 공은 계속 운동한다. 즉 아리스토텔레스가 틀렸다. F가 0이더라도 v가 0이 아니다. 이것이 바로 관성이다. 물체에 외부의 힘이 작용하지 않으면 그 물체는 원래의 운동 상태를 유지한다. 정지해 있던 물체는 계속 정지해 있고, 운동하던 물체는 그 운동 상태를 계속 유지한다. 갈릴레이의 이 놀라운 발견은 후대의 뉴턴에게 그대로 이어졌다. 그 시작은 간단하면서도 놀라운 사고실험이었다.

뉴턴의 만유인력

뉴턴은 고전역학의 기틀을 확립하면서 이전 세대의 코페르니쿠스와 케플러, 갈릴레이에 이르는 과학혁명의 여정을 완성한 인물이다. 뉴턴은 《프린키피아》(1687)에서 수학적으로 정식화된 공식과 정리 형태로 자신의 운동방정식 등을 체계화했지만 자연의 근본 원리를 추구하는 과정에서 갈릴레이처럼 사고실험을 즐겨했다.

뉴턴이 나무에서 떨어지는 사과를 보고 만유인력의 법칙을 발견했다는 일화는 유명하지만 그 진위 여부는 확실하지 않다. 뉴턴이 떨어지는 사과를 보고 갑자기 유레카의 순간을 맞이했던 것은 아니다. 사과가 떨어지는 것은 지구가 사과를 끌어당기기 때문이며, 그렇다면 지구는 더 높은 곳의 사과도 끌어당길 것이고, 이 생각을 극한으로 밀고 나가면 천상에 떠 있는 달 또한 지구가 끌어당기고 있다고 상상할 수 있다. 그렇다면 왜 달은 사과처럼 지구로 떨어지지 않고 천상에 떠 있을 수 있을까?

《프린키피아》 3권에서 뉴턴은 포탄을 이용한 사고실험을 제시한다. 높은 산에 올라가서 포탄을 쏘면 포탄은 포물선을 그리면서 지표

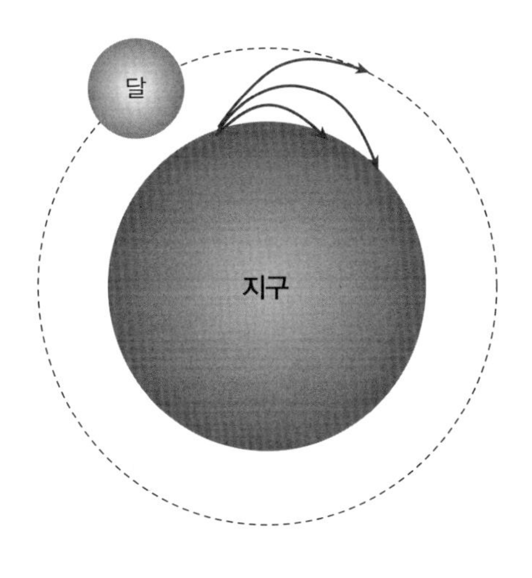

뉴턴의 사고실험

면에 떨어질 것이다(포탄의 궤적이 포물선이라는 것을 처음 알아낸 사람은 갈릴레이였다). 화약을 더 많이 써서 포탄을 더 세게 쏘면 어떻게 될까? 포탄은 더 큰 포물선을 그리며 더 멀리 날아가다가 지면에 떨어질 것이다. 만약 포탄을 충분히 강력하게 쏘아 그 비거리가 지구 둘레만큼 된다면 어떻게 될까? 포탄은 지면에 떨어지지 않고 계속해서 지구 주위를 돌게 될 것이다. 달이 지구 주위를 도는 것도 이와 마찬가지다. 즉 달은 지구를 향해 영원히 낙하하고 있다. 그렇다면 지상의 사과와 천상의 달은 근본적으로 다르지 않으며, 두 물체에는 똑같은 물리법칙이 작용하는 셈이다.

아리스토텔레스는 스승인 플라톤과 마찬가지로 천상계와 지상계를 구분하는 이분법적 세계관을 갖고 있었다. 달 이상의 천상계는 완벽한 세상이고, 달 아래 지상계는 불완전한 세상이었다. 따라서 두 세계에 적용되는 법칙도 완전히 달랐다. 그러나 뉴턴은 보편적인 중력법칙으로 지상의 사과와 천상의 달을 하나로 통합하는 데에 성공했다. 그의 중력이론인 만유인력의 법칙Law of universal gravitation에 '보편'이라는 의미가 들어간 것도 이 때문이다.

우리는 실제로 물체를 강력하게 쏘아 지구 주위를 돌게 하고 있다. 그 물체는 바로 인공위성이다. 최초의 인공위성은 1957년에 소련이 쏘아 올린 스푸트니크였다. 뉴턴이 살았던 17~18세기에는 어림도 없는 일이었다. 그러나 뉴턴은 현실에서 불가능한 일을 사고실험으로 극복해 천상의 비밀을 밝혀낼 수 있었다.

맥스웰의 도깨비

과학자들은 사고실험에 가상의 존재를 끌어들이기도 한다. 맥스웰의 도깨비Maxwell's demon가 대표적인 사례다. 이는 19세기의 뉴턴이라 불렸던 영국의 제임스 맥스웰이 1867년 열역학 제2법칙을 연구하면서 고안한 개념이다. 고립계에서 엔트로피는 절대 감소하지 않는다는 것이 열역학 제2법칙이다. 엔트로피란 어떤 계의 무질서한 정도를 나타내는 양이다.

간단한 예를 들어보자. 아메리카노를 만들기 위해 뜨거운 물에 에스프레소를 넣으면 순간적으로 에스프레소 분자들은 물과 섞이기 전에 용기 속의 일정한 영역을 차지한다. 이때는 눈으로도 어디까지가 물이고 어디까지가 에스프레소인지 구분할 수 있다. 이는 질서가 있는 상태다. 따라서 엔트로피가 낮다. 이제 시간이 충분히 지나면 물과 에스프레소는 잘 섞여서 에스프레소 분자들은 용기 전체에 골고루 퍼져 있게 된다. 주변에는 항상 비슷한 개수의 물 분자들이 존재하고 있을 것이다. 이는 앞선 경우에 비해 아주 무질서한 상황이다. 따라서 엔트로피가 높다. 질서가 있다는 것은 존재할 수 있는 경우의 수가 작다는 것이고, 무질서하다는 것은 그 경우의 수가 굉장히 많다는 것이다. 열역학 제2법칙이 말하는 것은 물에다 에스프레소를 부었을 때 시간이 지나면 물과 에스프레소가 균질하게 섞이게 되지 그 역방향의 현상은 일어나지 않는다는 것이다.

더운 공기와 찬 공기가 만날 때도 비슷한 일이 벌어진다. 추운 겨울날 보일러를 가동하면 바닥부터 따끈해지면서 집 전체의 공기가 더워진다. 공기가 섞이면서 바닥이 더 뜨거워지거나 방 안의 공기가 더 차가워지는 일은 벌어지지 않는다.

맥스웰의 도깨비는 이와 비슷한 상황에 등장하는 존재다. 방 안의 공기가 일정한 온도로 유지되고 있다. 이 도깨비는 칸막이를 이용해 방을 둘로 나누고 칸막이에 조그만 구멍을 하나 뚫어놓았다. 맥스웰의 도깨비는 신묘한 능력이 있어서 공기 분자들의 속도를 분석해 평균보다 속도가 높은 분자와 평균보다 속도가 낮은 분자를 구분할 수 있으며, 속도가 높은 분자는 왼쪽 방으로, 속도가 낮은 분자는 오른쪽 방으로 보낼 수 있다. 왼쪽 방의 분자들의 평균 속도는 전체의 평균 속도보다 높게 되고, 오른쪽 방의 분자들의 평균 속도는 전체 평균보다 낮게 된다. 분자들의 평균 속도는 곧 전체 기체의 온도에 직결되는 양이다. 따라서 맥스웰의 도깨비는 일정한 온도로 데워진 방의 공기를 차가운 공기와 뜨거운 공기로 나누며 열역학 제2법칙을 깨뜨릴 수 있다.

맥스웰의 도깨비는 당연하게도 맥스웰이 상상 속에서 도입한 가상의 존재다.• 과연 이런 존재가 있을 수 있을까? 또는 이 과정에서 열역학 제2법칙을 깰 수 있을까? 두 방으로 나누어진 공기를 보면 분명 엔트로피가 줄어든 것 같지만 도깨비의 '행위' 또한 전체 계에서 함께 고려해야 한다. 도깨비가 분자들의 속도를 분별하고 통제하는 과정에서 에너지가 필요하고 결국에는 엔트로피가 증가하게 된다. 그 정도는 공기들의 엔트로피가 줄어드는 정도보다 더 크다. 따라서 도깨비를 포함한 전체 계의 엔트로피는 증가하며 열역학 제2법칙은 깨지지 않는다.

최근에는 맥스웰의 도깨비를 구현하려는 실험들도 시도되고 있다. 여기서도 제2법칙을 깨는 징조는 발견할 수 없었다.

아인슈타인과 보어의 논쟁, 그리고 슈뢰딩거 고양이

20세기에 들어와서도 사고실험은 과학의 발전에 크게 기여했다. 그중 가장 유명한 사례로 1927년 브뤼셀에서 열린 제5회 솔베이 물리학회를 들 수 있다. 이 학회는 벨기에의 부유한 사업가였던 에르네스트 솔베이가 후원한 학회였다. 특히 1927년에 열린 학회는 물리학

• '도깨비demon'라는 말은 맥스웰이 아니라 켈빈 경(윌리엄 톰슨)이 썼다.

역사상 가장 중요한 학회로 손꼽힌다. 참석자들의 면면을 보더라도 쟁쟁하다. 의장 헨드릭 로런츠를 비롯해 알베르트 아인슈타인, 막스 플랑크, 닐스 보어, 베르너 하이젠베르크, 볼프강 파울리, 막스 보른, 에르빈 슈뢰딩거, 루이 드브로이, 폴 디랙 등 당대 최고의 물리학자들이 참석했다.

1927년은 물리학의 역사에서 양자역학이 가장 격동적으로 발전했던 해이기도 하다. 2년 전인 1925년에 하이젠베르크가 뉴턴역학과는 구분되는 행렬역학을 도입해 새로운 양자역학 체계를 정초했고, 이듬해에는 슈뢰딩거가 행렬역학과 동등한 파동방정식을 제시했다. 1927년에는 보른이 슈뢰딩거 방정식의 파동함수에 대한 확률론적 해석을 제시했고, 하이젠베르크는 불확정성의 원리를 발표했다. 또한 미국의 클린턴 데이비슨과 레스터 핼버트 저머는 우연히 전자의 파동적 성질을 발견해 1924년 드브로이가 제시했던 물질파 가정을 실험적으로 확인했다.

이런 상황에서 열린 학회였던 만큼 전체 주제는 새롭게 떠오른 양자역학을 어떻게 이해하고 해석할 것인가에 맞춰졌다. 그중에서도 아인슈타인과 슈뢰딩거, 드브로이 등은 확률론적 해석에 기초한 이른바 코펜하겐 해석(보어, 하이젠베르크, 보른 등이 주도했던)에 회의적이었다. 특히 아인슈타인은 보어 등에게 몇 가지 사고실험을 제시해 코펜하겐 해석에 맹점이 있다고 주장했다.

아인슈타인은 불확정성의 원리를 논박하기 위해 이중슬릿double slit 실험을 약간 뒤틀어서 제시했다. 이중슬릿 실험은 2부 3장에서도 이미 소개했다. 이중슬릿 실험에서 나타난 간섭무늬는 그 틈(슬릿)을 통과한 것이 파동이라는 강력한 증거다. 만약 공과 같은 입자가 두 틈을 통과해 화면에 이르게 된다면, 각 틈에서 가장 가까운 화면 위의 두 지점에만 공의 흔적이 남을 것이다. 따라서 만약 빛이 입자라면, 두 개의 밝은 줄무늬만 생길 것이다. 밝고 어두운 무늬가 반복적으로 생긴다는 것은 간섭이 일어났다는 증거이고, 따라서 빛은 파동이다. 토머스 영은 이중슬릿 실험에서 간섭무늬를 확인했고 빛이 파동임을 입증했다.

그러나 20세기에 양자역학이 태동하면서 파동이라 여겼던 빛이 입자의 성질도 갖고 있으며 입자라 여겼던 전자도 파동의 성질을 갖고 있음을 알게 되었다. 따라서 전자도 적절한 조건에서 두 틈을 지나면 간섭무늬를 남긴다. 다만 빛이든 전자든 입자와 파동 중 하나의 성질만 발현된다. 보어는 이를 상보성의 원리라 불렀다. 한편 앞서 소개했듯이 하이젠베르크가 주장했던 불확정성의 원리에 따르면 어떤 입자의 위치와 운동량을 동시에 정확하게 측정할 수 없다.

코펜하겐 학파의 이런 주장을 달가워하지 않았던 아인슈타인은 1927년 솔베이 학회에서 이들의 주장을 무너뜨릴 사고실험을 제시했다. 아인슈타인의 사고실험은 이중슬릿 실험을 개량한 것이었다. 두 틈 앞에 틈이 하나인 칸막이를 추가해 입자가 먼저 이 틈을 통과하도록 한다. 이 틈은 아주 민감해서 입자 하나가 통과할 때 틈이 어떻게 미세하게 밀려나는지를 알 수 있고 그에 따라 입자가 그다음에 지나가는 두 틈 중 어느 쪽 틈을 지나가는지를 알 수 있다고 가정한다. 이 상태에서 여러 입자를 통과시키면 화면에는 여전히 간섭무늬가 나타날 것이지만, 우리는 각각의 입자가 어떤 경로를 통해 최종적으로 화면에 도달했는지 재구성할 수 있다. 즉 입자의 입자적 성질(경로의 재구성)과 파동적 성질(간섭무늬)이 동시에 구현된다. 아인슈타인의 이 주장이 옳다면 양자역학은 틀린 것이 된다.

이에 맞서 보어는 새로 추가한 틈에서 위치의 정확성을 높이면 그와 연동된 운동량의 불확정성이 증가한다는 점을 지적했다. 그 결과 화면에서 간섭무늬가 사라진다는 것도 쉽게 보일 수 있다. 그러니까 입자의 궤적을 추적하면 간섭무늬가 사라지며 파동성이 사라지고, 입자가 어느 틈을 통과했는지를 관측하지 않으면(즉 입자적 성질이 발현되지 않으면) 간섭무늬가 유지된다.[44]

아인슈타인은 3년 뒤인 1930년에 개최된 제6회 솔베이 학회에서도 새로운 사고실험을 들고 나와 양자역학이 틀렸음을 주장했다. 이번에는 시간과 에너지 사이의 불확정성을 공격하기 위함이었다. 위치와 운동량이 서로 상보적인 물리량으로서 불확정성의 관계에 있는 것과 마찬가지로 시간과 에너지 사이에도 그와 비슷한 불확정성의 관계가 성립한다. 즉 시간의 불확정성과 에너지의 불확정성을 동시에 임의로 작게 할 수 없다는 것이 코펜하겐 학파의 주장이었다.

이를 무력화하기 위해 아인슈타인이 장비를 하나 고안했다. 전자기복사로 가득한 상자가 있다. 먼저 이 상태로 상자의 질량을 잰다. 그다음, 짧은 시간 동안 상자를 열어 광자를 하나 내보낸다. 그러고는 다시 상자의 질량을 잰다. 광자를 내보내기 전과 후의 질량 차이를 측정해서 비교하면 아인슈타인 자신의 그 유명한 공식 $E=mc^2$으로부터 광자의 에너지를 정확하게 계산할 수 있다. 한편 광자의 출입문을 여닫는 시간 간격도 임의로 작게 조정할 수 있다. 따라서 시간의 불확정성과 에너지의 불확정성을 임의로 작게 줄일 수 있다!

이 문제는 처음 문제보다 보어를 훨씬 더 괴롭혔다. 현장에 있던 사람의 증언에 따르면 보어가 큰 충격을 받은 것 같다고 했다. 아인슈타인은 의기양양했다. 그러나 보어는 이튿날 해결책을 찾았다. 열쇠는 역설적이게도 아인슈타인 필생의 역작인 일반상대성이론에 있었다.

아주 간단하게, 상자의 질량 차이를 재기 위해 상자를 용수철에 매달고 상자에 부착된 바늘이 어떤 고정된 기준점에서 얼마나 변하는지를 살펴본다고 가정하자. 그런데 바늘 눈금을 관찰하기 위해서는 어떤 형태로든 빛을 쬐어주어야 한다. 즉 질량의 변화를 측정하는 과정에서 광자의 개입이 필수적이다. 광자가 상자에 개입하면 문제가 복잡해진다. 미세하게나마 광자가 상자에 운동량을 전달하게 되고 그 결과 상자는 위아래로 움직이게 될 것이다. 결정적인 문제는 이 상자의 질량을 재는 방식이 지구의 중력장 속에서 진행된다는 점이다. 일반상대성이론에 따르면 중력장 속에서는 시간 간격이 달라진다. 일반적으로 중력이 강력하면 시간 간격도 커져서 시간이 느려진다.

그러니까 질량 변화를 측정하려면 광자가 상자와 상호작용을 해야 하고, 이는 상자의 상하운동을 일으키고, 그러면 상자는 불규칙한 중력장 속에서 움직이게 되고, 그 결과 광자의 출입에 관여하는 시계의 정확성이 떨어질 수밖에 없다. 질량의 차이를 엄밀하게 측정하려면 오랜 시간에 걸쳐 눈금이 요동치는 변화를 지켜봐야 하는데, 그렇게 되면 광자의 출입과 관련된 시간에 대한 불확정성은 커질 수밖에 없다. 보어는 이처럼 아인슈타인의 강력한 무기를 이용해 아인슈타인으로부터 양자역학을 지키기 위한 2차 방어전에도 성공했다.[45]

그렇다고 쉽게 포기하고 물러설 아인슈타인이 아니었다. 아인슈타인은 5년 뒤인 1935년에 포돌스키, 로즌과 함께 양자얽힘이라는 현상을 이용해 다시 코펜하겐 학파를 향한 대공습을 감행했다. 이때 발표한 논문이 앞서 소개했던 EPR 논문이다.

같은 해 슈뢰딩거는 코펜하겐 해석이 얼마나 말도 안 되는 이론인지를 보여주기 위해 흥미로운 사고실험을 고안했다. 이것이 그 유명한 '슈뢰딩거 고양이'다.

실험의 개요는 이렇다. 우선 고양이를 상자에 가두고 그 안에 방사성 물질과 독병을 함께 넣는다. 이 물질은 양자역학에 따라 한 시간 뒤 방사성 붕괴를 할 가능성이 50퍼센트다. 만약 이 물질이 붕괴하면 그때 방출되는 방사선(예컨대 전자)이 주변에 있는 감지기에 검출된다. 그렇게 되면 기계장치가 작동해 망치를 움직여서 독병을 깬다. 독병이 깨지면 고양이는 죽는다.

자, 한 시간 뒤 이 상자 속의 고양이는 어떤 상태인가? 고전역학에서는 슈뢰딩거 고양이 상자를 설정해두는 그 순간 모든 것이 결정된다. 따라서 상자를 열어보기 전에 고양이의 생사가 정해진다. 양자역학에서는 다르다. 관측이 이루어지기 전에 방사성 물질은 붕괴와 미붕괴의 중첩상태에 있고, 따라서 고양이의 상태도 생과 사의 중첩상태에 있다! 그러나 우리는 지금까지 살아 있는 상태와 죽어 있는 상태가 중첩된 고양이를 본 적이 없다. 슈뢰딩거는 이런 식으로 코펜하겐 해석이 틀렸음을 강변했다.

양자역학에서도 할 말이 없는 것은 아니다. 관측을 한다는 것은 넓게 봐서 주변과의 상호작용이다. 고양이는 이미 충분히 거시적이기

슈뢰딩거 고양이

때문에 그 존재 자체가 주변 환경과 어떻게든 상호작용을 하지 않을 수 없다. 따라서 고양이에게는 양자중첩을 기대하기 어렵다. 반면 원자 수준의 미시세계에서는 상태의 중첩이 가능하다. 실제로 미국의 데이비드 와인랜드와 프랑스의 세르주 아로슈는 각자 다른 방식으로 원자와 광자가 슈뢰딩거의 고양이 상태에 존재함을 증명해 2012년 노벨 물리학상을 공동으로 수상했다. 양자컴퓨터도 기본적으로는 양자역학적인 중첩상태를 활용해 작동한다. 고전 컴퓨터에서는 하나의 소자가 0 또는 1의 값을 갖지만 양자컴퓨터에서는 0과 1의 중첩상태를 가지도록 설정한다. 이를 큐비트qubit라 한다. 이런 큐비트를 여러 개 연결하면 2의 거듭제곱에 해당하는 양만큼 계산에서 이득을 볼 수 있다. 구글은 2019년 큐비트 53개를 연결해 시커모어라는 양자 프로세서를 선보이기도 했다.

양자역학에서 유독 사고실험이 많은 이유는 즉각적이고 직접적인 실험을 수행할 수 없는 경우가 많기 때문이다. 양자역학은 주로 원자 이하의 미시세계에서 그 효과가 잘 드러나는 원리다. 거시세계에 살고 있는 우리가 직관적으로, 직접적으로 확인하기가 어렵다. 따라서 양자역학의 사고실험은 거시세계와 미시세계를 이어주는 일종의 통역기와도 같다. 방사성 원소가 중첩상태에 있는가를 따지는 것보다 고양이가 삶과 죽음이 중첩된 상태에 있는가를 따지는 게 훨씬 더 피부에 와닿는다.

블랙홀 전쟁

원자 이하의 미시세계와는 정반대로 대단히 거시적인 물리적 개체도 우리가 직접 다루기 어렵기 때문에 사고실험의 대상이 되곤 한다. 블랙홀이 대표적인 사례다. 사실 블랙홀의 원조격인 어둑별은 그 자체가 사고실험의 산물이었다. 어둑별은 관측이나 실험을 통해 알아낸 천체가 아니고 18세기 영국의 지질학자이자 천문학자인 존 미첼과 이후 프랑스의 천문학자 피에르 시몽 라플라스가 사고실험으로 고안한 천체였다.

블랙홀은 어둑별과 달리 20세기의 현대적인 개념으로, 시공간의 기하로 중력을 이해하는 일반상대성이론의 산물 중 하나다. 즉 블랙홀 자체는 일반상대성이론의 핵심인 아인슈타인의 중력장 방정식의 한 풀이로 도출된다. 일반상대성이론의 언어로 정의하자면, 블랙홀은 중력이 아주 강력해서 빛조차도 빠져나갈 수 없는 시공간의 영역이다. 내부에서 밖으로 빛도 빠져나올 수 없는 가상의 경계면이 사건의 지평선이다. 사건의 지평선은 한 번 건너가면 다시 빠져나올 수 없는 불귀점不歸點, point of no return이다. 그러니 블랙홀에서 어떤 일이 벌어지는지를 더 자세하게 알고 싶어도 우리가 직접 블랙홀을 대상으로 실험을 할 수 없다. 우리의 과학기술이 그 정도까지는 발달하지 않았기 때문이다. 이제 겨우 그 그림자를 찍었을 뿐이다. 그렇다면 남은 방법은 사고실험밖에 없다.

블랙홀과 관련된 대표적인 사고실험으로 블랙홀에서의 정보모순 information paradox이 있다. 블랙홀 정보모순 논쟁을 촉발한 사람은 스티븐 호킹이었다. 호킹은 1974년에 블랙홀이 전자기파를 방출하면서 증발한다는 획기적인 결론을 발표했다. 이를 호킹복사Hawking radiation라고 한다. 호킹은 사건의 지평선 근처에 양자역학을 적용해 이런 놀라운 결과를 얻었다. 그러나 실제 우주에서 호킹복사를 관측하기란 대단히 어렵다. 태양 정도의 질량을 가진 블랙홀이 모두 증발하는 데에 대략 10^{67}년의 시간이 걸린다. 이는 우주의 나이인 약 ~10^{10}년보다 비교할 수 없을 정도로 더 길다.

호킹은 호킹복사가 심각한 문제를 야기한다는 점을 간파했다. 블랙홀이 호킹복사로 증발해버리면 그 안에 있는 모든 정보가 함께 사라질 것이라고 예측했기 때문이다. 여러분이 실수로 스마트폰을 블랙홀 속으로 빠뜨렸다고 해보자. 블랙홀은 질량에 비례해서 그 반지름이 커진다. 블랙홀이 스마트폰을 삼키면 그만큼 질량이 증가하고 크기가 커진다. 하지만 블랙홀이 호킹복사로 증발할 때는 내부 사정이 어떤지와는 상관이 없다. 블랙홀의 물리적인 성질과 복사하는 양상은 오직 그 질량으로만 정해지기 때문이다. 그렇다면 블랙홀이 증발하면서 스마트폰 속의 소중한 정보들은 모두 사라질 것이다!

하지만 양자역학의 교리에 따르면 어떤 상태가 시간에 따라 변화할 때 그 정보는 결코 사라지지 않는다. 즉 정보가 보존된다. 그 이유는 양자역학에서는 어떤 상태가 시간에 따라 변화하는 모든 과정이 단위성 연산자unitary operator로 기술되기 때문이다. 즉 초기 상태에 단위성 연산자를 작용하면 나중 상태를 만들 수 있다. 단위성 연산자는 그에 상응하는 역연산자를 항상 쉽게 구할 수 있다. 역연산자는 어떤 연산자의 작용을 거꾸로 적용하는 연산자로서 임의의 상태에 원래 연산자와 역연산자를 함께 작용하면 원래 상태가 복원된다. 따라서 양자역학에서는 임의의 상태에서 단위성 연산자의 역연산자를 작용하면 현재 상태에서 이전 상태를 회복할 수 있다. 이런 맥락에서 양자역학은 정보를 보존한다. 정보가 사라진다면, 양자역학이 틀렸거나 작동하지 않는다는 얘기다. 이것이 정보모순이다.

블랙홀 정보모순 논쟁은 거의 30년 가까이 진행되었다. 직접 블랙홀로 실험하거나 검증할 수 없으므로 대부분의 논의는 사고실험으로 진행되었다. 이 논쟁이 전환점을 맞은 것은 끈이론을 적극 활용하면서부터다. 끈이론은 1차원적인 끈에 관한 '양자역학적' 이론으로서 중력을 포섭한다. 과학자들은 끈이론으로부터 실제 블랙홀과 열역학적인 성질이 똑같은 (호킹복사도 하는) 블랙홀을 이론적으로 재구성할 수 있었다. 애초에 끈이론은 양자역학적인 이론이므로 결론은 명확하다. 블랙홀에서도 정보는 보존된다는 것이다. 호킹은 2004년 학회 강연과 2005년 논문에서 기존의 주장을 철회하고 블랙홀에서 정보는 보존된다고 인정했다.

여기서 한 가지 주의할 점이 있다. 사고실험이 잘 작동하려면 논박하고자 하는 주장 또는 이론의 개념과 그 작동원리를 정확하게 알고 있어야 한다. 유사과학은 대체로 이를 무시한다. 특히 중요한 개념을 자의적으로 해석해 자기 입맛에 맞는 엉뚱한 결론으로 내달리는 경우가 많다. 솔베이 학회에서나 EPR 논문에서 양자역학을 논박한 아인슈타인은 그 누구보다도 코펜하겐 해석의 교리와 관련 개념의 정의를 잘 알고 있었다. 특히 EPR에서는 오로지 양자역학의 교리만을 적용해 (국소성을 견지했을 때) 어떻게 모순에 이르게 되는지를 대단히 설득력 있게 제시했다. 이것이 유사과학과 진짜 과학의 차이다. 과학이 아니라 다른 일반적인 토론에서도 상대방을 설득하려면 먼저 상대방의 개념 정의와 논리를 파악해야 하고, 그로부터 스토리를 구성해 자신의 주장이 타당함을 보일 수 있어야 한다. 역시나 지피지기면 백전불태다. 과학자들은 사고실험이라는 유용한 방법으로 이를 잘 체득해왔다.

5장

전혀 다른 것들을 연결하기

"창의력이란 그저 사물들을 서로 연결하는 것이다." 지금은 고인이 된 스티브 잡스가 했던 말이다. 2007년 아이폰이 처음 세상에 나왔을 때, 잡스는 이 새로운 기기를 가리켜 아이팟(mp3 재생기)과 인터넷과 전화를 하나로 합친 것이라고 소개했다. 그로부터 모바일 혁명이 시작되었다. 아이폰만큼 창의력이란 곧 연결이라는 명제를 잘 드러낸 사례가 있을까 싶다. 잡스는 거기서 한 걸음 더 나아가 아이폰에 탑재되는 '앱'과 그 앱을 개발하는 사람들을 연결시키는 새로운 생태계를 만들었다. 바로 이 점 때문에 잡스와 애플은 단지 하나의 똑똑한 전화기를 만든 게 아니라 이전과는 구분되는 완전히 새로운 세계의 문을 열었다고 평가받을 만하다.

물론 무작정 이것저것 연결한다고 해서 그게 곧바로 창의적인 혁신으로 이어지지는 않는다. 잡스가 정말로 하고 싶었던 말을 나는 이렇게 이해하고 있다. 무엇을 어떻게 연결해야 혁신으로 이어지는지에 대한 통찰이 중요하다. 그것이 창의력의 본질이다.

아이폰과 비교해 내가 자주 드는 사례가 사무용 복합기다. 프린터, 팩스, 복사기, 스캐너 등의 기능을 모두 담은 이 신박한 사무용품은

21세기가 시작되기도 전에 세상에 그 모습을 드러냈다. 여러 가지 기능을 하나의 기기에 모두 담았으니 당연히 편리할 수밖에 없다.

그럼에도 그 누구도 사무용 복합기를 혁신적인 발명품이라 부르지 않는다. 왜일까? 복합기는 여러 기능을 그저 하나의 기기에 물리적으로 '혼합'했을 뿐이다. 반면 아이폰은 세 가지 기능을 '디지털로 통합'했다. 디지털로 통합했다는 것은, 예컨대 아이폰에서 수행한 작업 결과를 이메일로 보낼 수 있음을 뜻한다. 나는 이것이 스마트폰 혁신의 본질이라고 생각한다. 반면 복합기에서는 이런 통합이 이루어지지 않았다.

과학에서도 전혀 다른 것들을 연결시킨 통찰력이 놀라운 혁신이나 생각지 못한 돌파구를 만들어내는 출발점이 되곤 한다. 사실 나는 이런 사람들이야말로 진정한 천재라고 생각한다.

가장 널리 알려진 사례는 아인슈타인의 일반상대성이론이다. 앞서 설명했듯이 일반상대론은 중력의 본질을 시공간의 기하로 이해하는 이론으로서, 고전역학에서는 시간과 공간이 결합된 시공간이라는 개념이 아예 없을뿐더러, 시공간의 기하와 중력은 전혀 별개의 것이다. 아인슈타인은 이 둘을 연결해 현대화된 중력이론을 만들었으며, 이를 토대로 지난 100년 동안 현대적인 우주론이 구축될 수 있었다.

또 다른 예로, 2022년 필즈메달을 수상한 허준이 교수가 있다. 허준이 교수는 리드 추측Read's conjecture과 로타 추측Rota conjecture 등 수학계의 난제를 열한 개나 해결했다. 특히 조합론을 대수기하와 연결해 난제를 해결함으로써 조합대수기하학이라는 새로운 분야를 개척했다는 평가를 받는다. 간단히 말하면 조합론은 경우의 수를 세는 분야이고, 대수기하는 대수적인 방법으로 기하학을 연구하는 분야다.

지도에서 서로 인접한 나라들을 다른 색으로 칠할 때 네 가지 색이면 충분한가라는 4색 문제가 있다. 1852년 영국의 프랜시스 구드리가 처음 제안한 질문으로, 그로부터 100년도 더 지난 1976년에 네 가지 색이면 충분하다는 것이 증명되었다. 지도 위의 국가를 점으로 표현하고 국경을 맞댄 국가를 선으로 연결하면 4색 문제는 점과 선으로 구성된 그래프에서 꼭짓점을 색칠하는 문제로 바꿀 수 있다. 이를 일반화해 임의의 그래프에 대해 주어진 가짓수 이하의 색으로 꼭짓점을 칠할 수 있는(인접한 꼭짓점은 서로 다르게 칠한다는 조건으로) 경우의 수를 식으로 표현할 수 있는데, 이를 채색다항식이라 한다. 리드 추측이란 채색다항식의 계수의 절댓값이 점점 커지다가 정점을 찍고 작아질 수는 있으나 작아지다가 커질 수는 없다는 주장이다. 허준이 교수는 대수기하학의 근본적인 성질과 방법론을 동원해 이를 증명했다. 로타 추측은 리드 추측이 더 확장된 형태다.[46] 이처럼 허준이 교수도 전혀 다른 두 분야를 연결해 완전히 새로운 분야를 열었다.

말다세나 추론

물리학자들에게 아주 유명한 사례로는 말다세나 추론이 있다. 말다세나 추론은 아르헨티나 출신의 후안 말다세나가 1997년에 주창한 것으로 중력이론과 양자장론 사이에 모종의 대응관계가 있다는 추론이다. 이를 흔히 AdS/CFT 대응관계라고도 한다. 추론conjecture 또는 추측이란 아직 수학적으로 완전하게 증명되지는 않았으나 아마도 그것이 참일 것이라 여겨지는 명제다.

AdS는 'Anti-de Sitter Space'(반 더시터르 공간)의 약자다. 네덜란드의 천문학자 빌럼 더시터르는 아인슈타인의 중력장 방정식의 해를 구하기도 했다. 반 더시터르 공간은 곡률이 음이면서 대칭성이 최대인 공간이다. 말안장이나 절구통처럼 생긴 곡면이, 곡률이 음인 대표적인 예다. 반면 공은 곡률이 양수다. 대칭성이 최대라는 것은 공간 속의 모든 점들이 동등해서 임의의 두 점을 구분할 수 없다는 뜻이다.

CFT란 'Conformal Field Theory'의 약자로서 우리말로는 등각장론等角場論이라고 한다. 글자 그대로 해석하면 각도가 일정하게 유지되는 장론이다. 더 엄밀하게 말하자면, 각도가 일정하게 유지되는 변환에 대해 불변인 장론이다. 간단한 예를 들면, 두 팔을 벌려 일정한 각도를 유지하고 있다고 생각해보자. 이 상태에서 두 팔을 그대로 더 늘이거나 줄인다고 하더라도 두 팔이 형성하는 각도는 변하지 않는다. 또한 내가 서 있는 방향을 돌리더라도 각도는 그대로 유지된다. 만약 그 각도가 항상 일정하게 유지되는 이론을 구축한다면 그 이론은 등각이론이 될 것이다.

말다세나 추론을 AdS/CFT 대응관계라 부르는 이유는 AdS 공간에서의 중력이론과 등각장론CFT이 대응관계에 있기 때문이다. 여기서 중력이론이란 양자중력이론으로서 특히 앞서 소개했던 끈이론을 뜻한다. AdS/CFT 대응관계에서 중요한 사실은 등각장론이 정의되는 공간이 AdS의 경계면(또는 표면)에 해당한다는 것이다. 예를 들면 5차원 AdS에서의 중력이론은 그 표면인 4차원 경계면에서의 등각장론과 등가다. 그러니까 말다세나 추론은 어떤 차원에서의 중력이론과 그보다 한 차원 낮은 공간에서의 양자장론을 연결하고 있다. 이런 의미에서 말다세나 추론은 일종의 홀로그래피 이론이다. 우리가 일상에서 접하는 홀로그램이 홀로그래피의 대표적인 사례로, 2차원의 평면에 3차원의 입체 정보를 담은 것이다. 홀로그래피의 원리는 1990년대 네덜란드의 헤라르뒤스 엇호프트와 미국의 레너드 서스킨드가 제안한 바 있다. 말다세나 추론은 이들의 홀로그래피 원리를 가장 명징하게 보여주는 사례다.[47]

말다세나 추론에서 또 하나 중요한 점이 있다. 대응관계에 있는 중력이론과 양자장론의 결합상수는 서로 역수 관계라는 것이다. 결합상수란 입자들이 상호작용하는 강도를 나타내는 상수다. 결합상수가 작을수록 계산이 편리하다. 양자역학적인 효과를 모두 고려하면 수많은 입자들이 반응에 관여하게 되는데, 그 효과는 결합상수의 거듭제곱에 비례한다. 따라서 결합상수가 1보다 작을수록 이렇게 복잡한 반응들의 효과는 크게 기여하지 않게 된다. 이때는 가능한 모든 기여를 결합상수의 거듭제곱으로 체계적으로 전개해 가장 큰 기여항에 계속해서 작은 항들을 더해나가는 식으로 계산할 수 있다. 반면 결합상수가 커지면 이런 식의 계산이 의미가 없다. AdS/CFT 대응관계에서는 대응관계에 있는 중력이론에서의 결합상수와 양자장론에서의 결합상수가 서로 역수 관계에 있으므로, 한쪽에서 결합상수가 크더라도 다른 쪽에서는 결합상수가 작아진다. 따라서 예를 들어, 양자장론에서 결합상수가 커서 계산이 어려운 문제도 그에 상응하는 중력이론으로 옮겨 번역하면 결합상수가 작은 상태로 계산을 수행할 수 있다. 이런 식으로 응용해 예컨대 고온 초전도체 문제를 그에 상응하는 중력이론으로 설명하려는 시도도 있다.

AdS/CFT를 블랙홀에 적용하면 블랙홀의 정보모순 문제도 쉽게 해결할 수 있다. 중력이론은 표면에서의 양자장론과 같으므로 블랙홀이 호킹복사를 하더라도 그 모든 과정이 양자역학적으로 설명된다. 따라서 정보는 손실되지 않는다.

말다세나가 1997년에 발표한 논문의 인용 횟수는 2023년 현재 무려 2만 회 이상으로 고에너지 물리학 분야에서 가장 많이 인용된 논문에 속한다. 이런 숫자가 말해주듯이 말다세나 추론은 끈이론 역사에서 가장 획기적인 성과라는 평가를 받는다.

ER = EPR

양자이론과 중력이론을 연결하는 또 다른 추측으로 ER=EPR이 있다. ER은 아인슈타인-로즌 다리, 즉 시공간의 서로 다른 영역을 연결하는 웜홀의 존재를 예견했던 두 사람의 이름이다. EPR은 Einstein-Podolsky-Rosen(아인슈타인-포돌스키-로즌)의 약자로, 이 세 사람은 양자역학의 얽힘을 이용해 EPR 역설을 제기했던 논문의 저자들이다. 아인슈타인과 로즌은 양쪽에 모두 이름을 올리고 있다. 재미있게도 두 논문 모두 1935년에 출판되었다.

ER=EPR이란 중력이론에서의 웜홀과 양자역학에서의 얽힘이 본질적으로 똑같다는 주장이다. 말다세나와 레너드 서스킨드가 함께

2013년에 제시한 추론이다. 웜홀은 중력이론에서 나오는 결과 중 하나이고, 양자얽힘은 양자역학의 신묘한 현상 중 하나다. 그런데 이 둘이 어떻게 서로 연결돼 있다는 것일까?

말다세나와 서스킨드에 따르면 두 블랙홀을 잇는 다리로서의 웜홀은 두 블랙홀 사이의 미시상태 사이의 EPR 같은 상호관계로 형성된다. 따라서 ER=EPR에서는 두 입자가 양자역학적으로 얽혀 있는 것이 웜홀로 연결된 것과 동등하다. 그 반대도 마찬가지다. 그러니까 웜홀과 얽힘은 똑같은 실체를 두 가지 다른 방식으로 기술하는 것과도 같다. 즉 기하와 얽힘이 동등하다.

최근에는 양자컴퓨터를 이용해 ER=EPR을 구현했다는 연구 결과가 보고되었다. 그러나 이에 대한 반론도 있다. 만약 ER=EPR 추측이 옳은 것으로 밝혀진다면 양자역학과 중력을 통합하는 여정에 획기적인 돌파구가 열릴 것이다.

서스킨드와 말다세나가 ER=EPR을 제시한 직접적인 계기는 2012년에 약간 변형된 형태의 블랙홀 정보모순 문제가 또다시 제기되었기 때문이다. 이 해에 캘리포니아대학교 샌타바버라 캠퍼스의 아메드 알메이리, 도널드 매롤프, 조지프 폴친스키, 제임스 설리(알메이리와 설리는 폴친스키의 학생이었다)는 〈블랙홀: 상보성 또는 방화벽?〉이라는 논문을 썼다. 이 논문은 네 저자의 이름의 머리글자를 따서 AMPS 논문이라고 불린다.

이 논문은 블랙홀에 대해 다소 급진적인 주장을 내놓았다. 즉 블랙홀 속으로 자유낙하하는 관측자는 뭔가 극적인 상황을 겪게 되는데, 사건의 지평선을 지날 때 엄청나게 높은 에너지를 가진 입자들로 구성된 방화벽firewall을 만나 모두 불타 없어진다는 것이 AMPS의 주장이다. 이렇게 되면 정보모순도 발생하지 않는다. 스마트폰이든 무엇이든 사건의 지평선 안으로 들어가지 못하므로 빠져나오지 못할 정보도 존재하지 않는다는 것이다. 방화벽에서 불타버린 스마트폰은 호킹 복사로 다시 밖으로 빠져나오게 되고 이로써 정보가 보존된다.

그러나 AMPS는 엄청난 대가를 치러야 한다. 즉 일반상대성이론의 기본 원리인 등가원리를 포기하거나 대폭 수정해야만 한다. 등가원리란 중력과 관성력을 구분할 수 없다는 원리다. 엘리베이터가 갑자기 올라갈 때 몸무게가 무거워지는 것이 대표적인 사례다. 이는 가속도 때문에 생긴 관성력에 의한 결과로서, 엘리베이터가 정지해 있고 지구가 갑자기 무거워진 경우와 구분할 수 없다.

반대로 엘리베이터가 갑자기 내려가면 몸무게가 가벼워진다. 자이로드롭이라는 놀이기구에서 자유낙하하면 어떻게 될까? 지구를 향해 자유낙하하면 위쪽으로 관성력을 받게 되고 그 힘의 크기는 중력과 똑같다. 그 결과 자유낙하하는 물체에는 아무런 힘이 작용하지 않게 되고 자이로드롭에 탑승한 사람은 무중력상태를 느끼게 된다. 마치 주변에 아무런 천체가 없고 자신은 가만히 있는 상태에서 지구가 맹렬하게 다가오는 것과 같다. 그러나 지면에 서 있는 사람은 자이로드롭에 탑승한 사람이 맹렬한 가속도로 지구 표면을 향해 점점 속도를 높이며 추락하는 모습을 보게 된다.

블랙홀 속으로 사람이나 물체가 자유낙하할 때에도 마찬가지다. 밖에서 보기에는 블랙홀 안으로 뛰어든 홍길동이 점점 속도를 높이며 사건의 지평선을 향해 돌진하는 모습이다. 홍길동이 지평선에 가까워질수록 일반상대성이론의 중력효과 때문에 시간은 점점 느려진다. 홍길동과 관련된 모든 신체 반응도 슬로모션처럼 느리게 움직인다. 그러다가 사건의 지평선에서는 1초의 간격이 무한대로 커져서 시간이 정지한 것으로 보인다. 그 결과 블랙홀 외부에 있는 사람은 홍길동이 사건의 지평선을 건너가는 모습을 결코 볼 수 없다.

반면 블랙홀로 자유낙하하고 있는 홍길동은 별다른 특별한 사항을 느끼지 않는다. 사건의 지평선도 그저 가상의 경계면으로, 이 경계를 지날 때도 특별한 사건이 일어나지는 않는다. 다만 지평선을 지나가면 다시 되돌아 나올 수는 없다. 또한 블랙홀에 의한 중력이 강력해져서 위치에 따른 중력 차이(기조력)가 커져 온몸이 블랙홀 중심 방향으로 찢기는 고통을 느끼게 될 것이지만, 이 점을 제외하고는 사건의 지평선에서 별다른 물리적 사건은 일어나지 않는다. 이는 등가원리 때문이다.

AMPS는 이 점을 부정한 것이다. 한마디로 말해, 양자역학의 정보보존을 지키기 위해 일반상대성이론을 포기한 것과도 같다. 당연하게도 AMPS는 엄청난 논란을 불러일으켰다. 학계에서는 방화벽의 존재를 인정하는 쪽과 그렇지 않은 쪽으로 나뉘기도 했다. 이 문제는 아직도 완전히 해결되지 않은 채로 남아 있다.

AMPS의 논문이 나온 이후 서스킨드와 말다세나는 이 방화벽 문제를 해결하기 위해 ER=EPR이라는 추측을 제기했다. 즉 블랙홀 안쪽의 입자와 바깥쪽의 입자가 웜홀을 통해 서로 연결돼 있다는 것이다. 웜홀로 연결돼 서로 얽혀 있으면 당연하게도 블랙홀 내부의 정보가 어디론가 사라질 일은 없다. 웜홀이 정보소통의 통로 역할을 하는 셈이다. 이렇게 되면 정보손실을 막기 위해 굳이 블랙홀 사건의 지평선에 방화벽을 도입해 거기서 정보가 보존된다고 생각할 필요가 없다.

아직까지는 AMPS의 방화벽도, ER=EPR도 검증된 것은 하나도 없다. 이와 관련해 블랙홀 정보모순도 지난 40여 년 동안 숱한 논쟁을 불러일으키며 블랙홀과 양자역학에 대한 이해를 심화했지만 본질적으로 완전히 해결되었다고 볼 수는 없다. 만약 정말로 웜홀과 얽힘이 동등한 것으로 판명난다면 불구덩이 따위는 필요도 없을 것이고 블랙홀 정보모순 문제도 손쉽게 해결될 것이다.

5부

실패할 결심

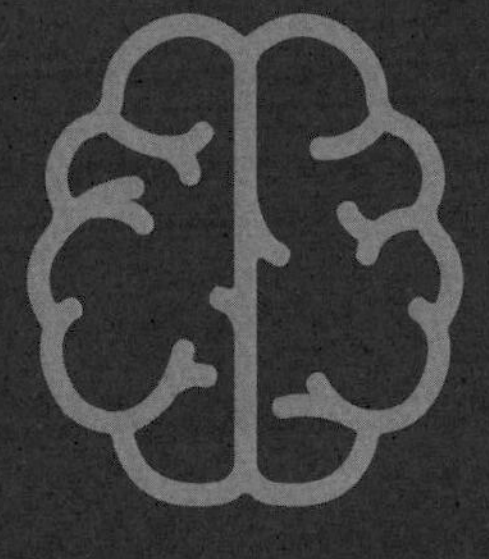

나는 실패한 것이 아니라,
1만 가지의 안 되는 방법을 알아냈을 뿐이다.
– 토머스 에디슨

"결국 폭탄이 불발이든 아니든 상관없어. 불발이라도 충분히 가치 있는 실험이 될 테니 말이지. 만일 그게 실패한다고 하면 우리는 원자 폭탄의 폭발이 가능하지 않다는 걸 입증한 셈이 되니까."[48]

엔리코 페르미가 맨해튼 프로젝트에 참여해 트리니티 실험을 앞두고 했던 말이다. 사상 최초의 핵폭발 실험이라 성공 여부를 가늠하기 어려웠다. 당시의 상황은 크리스토퍼 놀란 감독의 영화 〈오펜하이머〉를 통해 전 세계 많은 사람들에게도 잘 알려졌다. 물론 실험은 대성공이었다. 만약 트리니티 실험이 실패했다면 당연히 과학자들도 실망했겠지만, 정치인이나 군인들만큼은 아니었을 것이다. 그 이유를 페르미는 위와 같이 정확하게 설명하고 있다. 군인에게는 전투에서의 승리와 패배가 병가지상사이듯이, 과학자에게는 연구의 성공과 실패가 또한 일상적인 일이다. 성공과 실패는 과학 활동이라는 동전의 양면과도 같다. 실패는 과학 활동에 필연적으로 동반되는 요소다.

과학자라면 이 점을 당연하게 여기겠지만, 일반인이나 특히 정치인은 매우 못마땅하게 여길 것이다. 과학자와 정치인이 생각하는 성공의 기준 또한 다르다.

단적인 예를 들자면, 대한민국은 OECD 국가 중에서 국립자연사박물관이 없는 유일한 나라다. 이유는 단 하나, 예비타당성 조사에서 비용편익이 항상 낮게 나왔기 때문이다. 국립자연사박물관을 짓는 것도 오직 경제적 잣대로만 평가하니 이런 결과가 나올 수밖에 없다. 국립자연사박물관이 한반도 안팎에 흩어져 있는 표본을 수집하고 관리하고 연구하며, 이를 교육에 활용하는 비경제적 가치는 중요하게 고려되지 않는다. 이런 관점에서 국립자연사박물관을 짓지 않는 것이 정치인들에게는 '성공'적인 정책이었겠으나, 과학자들에게는 '실패'일 수밖에 없다.

다른 과학 분야에 대해서도 같은 말을 할 수 있다. 실용적인 또는 경제적인 기준만으로 성공과 실패를 판단해서는 안 된다. 과학 자체의 발전 메커니즘을 이해해야 하고, 과학 또는 과학자들이 중요하게 여기는 가치가 무엇인지도 고려해야 하기 때문이다.

5부에서는 과학자들이 어떻게 실패와 더불어 살아왔는지 몇 가지 사례를 통해 살펴보려 한다.

1장

시행착오는 불가피하다

과학은 한마디로 자연의 법칙을 찾는 과정이다. 그러기 위해서는 언제나 우리 인간이 자연과 대면해야만 한다. 나약한 존재인 인간이 광활한 자연과 마주하는 일은 당연히 어렵다. 대자연은 인간에 친화적이지 않다. 인간에게 익숙한 환경은 우주 전체를 놓고 봤을 때 극히 일부에 지나지 않는다. 그래서 인간은 자연과 대면하는 과정에서 필연적으로 시행착오를 겪을 수밖에 없다.

근대 과학이 형성되는 과학혁명기에도 마찬가지였다. 과학혁명은 천상의 혁명으로부터 시작되었다. 그 중심인물인 케플러는 태양계 행성운동의 비밀을 밝혀낸 것으로 유명하다. 케플러의 활약상에 대해서는 앞에서 살펴본 바 있다. 케플러가 밝힌 천상의 비밀은 케플러의 법칙으로 알려져 있다. 케플러의 법칙은 세 가지다. 첫째, 행성은 태양을 하나의 초점으로 갖는 타원 궤도를 운행한다. 둘째, 행성이 단위 시간에 타원 궤도를 훑고 지나가는 넓이는 똑같다. 셋째, 행성의 공전 주기의 제곱은 궤도 긴반지름의 세제곱에 비례한다.

케플러의 '화성의 전투'(화성의 공전 궤도를 구하는 것)는 제1법칙인 타원 궤도를 얻는 과정이었다. 당시에는 계산기도 없어서 모든 과정을 수작업으로 진행해야 했다. 전해지는 일화에 따르면 케플러는 4년 동안 70여 회에 걸쳐 반복 계산을 수행했는데, 이때 사용된 종이만 해도 2절지로 900장이나 되었다고 한다.[49] 그런 지난한 과정 때문에 케플러의 법칙이 발표된 것은 브라헤가 사망한 지 8년이 지난 1609년이었다.• 케플러가 원 궤도라는 고정관념에서 좀 더 일찍 벗어났더라면 그의 엄청난 계산량과 시행착오의 횟수가 어느 정도 또는 상당히 줄어들었을 것이다. 그러나 어쩌면 과학에서 발상의 전환이란, 원에서 타원으로 넘어가는 데도 수백 장의 종이를 버려가며 수십 번에 걸쳐 반복해서 계산을 해야만 하는 사투일지도 모른다. 시행착오의 횟수가 쌓이는 만큼 결과물의 정확도는 그만큼 높아진다.

아인슈타인의 시행착오

아인슈타인도 수많은 시행착오를 겪었다. 세기의 천재라고 해서 항상 단번에 올바른 답을 구했던 것은 아니다. 특히 아인슈타인은 일반상대성이론을 구축하는 데에 8년여의 세월이 걸렸다. 2부 4장에서도 살펴보았던 아인슈타인의 중력장 방정식을 다시 한번 보자.

$$G_{\mu\nu} = 8\pi G T_{\mu\nu}$$

• 브라헤가 사망한 뒤 케플러가 그의 방대한 자료를 곧바로 넘겨받지 못했던 탓도 있다. 유족 등과의 분쟁에 몇 년이 걸렸다고 한다.

여기서 $G_{\mu\nu}$는 '아인슈타인 텐서'이고, 우변에 있는 $T_{\mu\nu}$는 '에너지-운동량 텐서'다. 텐서tensor란 간단히 말해 크기와 방향이 있는 벡터를 일반화한 양이다. 크기와 방향이 있는 벡터는 흔히 각 공간의 방향을 따라 '성분'으로 표시할 수 있다. 예컨대 풍속은 크기와 방향이 있으므로 벡터다. 동남풍이 분다고 하면 우리는 그 바람의 동쪽 성분과 남쪽 성분을 분리해서 고려할 수 있다. 텐서는 말하자면 성분에 대해 다시 (일반화된) 성분이 있는 양이다. 벡터 또한 텐서의 일종이다. 위의 식에서 아래 첨자 μ(뮤), ν(뉴)는 텐서의 두 성분을 나타낸다. 성분이 하나인 텐서가 벡터다. 성분이 둘인 텐서는 2계(rank 2) 텐서라 한다. 2계 텐서는 첫 번째 첨자를 행, 두 번째 첨자를 열로 하는 행렬로 표현할 수 있다. 행렬, 즉 2계 텐서의 가장 간단한 예는 사무실에서 흔히 쓰는 엑셀 표다. 학생들의 성적표를 작성한다고 생각해보자. 가로축에 교과목 A, B, C…가 있고 세로축에 학생들의 이름이 있으면 간단한 성적표를 만들 수 있다.

그러나 수학적으로 좀 더 엄밀하게 텐서를 정의하자면 좀 복잡하다. 단지 첨자가 여럿 있다고 해서 텐서가 되는 것은 아니다. 텐서는 좌표를 바꾸었을 때 특정한 규칙에 따라 변해야 텐서라 정의된다. 이 점이 굉장히 중요하다. 이 성질 때문에 텐서로 구성된 방정식은 좌표를 바꾸더라도 그 형태가 온전히 유지된다. 이런 성질을 공변성共變性, covariance이라 한다. 이는 특수상대성이론의 첫 번째 가정에서 요구하는 바이기도 하다. 실제로 맥스웰 방정식을 텐서를 이용해 다시 쓰면 상대론적인 좌표변환에 대해 그 형태가 똑같이 유지된다. 위의 중력장 방정식도 텐서 방정식이기 때문에 공변성이 유지된다.

아인슈타인이 최종적으로 위의 식에 이르기까지는 많은 우여곡절이 있었다. 아인슈타인은 취리히연방공과대학교에 있을 때 텐서를 이용해 비슷한 방정식을 썼다. 같은 대학 수학과에는 그의 절친한 친구였던 마르셀 그로스만이 있었다. 그로스만은 대학시절 아인슈타인에게 수학 노트를 보여주었고, 대학을 졸업한 뒤에는 그의 아버지가 특허청 일자리를 주선해주기도 했다. 그로스만은 미분기하학과 텐서 미적분학의 전문가였다. 특히 아인슈타인에게 비유클리드 기하학으로서의 리만 기하학의 중요성을 알려주기도 했다. 이는 물론 일반상대성이론을 완성하는 데에 큰 도움이 되었다.

아인슈타인은 그로스만과 함께 1913년에 〈일반화된 상대성이론과 중력이론에 관한 개론〉(이하 〈개론〉)이라는 논문을 발표했다. 이 논문에는 다음의 공식이 중요하게 등장한다.

$$\kappa\Theta_{\mu\nu} = \Gamma_{\mu\nu}$$

여기서 좌변은 중력장 방정식의 우변과 똑같다. 우변의 $\Gamma_{\mu\nu}$는 아인슈타인이 "기본적인 텐서인 $g_{\mu\nu}$에 미분 연산을 작용시켜 유도된 2계의 공변텐서"라고 적시했다.[50] $g_{\mu\nu}$는 계측텐서metric tensor로서, 임의의 휘어진 시공간에서 두 지점 사이의 거리를 측정하는 텐서다. 여기서 한 걸음만 제대로 걸어갔더라면 일반상대성이론은 2년 빨리 완성되었을지도 모른다. 올바른 방향은 리치텐서Ricci tensor라 불리는 양으로 우변을 구성했어야 하지만, 아인슈타인은 그러지 않았다. 리치텐서 또한 계측텐서를 미분해 얻을 수 있는 대표적인 2계 공변텐서다.

아인슈타인이 리치텐서를 선택하지 않은 이유는 리치텐서로 뉴턴의 만유인력의 법칙을 재현할 수 없었기 때문이다! 아인슈타인은 만유인력의 법칙이 특수상대성이론과 잘 부합하지 않아 새로운 중력이론을 추구했지만, 아무리 새로운 중력이론이더라도 고전적인 극한에서는 만유인력의 법칙을 재현해야만 한다고 생각했다. 비상대론적인 상황에서는 만유인력의 법칙이 대단히 잘 작동해왔기 때문이다. 앞서 말했듯이 이 또한 대응원리의 일종이다. 아인슈타인은 이 대응원리를 매우 중요하게 여겼다. 그래서 대응원리를 구현하는 데 실패하자 리치텐서를 버리고 다른 형태를 찾아 나서게 된 것이다.

그러나 그렇게 구성한 〈개론〉의 방정식은 완전히 공변적이지 않았다. 또한 수성의 근일점 이동도 제대로 설명하지 못했다. 아인슈타인은 1914년 4월 취리히에서 베를린으로 자리를 옮겼다. 그해 11월에 진전된 결과를 내놓았지만 여전히 공변성 문제를 만족스럽게 해결하지는 못했다. 결국 이듬해인 1915년에 아인슈타인은 〈개론〉의 접근법을 뒤집어엎고 공변성을 중심에 두고 다시 방정식을 구축하기에 이른다. 이때 아인슈타인은 리치텐서를 이용했다.

아인슈타인은 1915년 11월 18일 자 논문 〈수성의 근일점 운동에 대한 일반상대론적 설명〉에서 새로운 방정식으로 수성의 근일점 문제를 해결했다. 그러나 이때 이용한 방정식이 100퍼센트 완성된 형태는 아니었다. 방정식이 에너지보존법칙을 만족하지 않았기 때문이다. 다행히도 수성의 근일점 문제는 미완성의 방정식으로도 해결할 수 있는 상황이었다. 그로부터 일주일 뒤인 11월 25일에 발표한 논문에서 아인슈타인은 마침내 새로운 수정항을 추가해 에너지보존 문제를 해결하고(이렇게 구성된 새로운 텐서를 아인슈타인 텐서라 한다) 완성된 중력장 방정식을 내놓을 수 있었다. 현대의 물리학자들이 가장 아름다운 방정식이라 칭송하는 아인슈타인의 중력장 방정식은 이처럼 갖은 우여곡절과 시행착오를 거쳐 완성되었다.

암모니아 촉매

연구 분야의 특성상 어쩔 수 없이 단순무식한 시행착오를 겪어야만 하는 사례도 있다. 특정한 목적을 달성하기 위해 원하는 성질의 새로운 물질을 찾는 과정이 대표적이다. 내가 생각하는 아주 인상적인 사례는 1910년대 독일에서 있었던 일이다. 당시 독일의 화학자들은 암모니아(NH_3)를 인공적으로 합성하는 일에 골몰했다. 암모니아가 중요한 이유는 이것이 합성 비료를 만드는 데에 핵심 물질이기 때문이다. 농작물이 생장하는 데에 꼭 필요한 원소 중 하나가 질소(N)다. 질소는 공기의 대부분을 차지하는 아주 흔한 원소다. 다만 질소기체분자(N_2)는 전자가 3중으로 결합돼 있어서 대단히 안정적이며 불활성이어서 질소기체의 질소를 그대로 사용하기가 무척 어렵다. 자연적으로는 번개 등의 외부 요인으로 질소결합을 깨거나 콩과 식물에 서식하는 뿌리혹박테리아가 질소를 분리해 질소화합물을 만든다. 그러나 대량으로 농작물을 재배해 식량 생산을 늘리려면 자연에 의존하는 방식으로는 한계가 있다. 질소화합물로 화학비료를 대량으로 생산하는 방법은 인류 생존에 중요한 문제였다.

20세기 초 당대 최고의 화학자였던 프리드리히 빌헬름 오스트발트나 그의 제자였던 발터 네른스트가 암모니아를 합성하기 위해 노력했으나 성공하지 못했다. 암모니아를 합성하는 반응은 다음과 같이 아주 간단하다.

$$3H_2 + N_2 \rightarrow 2NH_3$$

여기서 N_2의 질소결합을 깨려면 높은 온도가 필요한데, 이 반응은 발열 반응이라 온도가 올라가면 암모니아가 쉽게 분해되면서 역반응이 우세해진다. 이 문제를 해결한 사람이 프리츠 하버다. 그는 1910년에 200기압이라는 높은 압력에서 암모니아의 수급률을 끌어올리는 데에 성공했다. 하버는 이때 독일의 유명한 화학기업인 바스프와 공동 연구 중이었다. 사실 연구실에서 암모니아를 찔끔 얻는 것과 공장에서 대규모로 생산하는 것은 전혀 다른 문제다. 바스프의 화학자 카를 보슈는 바로 그 과업에 성공했다. 그래서 암모니아를 대량으로 생산하는 공정을 하버-보슈 공법이라 한다. 이 공로로 하버는 1918년에 단독으로, 그리고 보슈는 1931년 프리드리히 베르기우스와 공동으로 노벨 화학상을 수상했다.

바스프에서 암모니아를 대량생산하는 데 한 가지 큰 문제가 바로 촉매였다. 촉매를 잘 쓰면 반응온도를 낮춰서 암모니아 수급률을 높일 수 있다. 하버가 실험실에서 사용한 촉매는 오스뮴이었다. 특별한 이유가 있었던 것은 아니다. 그 무렵 하버가 자문하던 전구회사에서 필라멘트의 소재로 오스뮴을 사용하고 있어 구하기 쉬웠기 때문이다. 반면 바스프는 초기에 우라늄을 촉매로 사용했다. 이후 바스프는 최상의 촉매를 찾아 나섰다. 연구책임자는 오스트발트의 제자이자 보슈의 연구 조수였던 알빈 미타슈였다. 미타슈는 30여 대의 촉매 시험 가동 장치를 준비해 밤낮을 가리지 않고 더 나은 촉매를 찾아 나섰다. 작업의 특성상 단순무식한 시행착오 말고는 달리 방법이 없었다. 이런 식으로 미타슈 연구진은 1912년 초까지 2500여 개의 촉매물질로 약 6500여 회에 걸친 실험을 진행했다. 1920년까지는 실험 횟수가 무려 2만 번에 달했다고 한다. 이윤을 최우선의 가치로 추구하는 사기업에서 그렇게나 많은 시행착오를 허용했다는 사실이(물론 성공하면 엄청난 이익이긴 했겠으나) 무척 놀랍다. 마침내 미타슈는 스웨덴의 어느 광산에서 생산되는, 특정한 불순물을 함유한 철이 특효가 있다는 사실을 발견했다. 나중에는 철과 알루미늄과 칼슘의 최상의 조합을 찾아내는 데 성공했다.[51]

신약 개발은 시행착오가 필수인 또 다른 분야다. 특정한 목적을 수행할 물질을 찾는다는 면에서 신약 개발이나 촉매 탐색은 비슷한 면이 있다. 다만 약은 인체에 직접 투입되는 만큼 훨씬 더 복잡하고 까다로운 과정을 거쳐야만 한다. 보통 신약을 개발하는 데에 10~15년이 걸리고, 투입되는 자금도 1조 원 이상이다. 세계 상위 열두 개 제약회사의 경우에도 제품 하나를 출시하는 데에 걸리는 시간이 평균 10~12년, 연구개발비는 2조 8000억 원에 이른다고 한다. 성공 확률은 1만분의 1보다 작다. 한국제약바이오협회(2017)에 따르면 개발 초기 유망한 후보 물질을 5000개에서 1만 개 정도 발굴하는 데에만 5년 정도 소요되고, 전임상시험에 들어가는 것은 그중 10~250개 정도에 불과하다. 여기서 임상에 진입하는 것은 아홉 개, 그리고 최종적으로 이 중 하나가 마지막 단계의 임상시험을 거친다. 시간과 노력이 엄청나게 필요한 만큼 투입되는 돈도 상상을 초월한다.

최근에는 이 과정에 인공지능을 투입해 인간의 수고로움을 획기적으로 줄이고 있다. 홍콩의 생명공학 기업 인실리코메디슨사는 2019년 생성형 인공지능 기술을 도입해 섬유증 치료제 후보 물질을 개발 46일 만에 탐색하기도 했다.[52] 인간이 후보 물질을 탐색할 때에는 관련 논문을 500여 편 검토해야 하는데, 인공지능은 100만 편 이상의 논문과 수십만 개의 화학물질을 아주 짧은 시간 안에 탐색할 수 있다. 인공지능의 성능이 향상될수록 탐색할 수 있는 논문과 화학물질의 수는 훨씬 더 늘어날 것이다.

물론 아직은 신약 개발에 인공지능을 활용하는 초기 단계이고, 10년이 넘는 개발기간 중 2~3년을 단축하는 정도에 불과하다는 경계의 목소리도 있다. 인실리코메디슨의 경우에도 인공지능의 역할은 주로 약물 스크리닝(새로운 약물 혹은 화합물을 식별하는 과정)에 한정되어 있다. 이 과정은 전체 신약 개발의 일부일 뿐이다.

그러나 구글의 제미나이 같은 멀티모달 인공지능도 등장했듯, 인공지능 기술이 하루가 다르게 발전하고 있으니 가까운 미래에는 신약 개발의 다른 과정에서도 인공지능이 더 많은 역할을 하게 될 것이다.

케플러도 간단한 컴퓨터만 있었더라면 그렇게 많은 계산을 직접 하는 고통을 겪지 않아도 됐을 것이다. 기술이 발전하면서 인간이 감당해야 할 시행착오는 확연히 줄어들 여지가 많다. 인간만이 할 수 있을 거라고 여겼던 과정을 이제는 숙련된 인공지능이 어느 정도 수행할 수 있으니, 머지않은 미래에는 끝없는 시행착오가 위대한 과학적 발견의 영웅적인 스토리로 남지는 않을 것 같다. 인공지능의 도움을 받아 시행착오를 줄일 수 있다면 인간은 더 창의적인 일에 몰두할 수 있을 것이다. 다만 그 단계까지 이르는 데에는 역시나 수많은 시행착오가 필요할 테지만 말이다.

2장

실패를 어떻게 볼 것인가

교과서나 언론에 등장하는 과학은 성공 사례로 가득 차 있다. 사실 그 이면에는 성공에 가려진 실패의 역사가 몇 배는 더 많다. 어떤 실패 사례는 성공 사례 못지않게 크게 주목받기도 한다. 대표적인 사례가 2부 3장에서 소개한 마이컬슨-몰리 실험이다. 이는 빛의 간섭 현상을 이용해 가상의 물질 에테르를 검출하기 위한 실험이었다. 그러나 여러 차례에 걸친 실험에도 불구하고 에테르를 검출하지는 못했다. 마이컬슨-몰리 실험은 에테르를 찾겠다는 원래 목적에 비추어 보자면 실패한 실험이었다.

그렇다고 해서 이 실험이 에테르의 '부재를 증명'한 것도 아니었다. 부재의 증명은 언제나 어렵다. 특히나 관측 실험으로 부재를 증명하는 것은 거의 형용모순에 가깝다. 마이컬슨-몰리 실험이나 이후의 비슷한 실험에서 에테르가 검출되지 않았지만, 당대의 과학자들은 에테르가 아예 없다고 생각하지는 않았다. 똑똑한 과학자들은 에테르가 반드시 존재할 것이라고 생각했고, 그럼에도 실험에서 검출되지 않는 이유를 설명하기 위해 기발한 이론을 제시하기도 했다. 예컨대 에테르가 지구의 운동과 함께 끌려다니면 지구에 대해 에테르는 상대적으로 정지 상태에 있을 테니까 마이컬슨-몰리 실험으로는 그 어떤 간섭무늬의 차이도 관측할 수 없다는 것이다. 물론 가장 기발한 이론은 에테르 따위는 존재하지 않는다고 가정한 아인슈타인의 특수상대성이론이었다.

그렇다면 마이컬슨-몰리 실험이 아인슈타인의 특수상대성이론에 큰 영향을 끼쳤을까? 적어도 아인슈타인 본인의 회고에 따르면 꼭 그렇지도 않았다. 아인슈타인 자신은 마이컬슨-몰리 실험을 잘 알지 못했으며 1905년 특수상대성이론 논문을 작성할 때에도 마찬가지였다고 한다. 이런 사실관계만 나열해놓고 본다면 마이컬슨-몰리 실험은 완벽하게 실패한 실험이었다. 원래 목적이었던 에테르의 검출에도 실패했고, 에테르의 부재를 증명한 것도 아니며, 그렇다고 특수상대성이론의 탄생에 직접 영향을 주지도 못했으니까 말이다. 사실 어떤 실험이 실패했다고 해서 무용지물로 끝나는 것은 아니다. 원하는 결과를 얻지 못했다면 어느 한계까지 원하는 결과가 나오지 않았는지 그 경계를 새로 그을 수 있기 때문이다. 이 장의 처음에 인용한 엔리코 페르미의 말이 정확하게 이 점을 짚고 있다. 과학자들의 학회에서 가장 흔하게 볼 수 있는 그림이 이처럼 새로운 한계를 설정하는 그래프들이다. 그렇게 업데이트된 영역이 기존의 다른 과학적 사실들에 어떤 영향을 끼치는지를 재검토하고 그 의미를 파악해 다시 원하는 신호가 존재할 수 있는 영역을 탐색하기 위한 계획을 세우고 새로운 실험을 설계하는 것이 과학자들의 일상이다. 따라서 실패와 성공은 단절적이지 않고 연속적으로 이어진 하나의 과학 활동이다.

한 가지 분명한 사실은 마이컬슨-몰리 실험이 실패한 실험 중에는 역사상 가장 유명한 실험이라는 점이다. 마이컬슨-몰리 실험은 대학교 일반물리학의 거의 모든 교과서에 수록돼 있을 것이다. 게다가 마이컬슨은 이 실험 장치(마이컬슨 간섭계라 부른다)로 정밀한 실험을 한 공로를 인정받아 1907년에 노벨 물리학상을 수상했다. 그는 과학 분야에서 노벨상을 받은 최초의 미국인이었다. 실패한 실험에 노벨상이라니! 마이컬슨의 후예들은 이 장치를 개량해서 약 130년 뒤에 중력파를 검출하는 데 성공했다. 2015년에 최초로 중력파를 검출한 미국의 LIGO 설비의 기본 원리는 마이컬슨 간섭계와 똑같다.

그러고 보면 어느 한 시점에서 과학 연구의 성공과 실패를 따진다는 게 얼마나 부질없는 일인지 알 수 있다.

갈릴레이의 실패

실험뿐만 아니라 이론에서도 숱한 실패의 사례들이 역사의 뒤안길로 사라졌다. 실패의 주인공 중에는 무려 갈릴레이나 아인슈타인 같은 위대한 과학자들도 있었다.

우선 갈릴레이는 행성이 타원 궤도를 돌고 있다는 사실을 믿지 않았다. 동시대를 살았던 케플러가 브라헤의 방대한 데이터를 분석해 얻은 결과였고, 그래서 케플러조차 기존의 신념인 원 궤도를 버리고 타원 궤도를 받아들였음에도, 갈릴레이는 끝까지 원 궤도를 고집했다.

그뿐 아니라 갈릴레이는 밀물과 썰물이 지구의 자전과 공전운동의 조합 때문이라고 생각했다. 갈릴레이가 활약했던 17세기에는 중력에 대한 개념이 성립되기 전이었고 여전히 지구중심설이 팽배했다. 갈릴레이는 지구중심설을 타파하고 지구의 자전과 공전으로 조수 현상을 설명하기 위한 책을 구상했다. 그 책이 바로 갈릴레이를 종교재판에 세운《두 우주 체계에 관한 대화》였다.

《두 우주 체계에 관한 대화》는 세 명의 등장인물이 나흘 동안 토론을 벌이는 형식으로 구성되어 있다. 첫째 날에는 천체관, 둘째 날에는 지구의 자전, 셋째 날에는 지구의 공전, 그리고 넷째 날에 바로 밀물과 썰물에 대해 토론한다. 지구가 자전하면서 공전하면 지구의 자전 방향과 공전 방향이 일치하는 지역이 있고, 이때 그 반대편이 회전하는 방향은 지구 공전 방향과 반대가 된다. 이에 따라 지구 표면의 물에 미치는 효과가 달라져 밀물과 썰물이 생긴다고 갈릴레이는 생각했다. 이 논리에서는 밀물과 다음 밀물 사이의 주기가 24시간이다. 왜냐하면 공전 방향과 같이 회전하는 한 지점이 다시 공전 방향과 같아지려면 지구가 한 바퀴 자전해야 하기 때문이다.

이는 실제 관측 결과와 다르다. 실제로는 밀물과 다음 밀물 사이의 주기가 약 12시간 24분이기 때문이다. 갈릴레이도 이 차이를 모르지는 않았으나 자신의 주장을 굽히지 않았다.

밀물과 썰물이 생기는 근본 원인은 지구와 달 및 태양 사이의 중력 때문이다. 중력은 위치에 따라 힘의 크기가 거리의 제곱에 반비례하므로 지구 입장에서는 달이나 태양의 중력 때문에 양쪽에서 잡아당기는 효과를 받게 된다. 그 결과 바닷물은 지구와 달을 잇는 (태양은 잠시 무시한다면) 직선 방향으로 양쪽으로 부풀어 오르게 되고 따라서 밀물의 주기는 12시간이 된다. 24분의 차이가 나는 이유는 지구가 자전하는 동안에도 달이 공전하는 효과 때문이다.

하지만 중력을 제대로 이해하고 정식화한 사람은 갈릴레이 바로 다음 세대의 뉴턴이었다. 따라서 갈릴레이가 잘못된 이론으로 조수 현상을 설명하려고 했던 것은 오류라기보다 시대적인 한계가 아니었을까 싶다.

아인슈타인의 영원불멸 우주론

갈릴레이는 400년 전의 사람이라 잘못된 이론에 경도될 수 있다 하더라도, 아인슈타인조차 틀린 이론을 제시했었다고? 사실이다. 앞서 소개했던 양자역학의 EPR 및 숨은 변수이론이 대표적인 사례다. 만약 여러분이 '아인슈타인이 틀렸다'라는 제목의 기사를 보게 된다면 그건 십중팔구 양자역학과 관련된 내용일 것이다. EPR 논문은 벨 부등식을 거쳐 알랭 아스페 등의 실험에 의해 틀린 것으로 판명되었지만, EPR 논문은 양자역학의 발전사에서 대단히 중요한 기여를 했다. 두 입자가 양자얽힘 상태에 있을 때 이를 여전히 EPR 상태라 부르는 것도 하나의 예다. 실패자들의 이름이 이런 식으로 붙어 다니는 것은 흔한 일이 아니다.

반면 '아인슈타인이 옳았다'는 제목의 기사는 대부분 일반상대성이론과 관련된 내용일 것이다. 지난 100여 년 동안 일반상대성이론은 숱한 검증을 견뎌왔고 그 예측을 실현해왔다. 그러나 아인슈타인이 일반상대성이론을 우주에 적용시켜 현대적 우주론을 정립할 때에는 잘못된 길로 접어들기도 했다.

1915년 일반상대성이론의 핵심인 중력장 방정식을 완성한 아인슈타인은 1917년에 이를 우주 전체에 적용해 현대적 우주론의 새 장을 열었다. 그전까지 우주론은 사변적인 수준에 머물러 있었다. 자신의 새로운 중력이론을 우주에 적용해본 아인슈타인은 놀라운 결과를 얻었다. 우주의 시간과 공간이 시간에 따라 동역학적으로 진화하는 다이내믹한 우주를 얻게 된 것이다. 시공간에 에너지가 퍼져 있으면 그에 따라 시공간이 뒤틀리고 그 곡률이 중력의 본질이라는 일반상대성이론의 교리에 따르면, 이런 결과는 어쩌면 당연한 귀결이었다.

그러나 이 결과는 아인슈타인의 신념과 맞지 않았다. 아인슈타인은 정적이고 영원불멸한 우주의 모습을 생각하고 있었다. 우주는 언제나 지금과 똑같은 모습을 유지해야 한다는 것이었다. 생애 최고의 역작으로 빚은 이론과 자신의 신념이 충돌한다면, 여러분은 어떤 선택을 하겠는가?

아인슈타인은 자신의 신념을 선택했다. 그렇다면 자신의 새로운 중력이론은? 당연히 그 신념에 맞게 수정해야 했다! 아인슈타인은 영원불멸의 우주를 만들기 위해 자신의 중력장 방정식에 우주상수 cosmological constant라는 새로운 항을 하나 '임의로' 추가했다. 중력장 방정식에 따르면 시공간에 분포한 은하 같은 질량 덩어리(또는 에너지)가 시공간을 뒤틀게 된다. 우주상수는 그 작용을 상쇄하는 역할을 수행한다. 그러니까 우주상수는 말하자면, 질량이 있는 물체의 중력 작용을 상쇄시키는 일종의 '반중력 작용'을 발휘하는 항이다. 중력장 방정식에서 우주상수는 공간 자체가 가지는 에너지 밀도라고 할 수 있다. 우주상수의 반중력효과는 보통 물질의 중력효과를 상쇄해 시간에 따라 시공간이 변하지 않는 상태를 구현할 수 있다.

이렇게 기묘한 성질을 가진 우주상수 덕분에 아인슈타인은 영원불멸의 우주를 만들 수 있었다. 그러나 그 우주는 봉우리 위에 놓여 있는 공처럼 불안정해서 약간의 변화만 주어져도 영원불멸의 균형이 깨질 수 있다. 그럼에도 아인슈타인은 자신의 신념과 우주상수를 유지했다.

1920년대 초기 러시아의 알렉산드르 프리드만과 벨기에의 조르주 르메트르는 독립적으로 원래 아인슈타인이 얻었던 것과 똑같은 결과, 즉 동적인 우주를 얻었다. 이들은 각각 아인슈타인에게 자신의 결과를 알려주었으나, 돌아온 반응은 냉담했다. 수학적인 결과는 옳을지 모르나 물리학적인 내용은 완전히 틀렸다는 것이다. 르메트르는 우주가 태초에 원시원자라는 아주 미시적인 상태에서 시작했으며 시간이 지남에 따라 계속 팽창하고 있다고 주장했다. 이는 현대적인 빅뱅우주론의 시초라 할 수 있다.

그러나 제아무리 대단한 아인슈타인이라도 자연을 이길 수는 없었다. 1929년 미국의 천문학자 에드윈 허블은 윌슨산 천문대의 후커 망원경으로 외계은하를 관찰해 모든 은하가 지구로부터 거리에 비례하는 속도로 멀어지고 있다는 사실을 알아냈다. 이를 허블-르메트르의 법칙이라 한다. 은하가 거리에 비례하는 속도로 멀어진다는 말은 두 배 멀리 있는 은하는 두 배 빨리, 세 배 멀리 있는 은하는 세 배 빨리 멀어진다는 뜻이다. 이처럼 은하가 거리에 비례해서 멀어지는 현상은 우주 공간이 팽창한 결과로 쉽게 설명할 수 있다. 즉 임의의 두

점 사이의 거리가 계속해서 멀어지면 은하들은 지구로부터의 거리에 비례하는 속도로 멀어지게 된다. 이 결과는 르메트르가 이미 이론적으로 예측한 바 있었다. 허블의 대발견은 팽창하는 우주의 발견이었다.

나는 개인적으로 허블의 발견이 20세기 전체를 통틀어 가장 위대한 과학적 발견 상위 3위 안에 든다고 생각한다. 이로써 아인슈타인의 영원불멸한 우주론은 설 자리를 잃었다. 아인슈타인은 우주상수를 도입한 것이 일반상대성이론의 아름다움을 망쳤다면서 생애 최대의 실수라고 후회했다.

인간만사 새옹지마라는데, 우주상수의 운명도 비슷했다. 한동안 우주상수는 존재하지 않는 것으로 간주되었으나, 1990년대 말 화려하게 부활했다. 무덤 속의 아인슈타인이 들으면 기뻐할지 난감해할지 무척 궁금하다(자세한 내용은 6부 5장을 참고하라).

정상상태우주론

팽창하는 우주는 빅뱅우주론의 가장 직접적인 증거 중 하나다. 우주가 팽창하고 있다면 시간을 거꾸로 돌렸을 때 우주의 모든 것이 태초에 매우 좁은 시공간의 영역에 갇혀 있었을 것이기 때문이다. 그 태초의 순간이 빅뱅이다. 그러나 빅뱅우주론만이 팽창하는 우주를 설명할 수 있는 것은 아니다. 일명 정상상태우주론에서도 팽창하는 우주를 설명할 수 있다. 정상상태우주론에서는 끊임없이 새로운 물질들이 생겨나면서 우주가 팽창한다. 이때 우주의 모습은 변하지 않고 시간에 따라 항상 똑같이 유지된다. 빅뱅우주론에서는 공간만 계속 팽창하므로 우주 속 물질의 밀도가 계속 줄어들지만, 정상상태우주론에서는 공간이 팽창하는 만큼 새로운 물질이 계속 생성되므로 밀도가 항상 일정하게 유지된다. 1948년에 프레드 호일, 허먼 본디, 토머스 골드 등이 정상상태우주론을 주창했다. 특히 호일은 BBC 라디오 방송에서 당대 경쟁하는 우주론을 설명하면서 빅뱅우주론을 다소 경멸적인 어조로 소개하며 '빅뱅Big Bang'이라는 말을 처음 사용했다.

1960년대 초까지는 빅뱅우주론과 정상상태우주론이 서로 경쟁했다. 그러다가 빅뱅우주론을 뒷받침하는 결정적인 증거가 발견되었다. 바로 우주배경복사였다(3부 5장을 참고하라). 빅뱅우주론과 정상상태우주론의 결정적인 차이 중 하나는 시간에 따른 밀도의 변화다. 빅뱅우주론이 옳다면 태초에 우주는 모든 것이 매우 좁은 시공간의 영역 속에 갇혀 있었을 것이고, 따라서 밀도와 온도가 굉장히 높았을 것이다. 어느 순간에는 전기를 띤 입자들이 자유롭게 뒤섞여 있는 플라스마 상태가 되었을 것이고 그 속에 광자, 즉 빛은 갇혀 있게 된다. 그러다가 우주가 더 식으면 플라스마 상태가 해제되고 그 속에 갇혀 있던 빛이 자유롭게 우주를 돌아다니게 된다. 이 빛을 우주배경복사라고 한다. 따라서 우주배경복사는 빅뱅우주론의 화석인 셈이다. 반면 정상상태우주론에서는 우주의 밀도가 언제나 일정하게 똑같은 값을 가지므로 우주에 전방위적으로 고르게 퍼져 있는 우주배경복사를 설명하기 어렵다.

우주배경복사의 존재는 1948년 미국의 랠프 앨퍼와 로버트 허먼

이 처음 예측했고, 1964년 벨연구소의 아르노 펜지어스와 로버트 윌슨이 우연히 발견하게 되었다. 이로써 빅뱅우주론은 주류 우주론으로 자리잡게 된다. 스티븐 호킹은 우주배경복사의 발견으로 정상상태우주론의 관 뚜껑에 못을 박았다고 표현했다.

21세기 현재 표준우주론은 빅뱅우주론에 기초해 있다. 빅뱅우주론이 영원불멸의 우주론이나 정상상태우주론과 크게 다른 점은, 우주가 존재하게 된 시작이 있다고 보는 것이다. 즉 빅뱅우주론에서는 태초에 빅뱅과 함께 우주가 생겨났고 그와 함께 시간과 공간이 탄생했기 때문에 '시간의 역사'를 따져볼 수 있다. 즉 우주의 나이가 중요한 문제가 된다. 현재의 표준우주론은 대체로 관측 결과와 잘 맞지만, 최근에는 우주가 큰 척도에서 어느 방향으로나 등방적이고isotropic 어느 위치에서나 균질하다는homogeneous 기본 가정(이를 우주론적 원리라 한다)에 어긋나 보이는 관측 결과도 있고, 우주가 팽창하는 비율이 관측 방법에 따라 다르게 측정되는 등 표준우주론에서 설명하기 힘든 사례도 더러 있다. 이런 문제들이 앞으로 계속된 관측으로 해소될지, 아니면 표준우주론이 무너지고 다시 새로운 우주론이 등장할지는 아무도 모르는 일이다. 다만 후자의 경우가 현실이 되더라도 다수의 과학자들은 그리 놀라지 않을 것이다. 과학의 역사를 긴 호흡으로 바라보면 새로운 이론이 낡은 이론을 대체하는 것은 무척 흔한 일이기 때문이다.

3장

발견에 실패했을 때

명왕성의 발견

어떤 것이 반드시 존재할 것으로 믿어 의심치 않았으나 끝내 발견하지 못했고 결국엔 아예 없는 것으로 드러나는 경우도 있다. 2부 3장에서 소개했듯이 수성의 근일점이 이동하는 현상을 설명하기 위해 19세기의 과학자들은 태양과 수성 사이에 새로운 행성인 이른바 '불칸'이 있을 것으로 예상했다. 지금의 관점에서는 다소 어이없어 보일지도 모르지만 당시로서는 가장 합리적인 해결책이었다. 왜냐하면 이전에 천왕성 궤도의 변칙으로부터 해왕성의 존재를 도입했고, 예측했던 곳에서 정확하게 해왕성을 찾은 전례가 있었기 때문이다.

같은 논리로 과학자들은 해왕성 바깥에 새로운 행성이 존재하리라 생각하고 그 행성을 찾아 나섰다. 1846년 해왕성의 발견으로도 천왕성 궤도의 변칙을 완전히 설명할 수 없었기 때문이다. 사실 해왕성이 발견되기 이전에도 둘 이상의 새로운 행성이 천왕성의 궤도에 영향을 줄 것이라는 예측이 있었다. 미국의 사업가였던 퍼시벌 로웰은 1906년 '행성 X'라는 이름으로 해왕성 너머의 새로운 행성을 탐색하는 프로젝트를 시작했다. 그전에 이미 로웰은 애리조나에 로웰 천문대를 설립한 바 있었다. 로웰은 1916년에 사망했지만 그가 뿌린 씨앗은 헛되지 않아서, 1930년 로웰 천문대의 클라이드 톰보가 명왕성을 발견했다.

그러나 명왕성은 과학자들이 예측했던 행성 X와는 다른 점이 많았다. 무엇보다 질량이 너무 작았다. 명왕성이 발견된 이후, 1990년대까지도 과학자들은 행성 X를 찾아 나섰다. 그러다가 행성 X의 존재는 다소 엉뚱한 곳에서 그 운명이 결정되었다. 우주탐사선 보이저 2호가 1989년 해왕성 근처를 지나가며 해왕성의 질량을 좀 더 정밀하게 측정한 결과 그때까지 알려진 질량보다 무려 0.5퍼센트나 작은 값을 제시했다. 약간 가벼워진 해왕성의 질량은 천왕성의 궤도에서 생기는 불일치를 완전히 해소해버렸다! 그에 따라 행성 X의 존재 이유가 사라져버렸다. 이후 대다수의 과학자들은 행성 X가 존재하지 않는다고 여기고 있다.

한편 명왕성은 2006년 행성의 지위를 잃고 왜소행성으로 분류되었다. 불칸은 일반상대성이론이라는 새로운 중력이론의 등장으로 존재 이유가 사라진 반면, 행성 X는 기존 관측 값이 더 정밀해지면서 존재 이유가 사라졌다는 차이점이 있다. 결과론적으로 말하자면 불칸이든 행성 X든 애초에 존재하지도 않는 행성을 헛되이 찾아 헤맨 셈이다. 따라서 실패가 이미 예정된 탐색이었다고도 할 수 있다. 그러나 누차 말하지만 이는 결과론적인 해석일 뿐이다. 최종 결과가 나올 때까지 모든 가능성을 열어두고 뭔가 새로운 것을 찾아 나서는 것이 과학자의 본성이다.

암흑물질의 미스터리

앞에서와 같은 사례를 염두에 둔다면 지금 과학자들이 우주에서 찾고 있는 것들도 최종적으로 어떤 운명에 처하게 될지 모를 일이다. 과학자들이 오랜 세월 기를 쓰고 찾고 있지만 아직 그 정체를 밝히지 못한 것 중 하나가 암흑물질이다. 암흑물질이란 빛을 내거나 반사하지 않아 그 정체를 쉽게 확인할 수 없지만 중력 작용을 통해 간접적으로 그 존재를 확인할 수 있는 물질이다. 그래서 암흑이라는 말이 붙었다.

암흑물질이 존재한다는 대표적인 증거는 2부 1장에서 소개했던 은하회전곡선이다. 은하회전곡선이란 디스크형 은하 속 별이나 성운 등이 은하 중심 주변을 움직이는 속도와 중심으로부터의 거리 사이의 관계를 나타내는 도표다. 고전역학에서는 이 관계를 지배하는 원리가 뉴턴의 만유인력의 법칙이다. 이는 곧 현상적으로는 케플러 행성법칙의 제3법칙으로 드러난다. 이에 따르면 은하 중심에서 멀리 떨어져 있는 별일수록 그 회전 속도는 은하 중심으로부터의 거리의 제곱근에 반비례해서 줄어든다.

그러나 관측 결과는 전혀 달랐다. 은하 중심에서 멀리 있는 별들의 회전 속도는 줄어들기는커녕 일정하게 유지되거나 오히려 약간 증가하기도 했다. 이는 명백히 케플러의 법칙에 위배되는 결과다. 케플러의 법칙이 적용되는 전형적인 사례는 지구-태양의 관계처럼 하나의 천체에 질량이 집중돼 그보다 훨씬 가벼운 천체가 무거운 천체를 거의 중심으로 해서 궤도운동을 하는 경우다. 은하에서도 밝게 빛나는 부분을 보고 은하의 질량이 중심부에 집중돼 있다고 가정하면 케플러의 법칙과 어긋나는 결과를 얻게 되는 셈이다.

케플러의 법칙은 태양계에서 아주 잘 작동하고 있으므로 이 법칙이 은하에도 그대로 적용된다고 가정하면, 은하에서 중력 작용을 하는 물질의 분포가 우리가 관측한 결과와 달라야만 할 것이다. 그래서 암흑물질이라는 존재를 가정하게 되었다. 우주배경복사를 분석한 결과에서도 암흑물질은 반드시 존재해야 한다. 그 정도도 엄청나서, 우리가 알고 있는 보통 물질의 약 다섯 배 정도 된다.

문제는 우주에 그렇게나 많은 암흑물질의 정체를 전혀 모른다는 점이다. 우리가 아는 보통의 물질은 원자로 이루어져 있다. 원자는 전자와 원자핵으로 구성돼 있고, 원자핵은 다시 양성자와 중성자로 이루어져 있다. 양성자와 중성자 또한 더 세부적인 단위인 쿼크로 구성된다. 2부 2장에서 소개했던 입자물리학의 표준모형을 다시 정리해보자면 이렇다. 지금까지 과학자들이 알아낸 바에 따르면 우리가 일상에서 접하는 보통의 물질은 기본적으로 여섯 종의 쿼크와 전자로 구성돼 있다. 자연에는 전자의 형제뻘 되는 입자인 뮤온과 타우온, 그리고 이들 삼형제의 짝이라 할 수 있는 세 종의 중성미자도 존재한다. 전자 삼형제와 세 종의 중성미자를 합쳐서 경입자(렙톤)라고 부른다. 또한 전자기력을 매개하는 입자인 광자, 약한 핵력을 매개하는 입자인 W 및 Z, 그리고 강한 핵력을 매개하는 접착자가 있다. 마지막으로, 표준모형의 이론 내적인 일관성을 유지하기 위해, 그리고 다른 입자들이 질량을 갖기 위해 필요한 힉스입자가 있다.

불행히도 표준모형의 17개 입자 중에는 암흑물질이 될 만한 후보가 하나도 없다! 표준모형은 지금까지 지상에서 실시한 거의 모든 실험 결과와 일치하는 이론체계로서 지난 반세기 동안 대단히 성공적이었다. 그러나 암흑물질의 후보가 없다는 것은 치명적인 약점이다. 암흑물질의 존재는 과학자들이 아직 잘 모르는, 표준모형을 뛰어넘는 새로운 물리학이 존재한다는 점을 암시한다. 그래서 과학자들은 새로운 이론을 제시할 때마다 그 이론 속에 적절한 암흑물질 후보가 있는지부터 탐색한다.

또한 과학자들은 암흑물질을 직간접적으로 검출하기 위해 숱한 실험을 진행해왔다. 직접검출 방식에서는 암흑물질이 시료에 부딪혀 남기는 흔적을 찾는다. 간접검출 방식에서는 암흑물질이 붕괴할 때 남기는 신호를 찾는다. 아직까지 암흑물질의 신호를 확실하게 확인한 실험은 없다. 분명히 우주에는 엄청나게 많이 있는데, 직접 실험으로 검출되지는 않고, 그 정체가 무엇인지도 모르니 과학자들의 속이 탈 만하다. 상황이 이러하니 암흑물질을 검출하고 그 정체를 규명하면 노벨상은 따놓은 당상이다.

하지만 전혀 다른 방향으로 생각해보는 건 어떨까? 은하회전곡선에서 은하 속의 질량 분포가 문제가 아니라, 만약 케플러의 법칙이 은하적인 규모에서는 작동하지 않는다면 어떻게 될까? 이는 곧 뉴턴의 만유인력의 법칙이 은하적인 규모에서 수정될 수도 있음을 뜻한다. 암흑물질의 존재를 상정하지 않고 이런 식으로 뉴턴의 운동방정식 또는 중력법칙을 수정하려는 해결책을 수정뉴턴동역학MOND이라 부른다(2부 1장을 참조하라). 이 이론은 학계의 비주류이기는 하나, 은하회전곡선 문제를 해결하려는 과학적 시도인 것은 분명하다.

지금까지는 암흑물질을 직접 관측하지도 못했고 그 정체도 모르기 때문에 암흑물질을 탐색하기 위한 노력이 어떤 결말을 맞을지 아무도 모른다. 과연 해왕성 발견과 같은 성공의 길을 걷게 될지, 아니면 불칸이나 행성 X와 같은 실패의 길을 걷게 될지…. 이 점만 놓고 보더라도 과학에서 성공과 실패를 단편적으로 따지는 게 얼마나 무의미한지 알 수 있다. 실패는 또 다른 성공의 여정일 뿐이다.

우주에 널려 있는 암흑물질 말고도 과학자들은 표준모형을 넘어서는 새로운 이론을 제시하며 그 속에서 예견되는 새로운 입자들을 찾기 위해 노력해왔다. 초대칭입자, Z′, 렙토쿼크, 또 다른 힉스, 비활성 중성미자, 암흑광자, 심지어 비입자까지. 그러나 이 미시세계에서도 아직은 표준모형을 넘어서는 새로운 입자를 발견하지 못했다. 게다가 표준모형을 넘어서는 새로운 물리학의 확실한 신호, 즉 스모킹건조차 아직 찾지 못했다. 이와 같은 발견의 실패가 언제까지 이어질지 아무도 모른다. 하지만 그것이야말로 과학의 일상이다.

4장

발견이 오류로 밝혀졌을 때

아우소늄과 헤스페륨

암흑물질이나 다른 새로운 입자들을 탐색하는 경우와 달리(이들은 아직 성공과 실패가 정해지지 않았다), 훗날 완전히 오류로 드러난 실험도 있다. 가장 유명한 사례를 하나 들자면, 1934년 로마대학교의 엔리코 페르미가 이끄는 연구진이 초우라늄 원소를 발견했다고 발표한 사건이다. 이 사례가 유명한 이유는 우선 엔리코 페르미가 아인슈타인이나 하이젠베르크와 더불어 20세기를 대표하는 위대한 과학자이기 때문이고, 또한 관련 연구로 1938년에 노벨상을 받았기 때문이다.

4부 1장에서 소개했듯이, 마리 퀴리의 딸인 이렌 졸리오퀴리는 1934년 알파선을 평범한 원소에 쏘아서 방사성 원소로 만드는 데에 성공했다. 이 소식을 들은 페르미는 알파선 대신 중성자를 이용해 비슷한 실험을 하려고 구상했다. 알파선은 헬륨 원자핵으로서 양의 전기를 띠고 있어 원자핵에 포격했을 때 전기적 반발력을 극복해야 한다. 반면 1932년에 발견된 중성자는 전기가 없으므로 원자핵에 포격했을 때 전기적 반발력을 걱정할 필요가 없다. 페르미의 연구진은 주기율표를 훑어가며 중성자를 포격해 새로운 방사성 원소를 합성하는 데에 주력했고 상당한 성과를 얻었다. 이 과정에서 느린 중성자가 더 효율적이라는 사실도 알아냈다.

주기율표를 훑어가며 중성자를 포격하는 실험은 92번 우라늄까지 계속되었다. 당시에는 주기율표의 92번 우라늄까지만 알려져 있었다. 그래서 그보다 더 무거운 원소, 즉 초우라늄 원소를 발견하는 것이 과학자들의 큰 관심사였다. 우라늄이 중성자를 하나 받아들이면 일단 질량수(양성자 수와 중성자 수의 합)가 하나 늘어나게 되고, 이후 중성자 하나가 베타 붕괴를 통해 전자와 중성미자를 방출하면서 양성자로 바뀌면 질량수는 그대로이면서 원자번호가 하나 올라가게 된다. 즉 초우라늄 원소가 생성될 수 있다.

로마의 청년 과학자들은 자신들이 우라늄보다 무거운 새로운 원소를 발견했다고 발표해 세상을 놀라게 했다. 그것도 무려 두 개였다. 페르미 연구진이 발표한 초우라늄 원소는 93번과 94번이었다. 이탈리아 언론은 난리가 났다. 새 원소 이름으로 당시 이탈리아 총리였던 무솔리니의 이름을 딴 '무솔리늄'이 제안되기도 했다. 연구진이 제안한 이름은 아우소늄(93번)과 헤스페륨(94번)이었다. 그리스어로 아우소니아는 이탈리아를 가리키는 말이고 헤스페리아는 서쪽 땅이란 뜻으로 역시 이탈리아를 뜻한다.

연구를 주도했던 페르미는 오히려 초우라늄 원소를 발견했다는 사실에 굉장히 신중했다. 그러나 시간이 지나면서 학계의 분위기는 초우라늄 원소의 발견을 인정하는 쪽으로 흘러갔다. 여기에 이의를 제기한 과학자가 딱 한 명 있었는데, 독일의 화학자 이다 노다크였다. 그는 페르미 연구진이 초우라늄 원소를 합성한 것이 아니라 우라늄 원자핵이 더 가벼운 원소들로 쪼개졌을 가능성을 제시했다. 그러나 학계는 그의 의견을 받아들이지 않았다. 당시에는 핵이 쪼개진다는 발상 자체가 없었다. 페르미는 1938년에 노벨 물리학상을 단독으로 수상했다. 중성자를 이용해 방사성 원소를 합성한 공로였다. 노벨상 수상 연설에서 페르미는 아우소늄과 헤스페륨의 발견을 언급했다.

1938년은 과학의 역사에서도, 그리고 페르미를 포함한 많은 과학자들에게도 참 중요한 해였다. 페르미는 사실 무솔리니의 반유대 정책을 피해 미국으로 이민 갈 계획을 세웠다. 그의 아내인 라우라 카폰이 유대인 혈통이었기 때문이다. 마침 노벨상 수상 소식은 페르미의 이탈리아 탈출 계획에 안성맞춤이었다.

1938년에는 또 역사를 뒤바꾸는 엄청난 과학적 발견이 있었다. 독일의 오토 한과 프리츠 슈트라스만은 페르미 연구진과 비슷한 실험을 했는데 반응 결과물을 분석하고서는 우라늄보다 더 무거운 새로운 원소가 아니라 56번 바륨과 비슷하다는 사실을 알게 되었다. 한의 동료였던 리제 마이트너와 마이트너의 조카 오토 프리슈는 한의 실험 결과를 듣고, 이는 우라늄 원자핵이 더 가벼운 원소들로 쪼개진 것이라고 분석했다. 즉 핵분열을 발견한 것이다.

1938년은 오스트리아 출신 유대인이었던 마이트너에게도 특별한 해였다. 하필 그해 히틀러가 오스트리아를 병합하면서 마이트너의 조국이 사라졌고 그녀 또한 독일의 반유대법 대상이 되었다. 마이트너는 한 등 동료들의 도움으로 1938년 7월에 독일을 탈출해 덴마크를 거쳐 스웨덴으로 피신했다(4부 1장을 참고하라).

이듬해 1월에 한-슈트라스만의 논문과 마이트너-프리슈의 논문이 따로 발표되었다. 프리슈는 세포분열에서 이름을 따 이 현상을 핵분열이라 불렀다. 이로써 핵분열 현상이 전 세상에 공식적으로 알려지게 되었다. 4년 전 페르미 연구진이 초우라늄을 발견했다는 결과는 핵분열 현상을 잘못 해석한 것으로 드러났다.

핵분열 소식을 듣자 페르미는 난감했다. 초우라늄 원소의 발견이 노벨상 선정 이유는 아니었지만 어쨌든 수상 업적과 관련된 연구의 연장선상에서 나온 결과였고 노벨상 수상 연설에서도 초우라늄의 발견을 언급했기 때문이다. 페르미는 연설문이 출판되기 전에 각주를 달아 한과 슈트라스만의 실험을 소개하면서 초우라늄 원소를 다시 살펴볼 필요가 있다는 내용을 추가했다.

그런데 페르미 연구진은 왜 핵분열 현상을 발견하지 못했을까? 실험에 쓰인 우라늄 시료를 둘러싼 얇은 알루미늄 박막이 그 이유로 꼽히기도 했다. 박막을 씌운 이유는 우라늄이 자체적으로 방사성 붕괴를 하면서 방출하는 알파선을 차단하기 위함이었다. 페르미 연구진은 중성자 포격으로 발생하는 알파선만 조사하고 싶었던 것이다. 문제는 그 결과 우라늄이 중성자 포격으로 핵분열을 하면서 만들어진 파편들이 알루미늄 박막에 흡수됐다는 점이다. 박막을 벗겨 제대로 분석하지 않으면 핵분열의 증거를 찾기 어렵다.

어쨌든 페르미가 핵분열 현상을 발견하지 못한 것은 그의 일생에 큰 트라우마를 남긴 것 같다. 페르미는 1938년 노벨상을 받기 위해 스웨덴으로 갔다가 그 길로 영국을 거쳐 미국으로 떠났고, 이후 맨해트 프로젝트에도 참여했다. 1942년에는 사상 최초로 자발적인 연쇄 핵분열이 진행되는 인공원자로를 만드는 데에 성공했다. 그렇게 큰 공을 세웠지만 여전히 회한이 남았는지 다음과 같은 일화가 전해진다. 2차 세계대전이 끝나고 시카고대학교에서 새로운 핵물리연구소를 세웠는데, 그 입구 위에 밋밋한 인물 조각이 있었다. 동료들이 그게 누구인지 궁금해하자, 페르미는 "분명히 핵분열을 발견하지 못한 과학자일 거야"라고 농담처럼 말했다고 한다.[53]

초광속 중성미자

초우라늄 원소의 발견만큼이나, 아니 그보다 더 충격적인 발견으로 세상을 놀라게 했다가 잘못된 것으로 드러난 경우도 있다. 2011년 9월의 일이다. 스위스 제네바에 있는 유럽입자물리연구소의 OPERA (Oscillation Project with Emulsion-tRacking Apparatus)라는 연구진이 중성미자 실험을 하고 있었다. 중성미자가 먼 거리를 비행하면서 어떤 변화를 겪는지 알아보기 위한 실험이었다. 제네바에서 출발한 중성미자 빔은 약 730킬로미터 떨어진 이탈리아 중부의 그란사소 지역까지 날아간다. 이 실험을 진행하면서 과학자들은 중성미자의 속력이 얼마인지 점검해보았다. 중성미자는 전기적으로 중성이라 전자기적인 상호작용을 하지 않고 질량도 극히 작아 거의 광속에 가까운 속력으로 날아간다. 중성미자의 속력을 측정하는 방법은 아주 간단하다. 비행거리를 비행시간으로 나누면 된다.

이 실험은 GPS를 활용하는 등 대단히 정밀하게 설계돼서 오차도 크지 않았다. 거리 오차는 20센티미터 정도, 시간 오차는 10나노초(1나노초는 10억분의 1초)에 불과했다. 중성미자의 속력을 계산한 결과는 놀라웠다. 1만 6111개의 중성미자의 평균 속력은 광속보다 약 0.0025퍼센트 정도 더 빠르게 나왔기 때문이다! 이는 시간적으로 빛보다 60나노초 더 빨리 목적지에 도달한 것과 같다. 전체적인 실험 오차도 상당히 낮아서 오직 통계적인 효과로만 이런 결과가 나올 확률이 10억분의 1 정도였다. 보통 과학적 발견에서의 기준이 340만분의 1임을 감안하면 대단히 유의미한 결과다.

OPERA의 결과가 공개되자 학계는 물론 전 세계 언론에서도 난리가 났다. 왜냐하면 특수상대성이론에 따르면 우리 우주에서 그 어떤 물리적 신호도 빛보다 빠를 수 없기 때문이다. 지난 100여 년 동안 이 규칙을 위배하는 이른바 초광속 현상은 관측된 적이 없다. 중성미자는 아직 밝혀지지 않은 비밀이 많은 만큼, 우리가 모르는 뭔가 신비한 성질 때문에 빛보다 빨리 날아간 것일까? 그래서 특수상대성이론이 중성미자를 비껴간 것일까? 아니면 아예 특수상대성이론이 틀린 것일까? 학계에서는 관련 논문들이 쏟아지기 시작했다. OPERA 실험이 틀렸을 가능성에서부터 특수상대성이론을 수정하는 이론들까지 다양했다. 초광속 중성미자를 소개한 OPERA의 논문은 6개월 동안 300회 이상 인용되기도 했다.

OPERA 연구진 내부에서도 논란이 많았다고 한다. 보통 논문을 작성하면 아카이브arXiv•를 통해 먼저 공개하는 경우가 많다. 이때 175명의 OPERA 연구진 중에서 열다섯 명이 예비논문에서 자신의 이름을 뺐다. 선불리 결과를 공개하면 안 된다는 이유에서였다. 학술지에 예비논문을 게재 요청했을 때에는 내부에서 더 큰 반발이 있었다고 한다. 그럼에도 이 결과를 예비논문으로 공개하고 학술지에까지 제출한 이유는 OPERA의 연구부장의 발언에서 엿볼 수 있다.

"명백히 믿기 어려운 실험 결과가 나왔을 때, 그럼에도 그 결과를 설명할 만한 그 어떤 실험적 오류도 찾지 못했을 때, 더 많은 사람들이 면밀하게 검증할 수 있도록 하는 것이 정상적인 과정이다. OPERA 연구진이 하고 있는 일이 정확하게 이것이다. 이는 훌륭한 과학적 단련이기도 하다."(2011년 9월 23일, CERN의 언론 보도자료.)

OPERA에서는 결자해지 차원에서 당연히 후속 연구를 이어갔다. 같은 해 10월 21일부터 11월 7일까지 스무 개의 중성미자 신호를 추가로 분석했는데, 그 결과는 크게 달라지지 않았다. 사태는 점점 더 미궁 속으로 빠지는 듯했다. 그러다가 전혀 엉뚱한 곳에서 실마리가 등장했다. 이듬해인 2012년 2월, GPS 위성신호를 컴퓨터에 연결하는 8.3킬로미터짜리 광케이블의 접속에 문제가 있음이 드러났다. 접속 불량으로 시간 측정에서 생긴 오차가 약 73.2나노초였다. 이 결과는 근처의 다른 검출기를 이용해 확인한 접속 불량에 의한 시간차와도 일치했다. OPERA는 중성미자의 초광속 현상이 광케이블의 접속 불량으로 인한 73나노초의 오차 때문임을 공식 확인했다. 그러니까 광케이블 접속 불량이 전 세계 과학계에 그 난리를 초래했던 것이

• 수학, 물리학, 천문학, 통계학 등에 관한 출판 전 논문을 게시하는 웹사이트. arXiv.org.

다! 사건의 중요성과 파장에 비해 너무나 어이없는 실수가 아닐 수 없다. CERN은 2012년 6월 8일 초광속 현상을 발견하지 못했다고 공식 발표했다.

그래도 페르미의 사례는 전에 없던 현상을 잘못 해석한 경우이지만, 이 사례는 결국 아무것도 아닌 것으로 드러나 더욱 허무하다고도 할 수 있다. 하지만 대규모 실험도 결국 인간이 하는 일이므로 이런 종류의 실수와 잘못된 결과는 언제든지 생길 수 있는 일이다. 그래서 결과를 교차검증하고 독립적으로 여러 차례 재현하는 과정이 과학에서는 무척 중요하다.

LK-99, 초전도체?

가장 최근의 사례를 들자면 한국 연구진이 상온 초전도체 물질이라 주장했던 LK-99가 있다. 초전도체란 전기저항이 0이 되는 물질이다. 그 결과 전류가 흐를 때 에너지 손실이 없다. 이를 이용해 전기회로를 만들거나 전력을 보내면 에너지 손실을 획기적으로 줄일 수 있다. 또한 초전도체로 도선을 만들어 전자석을 만들면 강력한 자기장을 생성할 수 있다. 실제로 입자가속기에서는 이런 식으로 강력한 자기장을 만들어 입자들의 궤적을 조정한다. 양자얽힘과 중첩을 이용해 연산을 하는 양자컴퓨터에서도 초전도체를 쓰는 경우가 있다.

다만 지금까지 발견된 초전도체는 아주 낮은 온도에서만 초전도성을 나타낸다. 이 온도를 임계온도라 한다. 임계온도가 높은 경우에도 절대온도로 138K• 정도다. 따라서 초전도체를 이용하려면 온도를 아주 낮춰야 하는 번거로움을 감수해야 한다. 그런 까닭에 상온에서 초전도성을 갖는 물질, 즉 고온 초전도체를 발견하는 것은 물리학의 성배 중 하나로 여겨지고 있다. 최근에는 상온이긴 하지만 아주 높은 압력 속에서 초전도성을 보이는 물질을 발견했다는 보고가 있었다. 초전도체가 실용적으로 의미가 있으려면 상온 및 상압에서 초전도성을 보여야 한다.

이런 와중에 한국의 퀀텀에너지연구소와 한양대학교 연구진이 공동으로 2023년 7월에 최초로 납 기반의 상온 상압 초전도체 LK-99를 개발했다는 논문을 아카이브 사이트에 올렸다. LK-99의 임계온도는 400K(약 섭씨 127도)로 대단히 높다. LK-99의 화학식은 $Pb_9Cu(PO_4)_6O$이다. LK는 핵심 연구진의 성을 딴 것이다. 전 세계에서 뜨거운 반응이 쏟아졌다. 국내 주식시장에서는 관련 주가가 폭등하기도 했다. 곧 세계 각처에서 LK-99를 재현하기 위한 검증에 돌입했다.

검증에서 가장 중요한 것은 두 가지다. 첫째, 임계온도 이하에서 전기저항이 0이 되는지를 확인해야 한다. 둘째, 외부 자기장을 밖으로 밀어내는 이른바 마이스너 효과를 확인해야 한다. 마이스너 효과 또한 초전도체만의 독특한 성질로서, 임계온도 이하에서 초전도 시료가 갑자기 자석 위에서 공중부양하는 모습이 바로 마이스너 효과

• K는 절대온도 단위로, 0K는 섭씨 영하 273도, 138K는 대략 섭씨 영하 135도이다.

가 나타난 것이다. LK-99 연구진이 공개한 동영상에는 시료가 공중부양하는 모습이 있다. 다른 나라의 몇몇 연구진 또한 자석 위에서 시료가 공중부양하는 모습을 보이기도 했으나, 사실 공중부양만으로는 초전도성 여부를 판단할 수 없다. 반자성, 즉 외부 자기장에 대해 반대의 자기장을 띠는 성질을 가지는 물체인 반자성체도 자석 위에서 공중부양을 할 수 있기 때문이다. 마이스너 효과를 내는 성질은 완전 반자성 또는 초반자성이라고도 한다.

2023년 여름을 지나면서 중국과 인도, 미국 등의 연구진이 LK-99를 만들어 초전도성을 확인하기 위한 검증에 나섰다. 한국에서는 8월 2일 한국초전도저온학회가 검증위원회를 발족했다. 여기에는 경희대, 고려대, 서울대 등 국내 여덟 개 연구기관이 참여했다. 그러나 국내 검증위원회를 포함해 어느 연구기관에서도 LK-99가 확실한 초전도체임을 확인하지 못했다. 〈네이처〉도 LK-99에 지대한 관심을 보였으나 8월 4일과 8월 16일 자 기사에서 부정적인 의견을 피력했다. LK-99는 초전도체가 아니며 시료의 불순물인 황화구리 등이 초전도체처럼 보이는 것일 뿐이라는 외국 연구진의 소견을 소개했다.

국내 검증위원회는 2023년 12월 13일에 그동안의 검증 결과를 〈LK-99 검증백서〉로 발간했다. 검증위원회는 LK-99가 상온 상압 초전도체라는 근거가 없다고 결론지었다. 연구진에서 검증위원회에 LK-99 시료를 제공하지 않아 직접적인 교차검증은 이루어지지 않았다. 또한 원 논문의 실험 데이터에서 나타난 특성은 황화구리 불순물 때문인 것으로 확인했다. 검증위원회는 불순물이 없으면 LK-99는 저항이 매우 큰 부도체라고 밝혔다.[54] 이로써 LK-99를 둘러싼 논란은 일단락되었다.

한국인이 물리학의 성배를 찾아냈을지도 모른다는 기대감은 사라졌지만, 사실 이런 실패는 과학에서 흔한 일이다. LK-99 이전에도 고온 고압 초전도체와 관련해 2020년 〈네이처〉에 실렸던 논문이 2022년에 철회된 적도 있었다. 재현에 성공하지 못했고 데이터를 조작했다는 의혹도 일었기 때문이다. 다만 LK-99 연구진이 시료를 다른 연구진에 공개하는 등 좀 더 적극적으로 검증에 나서지 않은 점은 아쉬운 대목으로 남는다.

2015년 미국의 LIGO가 처음 발견한 중력파도 그랬다. 1916년 아인슈타인이 중력파의 존재를 예견한 이래 지난 100년 동안 중력파를 검출했다는 보고가 몇 차례 있었다. 그중에는 중력파 연구의 선구자로 꼽히는 1960년대 미국의 조지프 웨버도 있었다. 2014년 3월에는 남극에서 관측 장비 BICEP를 통해 우주배경복사로부터 중력파 신호를 찾으려 했던 연구진이 실제로 중력파를 발견했다고 보고했으나, 이듬해에 은하수의 먼지 때문에 생긴 신호로 판명되기도 했다.[55]

2010년 그래핀에 관한 연구로 안드레 가임과 노벨 물리학상을 공동 수상한 러시아의 콘스탄틴 노보셀로프는 같은 해 9월 24일 한국을 방문했을 때 "상온 초전도체 LK-99를 둘러싼 최근 일들은 과학에서 흔히 일어나는 일"이라고 말했다.[56] 불순한 의도로 데이터를 조작하거나 검증을 회피하는 반과학적인 행위를 하지 않는 이상 모든 가능성을 열어두고 철저하게 검증하는 것이 통상적인 과학 활동이며, 이 과정에서 숱한 시도들이 실패로 판명날 수밖에 없다. LK-99 논란도 그런 평범한 사례 중 하나일 뿐이다.

5장

기대가 어긋날 때

실패라고는 할 수 없지만 애초의 기대에 어긋나는, 또는 기대와 정반대되는 의외의 결과를 얻는 경우도 있다. 케플러가 화성의 공전 궤도를 구하려고 사투를 벌였던 이른바 '화성의 전투'에서 그렇게 고전했던 이유는 행성의 공전 궤도가 원이라는 그의 신념 때문이었다.

천상의 물체가 완벽한 원운동을 한다는 생각은 고대 그리스의 플라톤과 아리스토텔레스까지 거슬러 올라간다. 플라톤주의자였던 케플러도 행성의 궤도는 당연히 원이라 생각했고 브라헤의 관측 결과를 원 궤도에 맞춰 분석하려고 했다.

그러나 행성이 궤도운동을 하는 과정에서 태양과의 거리에 따라 속도가 달라진다는 점을 알아내고는 공전 궤도가 원이 아님을 간파했다. 그렇게 해서 발견한 것이 케플러의 제1법칙인 타원 궤도의 법칙이다. 아무리 신념이 강해도 자연의 현실을 이길 수는 없다. 화성의 타원 궤도는 케플러가 기대했던 것과 크게 어긋나는 결과였다. 이와 비슷한 몇 가지 다른 사례들을 살펴보자.

유전자와 염색체

케플러로부터 꼭 300년이 지난 20세기 초반에도 비슷한 사례가 있었다. 장소는 미국의 컬럼비아대학이었고 주인공은 미국의 유전학자인 토머스 모건이었다. 모건이 초파리를 이용한 실험을 시작했던 1908년은 1900년에 네덜란드의 휘호 더프리스, 독일의 카를 코렌스, 오스트리아의 에리히 체르마크가 35년 전에 발표되었으나 잊힌 '멘델의 유전법칙'을 재발견한 지 얼마 되지 않은 때였다.

멘델의 유전법칙은 오스트리아의 성 토머스 수도원 신부였던 그레고어 멘델이 발견한 법칙이다. 멘델은 1854년 수도원 정원에서 34그루의 완두로 잡종교배 실험을 시작했다. 200회가 넘는 교배를 통해 1만 종이 넘는 잡종을 수확한 멘델은 자신의 결과를 정리해 브르노 자연사 학회에서 발표했고, 1865년에 〈식물 잡종에 대한 실험〉이라는 논문으로도 발표했다.

멘델의 법칙은 세 가지이다. 제1법칙은 우열의 법칙(또는 원리)으로, 순종을 교배해서 얻은 잡종 1대에서 우성형질과 열성형질이 만나면 우성형질만 발현된다는 법칙이다. 제2법칙은 분리의 법칙으로, 잡종 1대에서 숨겨진 열성형질이 잡종 2대에서는 25%의 비율로 드러난다. 제3법칙은 독립의 법칙으로, 둘 이상의 대립형질이 서로 영향을 끼치지 않고 독립적으로 유전된다는 법칙이다. 현재는 멘델의 법칙이 정확하게 맞지 않는 경우도 많이 알려져 있다.

멘델의 유전법칙은 35년이 지난 뒤 극적으로 재발견되기는 했지만 유전을 담당하는 물질의 정체에 대해서는 여전히 아는 바가 없었다. 월터 서턴과 테오도어 보베리는 1903년 유전물질이 염색체 위에 존재한다고 추정했다. 염색체는 세포핵 속에 있는 물질로 아닐린 같은 시약에 염색이 잘 되기 때문에 이런 이름이 붙었다. 유전자, 유전학이라는 이름도 비슷한 시기에 등장했다. 멘델의 이론을 정확하고 쉽게 다시 정리했던 윌리엄 베이트슨은 1906년 유전학genetics이라는 말을 처음 사용했고 빌헬름 요한센은 1909년 유전자gene라는 이름을 처음 사용했다. 유전자는 멘델이 사용했던 '유전인자'의 20세기 버전이라 할 수 있다. 베이트슨은 유전자가 염색체 위에 있다는 염색체설을 받아들이지 않았다.

애초에 모건은 멘델의 이론을 믿지 않았다. 모건은 멘델의 이론에 회의적인 내용을 담은 논문을 준비하고 있었다. 초파리를 이용한 실험에서도 초반에는 그리 큰 재미를 보지 못했다. 모건은 붉은 눈을 가진 노랑초파리(가장 흔히 볼 수 있는 초파리)를 몇 세대가 지나도록 교배를 계속하며 관찰했지만 별다른 특이사항을 발견할 수 없었다. 그러다가 70세대에 접어들면서 흰 눈을 가진 초파리가 한 마리 태어났다. 이 초파리가 유전학의 역사를 바꾸었다. 몸이 허약했던 그 '화이트white'를 모건은 금지옥엽으로 키워 다양한 교배실험을 계속했다. 그 결과 모건은 멘델의 법칙을 확인할 수 있었다. 다만 새로운 업데이트도 필요했다. 모건은 초파리 눈의 색깔이 암수와 관련이 있음을 알아내고, 눈의 색깔에 관여하는 유전자가 초파리의 X염색체 위에 존재하리라는 대담한 가설을 세웠다. 후속실험으로 모건은 자신의 가설이 사실임을 확인했다. 이뿐 아니라 X염색체 위에 다른 유전자들도 줄지어 있음을 밝혀냈다.[57] 마치 구슬이 실에 꿰여 있듯이 유전자가 염색체에 꿰여 있는 것과도 같았다. 그렇다면 같은 염색체 위의 유전자들은 서로 연관돼서 자손에게 물려질 것이다. 이점은 멘델의 결과와 완전히 같지는 않다. 멘델은 몰랐으나, 멘델이 완두콩을 관찰했을 때 7개의 대립형질을 결정하는 유전자는 모두 서로 다른 염색체 위에 놓여 있었다. 그 때문에 멘델은 비교적 간단하고도 쉽게 자신의 결과를 해석할 수 있었다. 이런 점에서 멘델은 운이 좋았다.

한 염색체 위에 여러 유전자가 진주목걸이마냥 주렁주렁 꿰여 있다는 사실은 여러 가지 메시지를 던진다. 첫째, 정말로 유전자가 염색체 위에 존재한다는 염색체설을 확인한 셈이다. 실제 모건은 이 공로로 1933년 노벨생리의학상을 수상했다.[58] 둘째, 이는 유전자가 세포 속에 존재하는 실제의 물질이며, 따라서 세포학 내지 유기물질 또는 화학의 언어로 유전학을 이해할 수 있음을 뜻한다. 또 이는 구체적으로 염색체 속의 어떤 물질이 유전정보를 담고 있는 실체인가를 탐구하도록 방향을 제시한 셈이기도 하다.[59] 사실 모건이 멘델의 이론을 받아들이지 않은 이유 중 하나는 멘델이 말했던 '유전인자'(지금의 유전자)가 물질적인 증거가 없이 추상적인 개념으로만 도입됐기 때문이다.[60] 초파리 실험의 결과는 모건의 입장을 완전히 반대로 뒤집어놓았다. 멘델 이론에 의혹을 제기했던 논문도 폐기되었다.

셋째, 염색체 위에 여러 유전자가 배열돼 있다면, 각 염색체에 어떤 유전자가 어떤 순서로 배열돼 있는가를 규명하는 작업, 즉 '유전자 지도'를 작성하는 작업을 당연히 수행하게 될 것이다. 이는 하나의 연구 성과가 그다음의 연구과제로 자연스럽게 이어지는 한 사례라 할 수 있다. 실제로 모건 연구진의 스터티번트는 1913년 최초로 유전자지도를 작성했다. 그 염색체는 초파리의 X염색체였다. 이렇게 엄청난 성과들을 냈으니, 파리방fly room으로 불렸던 모건의 연구실이 유전학의 중심지로 발돋움한 것은 당연했다. 파리방에서 돌연변이를 연구했던 허먼 멀러는 훗날 X선을 이용해 인공적으로 쉽게 돌연변이를 냈다. 이 공로로 멀러는 1946년 노벨상을 수상했다.

화장지에 튕겨 나간 포탄

모건이 미국에서 초파리와 씨름하고 있던 무렵, 대서양 건너 영국에서는 물리학자들이 원자의 내부 구조를 탐색하고 있었다. 20세기가 시작되기 직전인 1897년 J.J. 톰슨은 진공관 속의 음극에서 나오는 입자의 흐름인 음극선의 정체가 전자임을 밝혀냈다. 전자는 음의 전기를 띤 입자로서 모든 원자 속에 공통으로 존재하는 요소이다. 이로써 더 이상 쪼개지지 않는 것으로 여겨졌던 원자atom가 사실 그 내부에 어떤 구조를 가지고 있음이 드러났다.

전자를 발견한 톰슨은 자기만의 원자모형을 제시했다. 음의 전기를 가진 새로운 입자(전자)를 발견했으니 전기적으로 중성을 맞추는 일이 시급했다. 톰슨의 모형은 비교적 단순했다. 원자 전반에 걸쳐 양의 전기가 골고루 퍼져 있고 전자가 곳곳에 음의 전기를 품고 박혀 있다. 이는 마치 푸딩 속에 건포도가 박혀 있는 것과 비슷하다고 해서 톰슨의 원자모형은 푸딩모형이라고도 한다. 톰슨의 모형에서는 원자 속에서 양의 전기를 띠고 있는 구성요소가 무엇인지 애매하다.

원자 전체는 푸딩과도 같고 그 안에 양의 전기가 골고루 분포해 있기 때문이다.

톰슨의 원자모형을 무너뜨린 것은 그의 제자였던 어니스트 러더퍼드였다. 러더퍼드는 이미 1908년 노벨화학상을 수상했었다. 물리학자로서 러더퍼드가 역사에 이름을 남긴 것은 그 이듬해 한스 가이거 및 어니스트 마스든과 함께 진행한 실험 때문이었다. 이들의 실험은 얇은 금박을 향해 알파입자를 쏘는 것이었다. 알파입자는 헬륨의 원자핵으로서 양성자 둘과 중성자 둘로 이루어져 있다. 당시에는 중성자의 존재도 알려지지 않았을 때였다. 방사선을 연구하던 도중에 X선과는 다른 종류의 방사선이 있음을 규명해 알파선, 베타선이라는 이름을 붙인 것도 러더퍼드였고, 알파선이 헬륨 원자핵임을 알아낸 것도 러더퍼드였다. 따라서 알파선은 러더퍼드에게 친숙한 존재였다.

실험은 간단했다. 금박을 통과한 알파입자가 어디로 가는지 그 경로를 추적하는 것이었다. 실험장치 주변에는 황화아연판을 둘러서 알파입자가 부딪히면 섬광이 생겨 그 존재를 알 수 있게 했다. 실험 초반에는 별로 특이한 사항이 없었다. 대부분의 알파입자들은 금박을 지나 원래 진행경로와 크게 다르지 않은 길을 따라(0.87도 각도 내외로) 황화아연판에 흔적을 남겼다. 그러던 어느 날 러더퍼드는 가이거에게 진행방향과 크게 벗어난 각도에서 알파입자가 발견되지는 않는지 알아보자고 제의했다. 며칠 뒤 가이거가 러더퍼드에게 달려와 보고한 바에 따르면 금박의 후방, 즉 알파입자 진행방향의 정반대로 튀어나간 알파입자를 관측할 수 있었다. 이는 전혀 예상하지 못한 결과였다. 러더퍼드는 당시 이 상황에 대해 화장지에 대고 대포를 쏘았는데 마치 포탄이 화장지에 맞고 뒤로 튕겨난 것만큼이나 황당하다고 논평했다. 물론 그렇게 후방으로 튕겨 나오는(후방산란) 알파입자의 개수가 많지는 않고 약 2만 개 중 하나 꼴이었다.[61]

왜 이런 현상이 일어났을까? 러더퍼드는 이 결과를 정확하게 해석하기 위해 1년 정도 노력했다. 우선 그의 스승이었던 톰슨이 제시한 푸딩모형으로 이 결과를 설명할 수 있을까? 푸딩모형에서 알파입자가 후방으로 튕겨 나오기 위해서는 어찌 되었든 전자와 상호작용을 해야만 한다. 그런데, 전자는 알파입자보다 수천 배나 가볍다. 비유적으로 볼링공을 굴렸는데 탁구공에 맞고 다시 뒤로 튕겨 온 셈이라는 얘기다. 따라서 알파입자가 전자와의 충돌로 후방산란을 겪는다는 것은 상식적으로 말이 안 된다. 남은 가능성은 푸딩 안에 골고루 퍼져 있는 양전하와 알파입자가 상호작용 하는 경우다. 이때는 알파입자와 양전하가 여러 번에 걸쳐 전자기적인 상호작용을 주고받을 것이다. 이를 복합산란이라 한다. 러더퍼드는 자신만의 새로운 계산법을 도입해 복합산란으로 알파입자가 후방으로 튕겨나갈 확률을 계산해보았다. 그 결과는 알파입자가 어떤 입자와 단 한 번 산란하는 경우, 즉 단일산란 할 확률보다 훨씬 작았다. 그러니까 가이거가 보고한 후방산란의 결과는 톰슨모형과 잘 맞지 않았다. 후방산란을 설명하려면 알파입자가 원자 안에서 무언가와 단일산란 과정을 겪어야만 했다.

만약 알파입자가 단일산란을 겪었다면 원자 속의 양전하는 푸딩모형에서처럼 원자 속 여기저기 곳곳에 골고루 흩어져 있으면 안 된다. 그런 분포는 복합산란을 뜻하기 때문이다. 단일산란이 일어나려면 그 모든 양전하가 어딘가에 집중돼 있어야 한다. 또한 무거운 알파입자가 한 번의 산란으로 후방으로 튕겨 나오려면 양전하가 집중된 그 뭔가는 굉장히 무거워야 한다. 그렇지 않으면 알파입자의 진행경로를 크게 바꾸지 못할 것이기 때문이다.

이 모든 논의를 정리하자면 이렇다. 원자 속에는 음의 전기를 가진 전자도 있지만 양의 전기와 질량이 집중된 새로운 존재가 있다. 이것이 바로 원자핵이다. 원자핵은 원자 질량의 대부분을 차지하며 전자가 갖고 있는 음의 전기를 상쇄할 만큼의 양전기를 띠고 있다. 이 발견에 이르게 된 결정적인 계기는 화장지에 튕겨 나간 포탄만큼이나 상식적인 기대와 상반되는 실험 결과였다.

가속팽창

비교적 최근인 20세기 말에도 비슷한 사례가 있었다. 역시 천상의 비밀을 알아내는 작업에서였다. 앞서 말했듯이 20세기 과학의 가장 큰 성과 중 하나는 우주가 팽창하고 있다는 사실을 알아낸 것이다. 그렇다면 과연 우주가 팽창하는 정도는 점점 빨라지고 있을까, 느려지고 있을까, 아니면 이 상태를 계속 유지하고 있을까?

상식적으로 생각하면 우주가 팽창하는 정도는 점점 느려질 것으로 기대할 수 있다. 왜냐하면 우주에는 은하나 은하단, 초거대 블랙홀 등 중력 작용을 하는 천체들이 많기 때문이다. 이는 마치 지표면에서 공을 위로 던지면 공이 올라가는 속도가 중력 때문에 점점 느려지는 것과 비슷하다.

이런 예상을 검증하기 위해 캘리포니아대학교 버클리 캠퍼스의 천체물리학자 솔 펄머터는 Ia형 초신성을 연구했다. Ia형 초신성은 흰난쟁이별(백색왜성)을 포함한 쌍성계에서 생성되는 초신성이다. 쌍성계의 흰난쟁이별이 동반별로부터 물질을 유입받아 어떤 한계질량을 넘어서면 새로운 핵융합이 시작되면서 큰 폭발을 일으켜 초신성이 된다. 이런 유형의 초신성이 Ia형이다.

이처럼 Ia형 초신성은 그 생성 과정이 물리적으로 정해져 있기 때문에 최대 밝기 또한 절대적으로 정해져 있다. 따라서 Ia형 초신성의 겉보기 밝기를 조사하면 거기까지의 거리를 알 수 있다. 이런 점에서 Ia형 초신성은 우주에서 거리를 알려주는 표준촛불의 역할을 한다. 또한 초신성의 적색편이를 관측하면 멀어지는 속도를 알 수 있다.

1997년 펄머터 연구진은 일곱 개의 초신성을 분석해 애초 과학자들의 예상과 일치하는 결과를 발표했다. 즉 우주의 질량밀도의 중력 작용이 우세해서 팽창이 느려진다는 것이다.[62] 그러나 이듬해인 1998년에 정반대의 결과를 발표했다. 펄머터 연구진은 42개의 초신성을 분석했는데, 한마디로 말해 생각보다 초신성이 더 어두웠다. 즉 우주 팽창이 일정할 때와 비교했을 때 초신성의 최대 밝기가 30퍼센트 정도 어둡게 관측되었다. 이는 초신성이 그만큼 더 멀리 있다는 뜻이다. 거리로는 15퍼센트 더 멀리 있는 것으로 추정되었다. 이는 팽창이 더 빨라진다는 뜻이다. 즉 펄머터는 우주의 가속팽창을 발견했다.[63]

거의 같은 시기에 미국의 애덤 리스와 브라이언 슈미트가 이끄는 연구진은 열여섯 개의 초신성을 분석해 펄머터와 같은 결과를 얻었다. 슈미트는 초기 분석 결과가 당시 학계의 통념과 정반대라서 오류가 있다고 생각했으나 오류를 찾을 수 없었다고 한다.

우주가 가속팽창하고 있다는 것은 우주에 중력 작용을 하는 물질이 우세하지 않다는 뜻이다. 즉 기존의 통념과는 달리 질량밀도가 상당히 낮은 우주론이 데이터와 일치했던 것이다. 그렇다면 물질의 중력 작용을 압도하는 다른 무언가가 우리 우주에 있어야 한다. 일반적으로 가속팽창의 원인이 되는 요소를 암흑에너지dark energy라 한다. 암흑에너지는 중력과 반대되는 효과를 발휘해야 하기 때문에 일반 물질이 아니다.

우리가 이미 알고 있던 것 중에 중력 작용과 반대되는 영향을 발휘하는 암흑에너지의 후보가 있다. 바로 아인슈타인이 임의로 도입한 우주상수다. 우주상수는 공간 자체가 가지고 있는 에너지 밀도다. 펄머터와 슈미트-리스 연구진의 결과에 따르면 우주상수가 0이 아닌 양수로서 상당히 큰 값을 가지는 우주론이 초신성 분석 결과와 일치했다. 이후 WMAP이나 PLANCK 같은 위성이 우주배경복사를 관측해 분석한 결과도 가속팽창과 일치하는 결과를 얻었다. 최신의 결과를 종합하면 우리 우주에는 수소나 헬륨처럼 우리가 잘 아는 물질이 5퍼센트, 중력 작용은 하지만 그 정체를 알 수 없는 암흑물질이 약 26퍼센트, 그리고 암흑에너지가 약 69퍼센트 존재한다. 암흑에너지의 정체가 완전히 규명되지는 않았지만 지금으로서는 우주상수가 가장 유력하다. 이처럼 우주상수와 암흑물질(특히 가볍지 않은)을 중요한 요소로 포함하는 우주론을 ΛCDM 우주론이라고 한다. 여기서 Λ(람

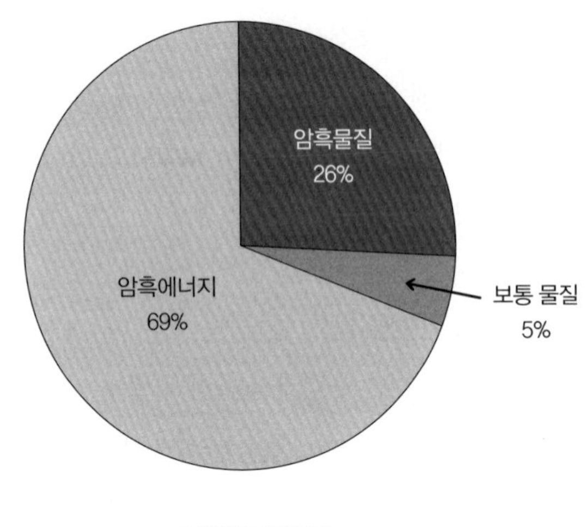

우주의 에너지 분포

다)는 우주상수를 뜻한다. CDM은 'Cold Dark Matter'의 약자로, Cold는 질량이 충분히 가볍지 않아 상대론적으로 빠르게 움직이지 않는다는 뜻이다. ΛCDM 우주론은 현재까지 표준우주론으로 받아들여지고 있다.

우주상수가 정말로 암흑에너지인지를 확인하는 것은 향후 과학계의 큰 숙제다. 우주상수는 공간 자체가 갖고 있는 에너지 밀도여서 말 그대로 '상수'다. 따라서 우주상수는 우주의 진화에 따라 변하지 않는다. 반면 물질의 밀도는 우주가 팽창함에 따라 변한다. 공간이 팽창하기 때문이다. 그러니까 암흑에너지가 우주의 진화에 따라 변하는지 변하지 않는지를 확인하는 것이 그 정체를 확인하는 데에 중요한 관건이 될 것이다. 실제로 다른 이론에서는 우주상수 대신 동역학적인 장을 도입해 암흑에너지를 설명하기도 한다.

2024년 미국의 암흑에너지 관측 실험인 암흑에너지분광장비DESI, Dark Energy Spectroscopic Instrument 프로젝트 연구진이 발표한 결과는 매우 흥미롭다. DESI는 최대 110억 광년 떨어진 영역까지 무려 4천만 개에 이르는 은하와 퀘이사(준항성전파천체)의 빛을 관측해 우주가 팽창하는 정도를 측정한다. 2024년 4월에 DESI가 발표한 결과에 따르면 DESI의 결과 단독으로는 표준적인 ΛCDM 우주론과 잘 맞지만, 우주배경복사와 초신성 등에서 관측한 결과를 함께 고려하면 암흑에너지가 상수가 아니라 시간에 따라 변할 가능성이 95% 이상이라고 한다.[64] 만약 향후 추가되는 데이터로 이 결과가 사실로 확인된다면, 우주상수는 암흑에너지 후보에서 탈락하고 ΛCDM이 더 이상 성공적인 표준우주론의 지위를 유지하지도 못할 것이다. 그렇다면 이를 대체할 새로운 표준우주론은 무엇인가 하는 문제가 과학계의 가장 시급한 과제로 떠오를 것이다.

우주의 가속팽창을 발견한 펄머터와 슈미트-리스는 2011년에 노벨 물리학상을 공동 수상했다.

6부

미학적 발상

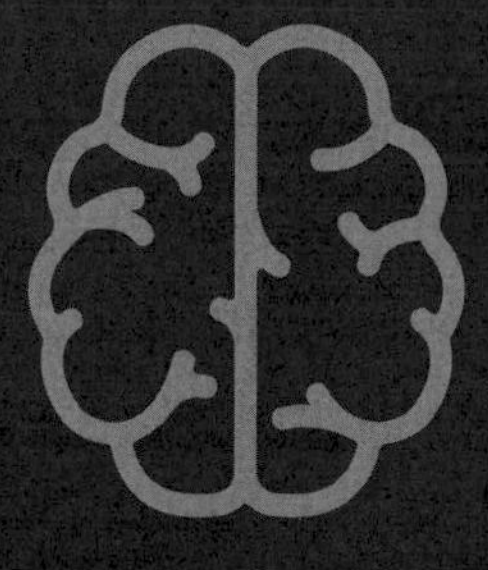

가장 완벽한 존재이신 하느님이
완벽한 조화를 사랑하지 않는다는 것은 불가능하다.
– 고트프리트 라이프니츠

얼핏 생각하기에 과학과 예술은 대척점에 있는 것 같다. 과학은 객관적이고 엄밀하며 숫자로 따지기를 좋아하지만, 예술은 주관적이고 다의적이며 감성이 중요하게 작동한다. 하지만 겉보기에 다른 점들을 걷어내고 더 본질적인 모습에 집중한다면 과학과 예술이 비슷한 가치를 추구한다는 사실을 알 수 있다. 즉 과학도 예술과 마찬가지로 아름다움을 추구한다. 물리학자들은 흔히 일반상대성이론을 아주 아름다운 이론이라고 칭송한다. 숀 캐럴이 쓴 일반상대성이론 교과서 《시공간과 기하학》의 서문에는 다음과 같은 구절이 나온다. "일반상대이론은 지금까지 발명된 가장 아름다운 물리 이론이다." 대부분의 물리학자들이 이 말에 동의할 것이다.

스티븐 와인버그는 《최종 이론의 꿈》에서 아예 한 챕터를 '아름다운 이론'이라는 내용에 할애해 다음과 같이 말했다.

> 나는 물리학 이론의 아름다움의 본성이 무엇인지에 대해, 왜 우리의 미적 감각은 때로는 쓸모 있는 안내자로 기능하지만 때로는 그렇지 못한지에 대해, 그리고 미적 감각이 가진 유용함

이 어떻게 우리가 최종 이론을 향해 나아가고 있음을 보여주는 징표가 될 수 있는지에 대해 좀 더 정밀하게 초점을 맞추고자 한다.[65]

과학자, 특히 물리학자는 과학 활동을 일종의 예술 행위로 생각하는 경우가 더러 있다. 자연의 질서를 연구하는 것도 세상의 아름다움을 추구하는 일이라는 얘기다. 과학자들이 추구한다는 아름다움이, 그저 결과로서 나온 법칙이나 방정식이 눈으로 보기에 아름답다는 것을 뜻하지는 않는다. 오히려 그 수준을 넘어서서 아름다움을 추구하는 욕망이 과학 활동 자체를 특정한 방향으로 이끌기도 한다는 점을 강조하고 싶다. 이런 맥락에서 과학자도 엄연히 아름다움을 추구하는 예술가라 할 수 있다.

물론 여기서 말하는 아름다움이란 일상생활에서 또는 예술에서 말하는 아름다움과 약간 다를 수는 있다. 그러나 앞으로 소개할 내용을 살펴보면 과학자들이 어떤 의미에서 아름다움을 추구하고 있는지를 알고, 그것이 일상적인 또는 예술적인 아름다움과 본질적으로 다르지 않다는 것도 느낄 수 있을 것이다.

1장

오컴의 면도날, 단순한 방향으로 생각하기

오컴의 면도날

오컴의 면도날은 한마디로 말해 경제성의 원리, 또는 단순성의 원리다. 하나의 현상을 설명하는 둘 이상의 주장이 경쟁하고 있을 때, 가정의 개수 또는 논리의 개수가 더 적은 주장을 선택하는 것이 좋다는 얘기다. 그런 주장은 한마디로 '단순하다'고 말할 수 있다. 그래서 흔히 오컴의 면도날을 단순성의 원리라고도 한다. 이는 쓸데없는 가정과 설명을 면도날로 과감히 잘라내야 한다고 주장했던 14세기 영국의 프란체스코 수도사 윌리엄 오컴에게서 비롯된 말이다.

단순함이 자연의 근본 원리와 직접 연결돼 있을 리는 없다. 과학자들이 단순함에 이끌리는 것은 일종의 미학적 끌림이라고도 할 수 있다. 확실히 과학자들은 복잡한 것보다 단순한 것을 좋아한다. 더 적은 것으로 더 많은 것을 설명할 수 있는, 이른바 '가성비 갑'의 과학이론이 있다면 그걸 마다할 과학자는 거의 없을 것이다. 와인버그도 '아름다운 이론'의 요소 중 하나로 단순성을 꼽았다.

단순함과 복잡함은 상식적인 수준에서 말할 수 있지만, 조금 더 깊게 들어가면 무엇이 단순함이고 무엇이 복잡함인지를 엄밀하게 나누기가 어렵다. 오컴의 면도날이 적용된 대표적인 사례인 코페르니쿠스의 태양중심설부터 살펴보자.

태양중심설의 단순함

코페르니쿠스 이전에는 프톨레마이오스의 천체관인 지구중심설이 지배적인 이론이었다. 프톨레마이오스의 우주에서는 태양과 행성 및 다른 모든 천체가 지구 주위를 돈다. 세부적인 사항은 좀 복잡하다. 행성들은 주전원epicycle이라는 가상의 원 주위를 돌고, 주전원의 중

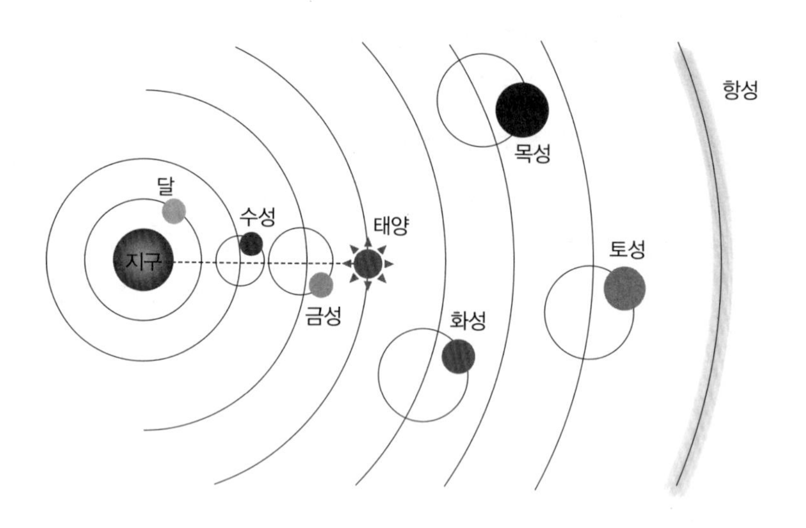

프톨레마이오스의 우주

심이 지구 주위를 도는 구조다. 주전원의 중심이 움직이는 원을 이심원이라 하고 이심원의 중심을 이심점이라 하는데, 지구는 이심점에서 약간 벗어난 곳에 위치해 있다. 또한 행성이 지구 주위를 움직이는 궤도는 두꺼운 수정구면으로 이루어져 있다. 한마디로 말해 프톨레마이오스의 체계에서는 지구가 우주의 중심에 고정돼 있고, 다른 천체들은 다소 복잡한 원운동의 조합으로 지구 주변을 돌고 있다.

폴란드의 성직자이자 천문학자였던 코페르니쿠스는 이 체계를 뒤집었다. 코페르니쿠스가 한 일은 사실 아주 간단했다. 그저 지구와 태양의 위치만 바꾼 것이었다. 이것이 태양중심설이다. 코페르니쿠스의 태양중심설에서도 지구와 다른 행성들은 원 궤도를 돌았고, 심지어 주전원도 여전히 필요했다. 다만 필요한 주전원의 수가 34개 정도로, 80여 개가 필요했던 프톨레마이오스 체계보다 줄어들기는 했다.

34개는 확실히 80개보다 작다. 경제성의 원리에도 부합하며, 더 단순하다. 그러나 생각하기에 따라서는 34개도 너무 많을 수 있다. 필립 볼의 주장에 따르면 프톨레마이오스 체계에서 그렇게 많은 주전원이 필요했다는 주장에 명확한 근거는 없다고 한다.[66] 근본적으로, 과연 지구중심설이 무너지고 태양중심설이 살아남은 것이 단지 주전원 개수의 차이 때문이었을까? 이 질문에는 나도 회의적이다.

그러나 단순함에는 주전원처럼 어떤 이론을 보조하는 수단의 개수가 적다는 것 말고도 여러 층위의 종류가 있을 수 있다. 태양중심설은 지구중심설보다 '개념적으로' 단순하다. 행성들과 태양의 움직임을 관측한 결과를 놓고 보면 태양과 행성들의 상대적인 운동은 행성이 태양을 중심으로 공전한다고 보는 것이 자연스럽다. 이런 까닭에 후대의 튀코 브라헤는 다른 행성들이 태양 주변을 공전하고, 이들 모두가 한꺼번에 지구 주위를 공전하는 천체관을 제시하기도 했다. 그러나 그럴 바에야 차라리 지구 또한 태양을 중심으로 회전하고 있다고 보는 것이 더 단순하다.

갈릴레이가 《두 우주 체계에 관한 대화》에서 했던 말을 인용하자면, "어떤 구를 돌린다고 생각해보라. 그때 구의 중점이 제 위치에 그대로 남아 있겠는가, 아니면 중점에서 멀리 떨어진 어떤 점이 제 위치에 그대로 남아 있겠는가?"[67] 또한 코페르니쿠스와 갈릴레이가 지적했듯이, 우주의 다른 모든 것이 지구 중심으로 하루 1회 회전하는 것(이른바 별의 일주운동)보다 지구가 혼자 하루에 한 바퀴 도는 것이 훨씬 간단하다. 코페르니쿠스 시절의 천문관측 자료는 양과 질에서 모두 만족할 만한 수준이 아니었기 때문에 지구중심설이든 태양중심설이든 관측 결과와의 일치 여부로 우열을 가리기가 쉽지 않았다. 어느 쪽이든 어떻게 해서라도 관측 결과를 설명할 수 있었다. 이런 상황에서는 개념적 단순함이 더 유용할 것이다.

코페르니쿠스의 《천체의 회전에 관하여》는 1543년에 출판되었고, 갈릴레이의 《두 우주 체계에 관한 대화》는 1632년에 출판되었다. 갈릴레이가 《두 우주 체계에 관한 대화》 때문에 종교재판을 받았을 만큼, 코페르니쿠스 이후 100년 가까이 지나서도 태양중심설은 온전히 유럽 사회에 받아들여지지 않았다. 1616년에는 가톨릭교회에서 갈릴레이에게 코페르니쿠스의 이론을 포기하도록 명령하기도 했다. 그런 시대적 전환기에 갈릴레이가 교회의 명령을 어기면서까지 코페르니쿠스를 받아들이는 데에 개념적 단순함이 한 역할을 했다는 것은 주목할 만한 일이다.

코페르니쿠스에게도 주전원이 필요했던 이유는 행성의 공전 궤도가 원이 아니라 타원이었기 때문이다. 행성의 공전 궤도가 타원임을 밝혀낸 것은 1609년의 케플러였다. 이미 말했듯이 케플러 또한 플라톤주의자로서 천체의 운동은 기본적으로 원이라는 신념을 갖고 있었다. 심지어 갈릴레이는 케플러의 법칙이 발표된 이후에도 원 궤도를 고집했다. 확실히 원과 타원만 놓고 본다면 원이 훨씬 더 단순하다. 원은 중심에서 둘레에 이르는 거리가 항상 똑같다. 타원은 그렇지 않다. 태양이 타원 내부 어디에 위치해 있든 행성과 태양 사이의 거리는 시간에 따라 계속 달라진다. 기하학적으로 원은 중심으로부터의 거리인 반지름만 정해지면 그 형태가 결정되지만 타원은 또 다른 변수를 정해줘야 한다. 기하학적인 단순성만 놓고 보면 원의 압승이다. 아마도 그런 까닭에 갈릴레이는 계속 원 궤도를 고집했는지도 모르겠다. 그러나 제아무리 단순성의 원리가 강력하다고 해도 실제 자연의 모습을 이길 수는 없다. 우리 우주는 우리의 기대보다 훨씬 더 복잡할 수도 있다. 이는 오컴의 면도날이 가지는 근본적인 한계다.

표준모형을 넘어설 수 있을까

그렇다고 해서 오컴의 면도날이 현대 과학의 시대에 완전히 사멸했느냐 하면, 꼭 그렇지는 않다. 컴퓨터 프로그래머에게 단순함은 여전히 큰 미덕이다. 성능이 같은 프로그램이라면 더 단순한 코드를 선호하기 마련이다.

세상의 가장 기본적인 단위를 연구하는 입자물리학자도 마찬가지다. 앞서 소개했던 입자물리학의 표준모형은 지난 반세기 동안 대단히 성공적이었지만, 실험을 통해 정해줘야만 하는 임의의 매개변수가 20여 개 정도 된다. 겨우 20개의 매개변수로 우주의 삼라만상을 다 설명할 수 있다면 굉장히 효율적인 게 아니냐고 물을 수도 있지만, 욕심 많은 물리학자들은 세 개 이상이면 많다고 여기는 경향이 있다. 하물며 두 자릿수를 넘어간다면 굉장히 불편해할 것이다. 다수의 과학자들은 표준모형이 중간 단계의 이론체계일 뿐이며 그 너머에 더 근본적인 자연의 원리가 숨어 있으리라는 견해에 대체로 동의한다. 그래서 표준모형은 근본적인 '이론'이 아니라 여전히 '모형model'으로 남아 있다.

물론 표준모형이 자연의 근본 이론이 아니라는 정황은 여러 가지 실험적 사실들과 더 심각한 이론 내적인 이유들에서 드러나고 있지만, 오직 단순성이라는 관점으로만 봐도 불만스러운 건 사실이다. 아직은 표준모형을 넘어서는 새로운 물리학의 모습을 과학자들은 알지 못한다. 다만 나중에 누구나 만족할 만한 더 근본적인 이론이 등장한다면, 그 이론에서 실험적으로 정해줘야만 하는 매개변수는 20개보다는 훨씬 적을 것이다. 이는 미래에도 오컴의 면도날이 과학자들의 연구 활동에 적잖은 안내자 역할을 할 것임을 암시한다.

오컴의 면도날은 그저 겉으로 드러나는 매개변수의 개수 등에만 한정되지 않는다. 좀 더 심오한 수준에서도 오컴의 면도날은 알게 모르게 과학을 움직이는 한 축을 담당하고 있다.

2장

여러 경우를 하나로 통합하기

뉴턴과 맥스웰의 경우

근대 과학을 확립한 뉴턴의 중력이론에는 만유인력의 법칙 또는 보편중력의 법칙이라는 말이 붙어 있다. 뉴턴의 이론에 '보편universal'이라는 말이 붙은 데는 이유가 있다. 뉴턴 이전 아리스토텔레스의 세계관에서는 달을 기준으로 천상계와 지상계로 나뉘어 있었고 두 세계에 적용되는 자연의 법칙도 달랐다. 천상계는 완벽한 세상이어서 천체도 완벽한 구이고, 완벽한 원운동을 한다. 게다가 아무런 힘이 작용하지 않아도 계속해서 운동을 지속한다. 반면 지상계는 불완전한 세상이어서 어떤 물체의 본성을 찾아가는 본원적 운동(예컨대 무거운 물체가 낙하하는 운동)이 아니면 외부에서 물체에 접촉해 힘을 줘야 운동이 일어난다.

그러나 뉴턴은 사고실험 등을 통해 하나의 중력이론으로 천상계의 달과 지상계의 사과가 본질적으로 다르지 않음을 보였다. 즉 천상계와 지상계를 나눌 이유가 없어진 것이다. 뉴턴의 새로운 중력이론은 천상계에서나 지상계에서나 '보편적으로' 적용된다. 게다가 질량을 가진 두 물체 사이에는 우주 어디에서든 똑같은 법칙이 작용한다. 이로부터 앞선 세대의 케플러가 경험적으로 구한 행성운동의 법칙을 유도할 수 있으며, 천상의 운동을 예측할 수 있게 되었다. 그뿐 아니라 지상에서 포탄이 포물선으로 날아가는 궤적(포물선 궤적은 이미 갈릴레이가 알아낸 바 있다)도 쉽게 구할 수 있다.

뉴턴 이론의 성공은 근대 과학이 확립되는 서막이었으며, 이전에 없던 '과학'이 얼마나 강력한 힘을 발휘할 수 있는지를 보여주는 대표적인 사례였다. 그 때문에 후대의 과학자들도 뉴턴을 본받아 자연의 '보편'법칙을 찾는 일에 매진하게 되었다. 이는 수백 년이 지난 지금도 마찬가지다.

여기서 보편법칙이 갖는 매력, 즉 하나의 원리로 천상계와 지상계를 한꺼번에 설명하는 힘은 분명히 단순성의 원리와 맞닿아 있다. 두 세상을 설명하는 두 개의 법칙이 있는 체계와, 두 세상을 설명하는 단일한 법칙이 있는 체계가 있다면, 과학자들은 당연히 후자를 선택할 것이다.

19세기에는 제임스 클러크 맥스웰이 전기 현상과 자기 현상을 자신의 이름이 붙은 방정식(맥스웰 방정식) 속에서 하나의 '전자기 현상 electromagnetism'으로 통합했다. 예컨대 전기장의 시간에 따른 변화는 회전하는 자기장을 생성하며, 자기장의 시간에 따른 변화는 회전하는 전기장을 생성한다. 후자는 곧 발전기의 원리이기도 하다. 전기와 자기를 별도의 현상이 아니라 전자기라는 현상의 두 양상으로 이해하는 것은 단순성이라는 관점에서 아주 효율적이다. 과학자들은 이런 식의 통합을 좋아한다.

통합에 대한 열망

아인슈타인은 맥스웰의 전자기 이론에서 한 걸음 더 나아가 운동하는 좌표계에서의 전기장은 정지한 좌표계에서의 자기장과 같음을 보였다. 이렇게 탄생한 이론이 특수상대성이론이다. 1905년 특수상대성이론을 탄생시킨 논문의 제목은 '움직이는 물체의 전기동역학에 관하여'였다.

아인슈타인은 말년에 전자기력과 중력을 하나의 힘으로 통합하려고 노력했지만 실패로 끝났다. 사실 중력은 아직도 다른 근본적인 힘들과 충돌하는 부분이 있다. 게다가 아인슈타인은 20세기의 가장 큰 과학혁명이라 할 수 있는 양자역학을 인정하지 않았다. 아인슈타인은 통합 이론을 찾는 데 실패했지만 후대의 과학자들은 여전히 그의 과업을 잇고 있다. 궁극적으로는 다른 모든 과학 이론을 유도해내는 가장 근본적인 이론, 또는 최종 이론을 찾으려는 노력으로까지 연결되고 있다.•

그 여정에서 아인슈타인이 그렇게도 싫어했던 양자역학이 대단히 중요하다는 것이 밝혀졌다. 양자역학은 1920년대에 전자기장에 대한 양자 이론인 양자전기동역학을 탄생시키고 이는 양자장론으로 발전하게 된다. 원자핵 이하의 세계를 연구하면서 새로 접하게 된 약한 핵력이나 강한 핵력도 양자장론이라는 맥락에서 기술되었다. 약한

• 이와 관련한 논의는 스티븐 와인버그의 명저《최종 이론의 꿈》(이종필 옮김, 사이언스북스, 2007)에서 찾아볼 수 있다.

핵력은 입자의 종류를 바꾸는(중성자가 전자를 방출하면서 양성자로 바뀌는 과정 등) 힘이고, 강한 핵력은 양성자나 중성자 같은 핵자들이 전기적 반발력을 이기면서 원자핵을 구성하는 데에 필요한 강력한 힘이다. 1960년대에는 전자기력과 약한 핵력을 하나의 장론으로 통합한 약전기이론electroweak theory이 구축되었다. 이는 구조적으로 양자전기동역학을 보다 일반적으로 확장한 이론이다. 약전기이론은 입자물리학 표준모형의 근간을 이루게 된다. 1970년대에는 양성자와 중성자를 구성하는 쿼크들 사이의 강한 핵력에 관한 양자장론인 양자색소동역학quantum chromodynamics이 등장했다.

이로써 자연의 네 가지 근본적인 힘 가운데 전자기력, 약한 핵력, 강한 핵력은 모두 양자역학적으로 성공적으로 기술되었다. 특히 전자기력과 약한 핵력은 약전기이론으로 통합되었다. 그러나 중력만은 여전히 양자역학적으로 기술되지 못하고 있다.

전기와 자기가 전자기로 통합되었고, 이후에는 약한 핵력까지 성공적으로 통합되었으니 사람들은 당연히 강력이나 중력까지도 한꺼번에 통합하는 새로운 이론을 기대하게 마련이다. 특히 양자장론에서는 힘의 세기를 결정하는 결합상수가 에너지 척도에 따라 그 값이 변하는 양상을 보이는데, 약전기이론에서 나타나는 두 개의 결합상수와 양자색소동역학에서 나타나는 하나의 결합상수가 매우 높은 에너지 척도에서 거의 비슷한 값을 가진다는 사실을 알게 되었다. 전혀 다른 세 개의 결합상수가 어떤 에너지에서 하나의 값으로 수렴하는 현상은 우연으로 치부하기 어려운 꽤나 흥미로운 결과다. 이는 아주 높은 에너지에서 전자기력과 약력과 강력이 하나의 힘으로 통합돼 있었을 것이라는 희망의 근거가 되기도 한다.

물론 우리 우주에서 네 개의 근본적인 힘이 그렇게 하나의 이론으로 통합돼 설명될 것이라는 명확한 근거는 없다. 이는 과학자들의 믿음이나 신념, 또는 바람에 가깝다고도 볼 수 있다. 그런 신념이나 바람의 밑바닥에는 단순함을 추구하는 열망이 숨어 있다. 욕심 많고 귀찮은 과학자들에게 자연의 근본적인 힘이 넷씩이나 된다는 것은 무척 성가신 일로 여겨진다. 그런 맥락에서 통합 이론을 추구하는 과학자들의 열망은 또 다른 오컴의 면도날이라 할 수 있다. 이는 단지 특정 이론에 대한 호불호를 넘어 과학자들이 새로운 이론을 위해 추구할 방향성을 제시하기도 한다. 이미 과학자들은 1970년대부터 전자기력과 약력, 강력을 하나의 이론으로 묶는 대통합이론gran unified theory을 찾으려 노력해왔다. 이후로 여러 가지 대통합이론이 제시되었으나 안타깝게도 아직까지 만족할 만한 이론은 존재하지 않는다.

한편 1970년대에 등장한 끈이론은 1차원적인 끈에 관한 양자이론으로서 중력이라는 요소를 그 속에 포함하고 있다. 즉 고리 모양의 닫힌 끈이 중력을 매개하는 역할을 수행한다. 그렇다면 끈이론은 중력을 양자화하는 양자중력이론의 유력한 후보가 되는 셈이다. 게다가 끈이론에서 표준모형이 자연스럽게 유도된다면 그야말로 오랜 세월 과학자들이 추구했던 최종 이론, 또는 궁극의 이론을 찾은 게 아닐까?

그러나 이런 기대는 끈풍경이 등장하면서 실망으로 바뀌었다. 학계는 크게 두 갈래로 나뉘었다. 한 갈래는 그럼에도 여전히 최종 이론이 존재하며 우리가 발견할 수 있다는 의견으로, 뉴턴 이래 아인슈타인을 거쳐 21세기까지 이어져온 전통적인 과학자의 과업을 잇는 것이다. 사실 과학자라면 누구나 이런 '로망'을 가슴에 품고 있을 것이다. '이게 과학이지' 하는 심정으로 말이다.

다른 한 갈래는 '끈풍경'을 명명했던 서스킨드나 여기에 동조한 호킹처럼 전통적인 과학의 여정에서 벗어난 사람들이다. 이들은 다중우주를 선호하며 단일하고도 궁극적인 이론의 존재를 부정한다. 심지어 호킹은 4부 2장에서 잠깐 소개했듯이 물리이론의 목표와 조건에 대한 관점 자체를 바꿀 때라고 주장했다.[68] 즉 아인슈타인의 로망은 헛된 망상에 불과하다는 얘기다. 다중우주 속의 수많은 우주 각각이 서로 다른 자연법칙을 갖고 있으며 그들 사이에는 어떤 연관성이나 상호작용도 존재하지 않고, 오직 다양성의 풍경만으로 존재한다면, 우리는 그렇게 다양한 여러 이론들을 짜깁기한 상태로 우주를 이해할 수 있을 뿐이며 궁극의 단일 이론 따위는 존재하지 않기 때문에 그런 이론을 추구하는 우리의 목표를 바꿔야 한다는 말이다. 이 말이 사실이라면 정말로 호킹의 말마따나 이건 과학사의 대전환점이 될 수도 있을 것이다. 또한 오컴의 면도날이 가장 크게 어긋나는 사례로 기억될 것이다.

나는 이성적으로는 서스킨드와 호킹의 아이디어에 동의하는 편이지만, 감성적으로는 궁극의 이론을 추구하는 전통적인 과학자들의 노선을 지지하는 입장이다. 내게도 여전히 그게 뉴턴과 아인슈타인이 심어준 '과학의 로망'이기 때문이다.

궁극의 최종 이론을 추구하는 노력은 물리학에만 있지 않다. 사회생물학의 창시자인 에드워드 윌슨은 그의 명저 《통섭》(1998)에서 학문의 대통합을 주장했다. 《통섭》은 말하자면 와인버그의 《최종 이론의 꿈》(1993)이 생물학으로 확장된 버전이다. 윌슨은 《통섭》에서 사회학이나 심리학 같은 여타의 학문뿐만 아니라 예술과 문화, 윤리, 종교 등도 결국에는 후성규칙epigenetics rule으로 모두 설명될 수 있다는 담대한 주장을 펼쳤다. 개미 행동 연구로 유명한 생물학자답게 그에게는 생물학의 도구로 세상의 모든 것을 통합적으로 설명하려는 '로망'이 있었던 듯하다. 그런 점에서 이는 와인버그의 《최종 이론의 꿈》과 아주 비슷하다.

와인버그와 윌슨의 구상은 이른바 환원주의적 발상으로, 좀 더 근본적인 요소로 어떤 현상이나 이론을 설명하고 이해하는 방식이다. 예컨대 거시적인 열 현상은 개별 분자들에 통계적으로 접근하는 분자운동론으로 설명할 수 있고, 어떤 원소들이 다른 원소들과 어떻게 화학 결합을 하는지는 각 원소의 전자들에 대한 양자역학적인 이론으로 설명할 수 있다. 다만 궁극의 이론이 '직접적으로' 다른 모든 것을 설명할 수는 없다. 원리적 수준에서의 작동원리를 더 근본적인 요소로 설명할 수 있다는 것이다.

윌슨이 '통섭'을 주장한 주된 동기 중 하나는 너무나 세분화되고 전문화된 학제 간 벽을 허물고 지식의 대통합을 이뤄야 한다는 희망이었다. 더 경제적인 전제조건으로서 단순성을 요구했던 오컴의 면도날은 어쩌면 대통합에 대한 열망의 다른 이름일지도 모르겠다.

2장

대칭성, 변하지 않는 성질에 주목하기

대칭성

고대 그리스인들이 추구했던 아름다움의 요체는 균형과 비례였다. 파르테논 신전이 멋지고 웅장하게 보이는 이유도 균형과 비례에 있다. 유클리드의 《기하학원론》에는 우리가 황금비라 부르는 비율, 즉 약 1:1.618의 비율이 등장한다. 다만 실제 측정 결과에 따르면 파르테논 신전이나 〈모나리자〉 등에 황금비가 적용되었다는 속설은 사실이 아니라고 한다.

어떤 사물의 외형적 균형을 이루는 요소 중 하나가 바로 대칭성이다. 사람의 얼굴이나 신체도 그렇고 자연에는 좌우대칭인 생명체가 많다. 우리의 생김새 자체가 대칭적이어서 그런지, 또는 우리가 대칭적인 생명체에 익숙해서 그런지 우리는 대칭적인 사물을 볼 때 안정감을 느끼고 아름답다고 생각한다. 과학자, 그중에서도 특히 물리학자는 대칭성에 대단히 집착하는 사람들이다. 다만 이들이 집착하는 대칭성은 다소 추상적인 대칭성이다.

대칭성이란 대상을 어떤 방식으로 변환했을 때 변하지 않는 성질이다. 좌우대칭인 나비는 좌우를 뒤바꾸더라도 그 모양이 처음과 똑같다. 물리학자들이 대칭성에 집착하는 데에는 그럴 만한 이유가 있다. 먼저 대칭성이 있으면 그와 연동된 보존량이 존재한다. 이를 뇌터정리Noether's theorem라고 한다. 뇌터정리는 독일의 여성 수학자이자 물리학자였던 에미 뇌터가 발견한 정리다.

예를 들면 우리가 살고 있는 공간은 균질하다. 서울시청이 있는 곳의 공간과 거기서 동쪽으로 100미터 떨어진 곳의 공간이 본질적으로 다르지 않다. 따라서 공간을 따라 이렇게 이동해 자연을 기술하더라도 차이가 없어야 한다. 이와 연동된 보존량은 운동량이다. 뉴턴역학에서 운동량은 질량과 속도의 곱으로 주어진다. 외부에서 힘이 작용하지 않으면 어떤 계의 운동량은 보존된다. 즉 초기의 운동량과 나중의 운동량이 항상 같다. 질량과 속도의 곱이 항상 같기 때문에, 예컨대 당구공이 충돌하는 것과 같은 상황을 분석할 때에 아주 유용하게 활용할 수 있다.

또한 공간은 균질하면서도 등방等方적이다. 즉 어떤 방향을 바라보더라도 본질적으로 다르지 않다. 이와 연동된 보존량은 각운동량이다. 점입자의 각운동량은 그 입자의 운동량에 회전 반경을 곱한 값으로 주어진다. 즉 회전 반경과 질량과 속도의 곱이 항상 일정하게 유지된다. 그 결과 회전 반경을 줄이면 속도가 올라간다. 피겨 스케이트 선수가 스핀 동작을 할 때 펼쳤던 팔을 몸에 붙이면 그 순간 회전 속도가 올라가는 것도 각운동량이 보존되기 때문이다.

공간과 마찬가지로 시간도 본질적으로 균질하다. 이와 연동된 보존량은 아주 익숙한 에너지다.

물리학자들이 보존량을 좋아하는 이유

물리학자들이 보존량을 좋아하는 이유는 크게 세 가지다. 첫째, 에너지처럼 보존량은 시간에 따라 변하지 않기 때문에 어떤 물리계의 상태를 나타내는 중요한 지표로 사용될 수 있다. 둘째, 앞서 본 운동량이나 각운동량의 사례처럼 그 자체로 어떤 문제를 해결하는 데에 큰 도움을 준다. 셋째, 보존량은 시간에 대해 상수이기 때문에 어떤 계산을 할 때, 예컨대 물리학에서 흔한 미적분 계산을 할 때 보존량을 중심으로 어떤 양을 표현하면 계산이 간단해지는 경우가 있다. 상수에 대한 미분이나 적분은 아주 간단하다. 일반적으로 미분보다 적분이 더 어려운데, 경험적으로는 피적분함수에 상수가 많이 포함될수록 대체로 계산이 간단해진다.

시간과 공간 자체가 가지는 대칭성보다 조금 더 복잡한 대칭성도 있다. 어떤 기준에 대해 정지해 있는 사람이나 그 기준에 대해 일정한 속도로 움직이는 사람이나 물리법칙은 똑같을 것이다. 이 또한 대칭성의 일종이지만 상대성원리로 더 잘 알려져 있다.

상대성원리의 원조는 갈릴레이다. 갈릴레이는《두 우주 체계에 관한 대화》에서 지구의 운동을 논할 때, 반대자들의 논리를 반박하면서 상대성원리를 제시했다. 지구가 자전한다는 사실을 인정하지 않았던 사람들은, 만약 지구가 서쪽에서 동쪽으로 회전한다면 사과나 낙엽이 항상 나무의 서쪽으로 치우쳐 떨어질 것이라고 주장했다. 그런데 현실에서는 그런 현상을 본 적이 없다. 따라서 지구가 자전한다는 주장은 이치에 맞지 않는다는 것이었다.

이에 맞서 갈릴레이는 움직이는 배의 돛대에서 공을 떨어뜨리는 상황을 제시했다. 반대자들의 주장이 옳다면 항해 중인 배 위에서 공은 돛대 뒤편으로 떨어져야 한다. 그러나 실제로는 돛대 바로 옆에 떨어진다. 그 이유는 공이 배와 함께 같은 속도로 움직이고 있기 때문이다. 마찬가지로 움직이는 지하철 안에서 스마트폰을 떨어뜨려도 그 스마트폰은 객차의 뒤쪽으로 날아가지 않는다. 그냥 내 발 옆에 떨어질 뿐이다. 움직이는 지구 위에서의 낙엽이나 사과도 마찬가지다. 따라서 이와 같은 실험으로는 배나 지구가 움직이고 있는지 정지해 있는지를 구분할 수 없다. 정지한 좌표계와 일정하게 움직이는 좌표계에서 물리법칙은 똑같이 작동하기 때문이다.

한 걸음 더 나아가면, 정지 상태와 운동 상태를 구분하는 것 자체가 무의미하다. 지구가 정지해 있다면, '무엇'에 대해 정지해 있다는 말일까? 정지 상태를 말하려면 어떤 기준 좌표계를 먼저 상정해야 한다. 이는 곧 상대적 운동만이 중요하다는 뜻이 된다.

그러나 갈릴레이의 상대성원리만으로는 전자기 현상을 기술하는 맥스웰 방정식이 움직이는 좌표계에서 달라져야만 했다. 이를 해결하기 위해 아인슈타인이 새로 고안한 상대성원리가 바로 특수상대성이론이다. 특수상대성이론에서는 움직이는 좌표계에서도 맥스웰 방정식의 형태가 변하지 않는다. 따라서 특수상대성이론의 탄생에도 대칭성의 개념이 중요하게 작용했다고 할 수 있다. 이 대칭성은 전문 용어로 로런츠 대칭성Lorentz symmetry이라고 부르는 것의 일부분이다.

일반상대성이론에서도 비슷한 이야기를 할 수 있다. 특수상대성이론이 상대적인 속도가 일정하게 움직이는 좌표계들 사이의 관계에 대한 이론이라면, 일반상대성이론은 속도가 더 빨라지거나 느려지는 가속운동에 적용되는 이론이다. 일반상대성이론의 근간인 등가원리에 따르면 충분히 국소적인 영역에서는 가속도에 의한 관성력과 중력을 구분할 수 없다.

지면에 대해 정지한 엘리베이터와 위로 가속하는 엘리베이터를 생각해보자. 가속하는 엘리베이터 안에서의 물리법칙은 정지한 엘리베이터 안에서의 물리법칙과 똑같지 않다. 왜냐하면 가속하는 엘리베이터 안에서는 지면 방향으로 관성력이 작용하기 때문이다. 이 힘은 정지한 엘리베이터 안에서는 없던 힘이다. 정지한 엘리베이터 안에서는 중력만 작용할 뿐이다. 그렇다면 정지한 엘리베이터에서 위로 가속하는 좌표계로 바꾸었을 때, 이 좌표 변환의 과정에서는 대칭성이 깨지는 게 아닐까?

겉보기에는 그렇다. 그러나 만약 우리가 지구의 질량을 임의로 조정할 수 있다면 두 상황을 대칭적으로 만들 수 있다. 즉 엘리베이터가 지면에 정지해 있는 상황에서 지구의 질량을 적당히 무겁게 해서 중력을 좀 더 강하게 만든다면, 엘리베이터가 정지해 있는 상황에서 엘리베이터가 위로 가속하는 상황을 만들 수 있다! 사방이 막혀 있는 엘리베이터 안에 있는 사람은 엘리베이터가 위로 가속되고 있는지 아니면 지구의 질량이 갑자기 더 무거워졌는지 알 길이 없다. 이런 의미에서 서로 다른 좌표계들 사이의 대칭성이 일반상대성이론에서도 성립한다고 할 수 있다.

사실 일반상대성이론을 기술하는 핵심 방정식인 아인슈타인의 중력장 방정식은 하나의 텐서 방정식으로서, 좌표가 일반적으로 변환

되더라도 그 방정식의 형태는 똑같이 유지된다. 이를 텐서의 공변성이라 한다. 맥스웰 방정식이 일정한 속도로 움직이는 좌표 변환에 대해 그 형태가 유지되는 것과 같은 원리다.

게이지 대칭성

입자물리학의 표준모형에서는 게이지 대칭성이라는 또 다른 추상적인 대칭성이 아주 중요하다. 게이지 대칭성이란 게이지 변환에 대해 변하지 않는 성질이다. 게이지 변환의 아주 간단한 예를 들어보자. 막대 하나를 정북 방향으로 놓는다. 이 막대에는 동쪽 방향의 성분이 전혀 없다. 만약 막대를 동쪽으로 15도 정도 틀었다고 하자. 이제 막대는 북쪽 성분과 함께 동쪽 성분도 조금 생기게 된다. 막대의 방향을 정북을 기준으로 조금씩 회전함에 따라 막대의 북쪽 성분과 동쪽 성분은 계속 바뀐다. 그 정도는 막대가 정북 방향을 기준으로 회전한 정도에 따라 달라진다. 이와 같은 변환이 게이지 변환의 일종이다. 그러나 예컨대 막대의 길이는 이 모든 변환에 대해 변하지 않는다. 막대의 길이와 관련된 물리학은 막대의 방향에 대한 게이지 변환에 대해 불변이다. 즉 게이지 대칭성을 갖는다. 소립자의 세계에서는 특정한 입자들의 장field들 사이에 게이지 대칭성이 있다. 표준모형의 기본적인 수학 구조는 입자 장들에 대한 게이지 대칭성이다.

물리학자들이 대칭성을 좋아하는 이유는 어떤 이론을 구축할 때 대칭성이 대단히 큰 제약 조건으로 작용하기 때문이다. 제약 조건이 좋은 쪽으로 작용하는 이유는 그만큼 선택의 폭을 줄여주기 때문이다. 만약 아무런 제약 조건이 없다면 생각할 수 있는 모든 수학적 구조물을 동원해서 이론을 만들고 실험 결과와 견주어봐야 할 것이다. 이는 수많은 가능성을 일일이 수작업으로 확인해봐야 한다는 점에서 대단히 비효율적이다. 그러나 대칭성이 있다고 가정하면, 그 대칭성을 만족하는 특별한 수학적 구조만 남게 된다.

비유적으로 말하자면 이렇다. 바스프의 미타슈가 암모니아 수급을 위한 촉매를 찾아 수없이 많은 물질로 실험을 했을 때 만약 특정 원소가 반드시 포함돼야 한다는 사실을 알았다면 촉매를 찾는 작업이 훨씬 더 수월했을 것이다. 대칭성이 바로 그런 역할을 수행한다. 즉 엄청난 경우의 수를 줄여줌으로써 과학자들에게 일종의 안내자 역할을 하는 셈이다. 그런 까닭에 좋은 대칭성을 찾는 작업은 자연의 신비에 접근하는 유력한 통로를 발견하는 것과도 같다.

3장

필연성, 반드시 그러해야만 하는 이유를 찾기

와인버그는 아름다움의 두 요소로 단순성과 함께 필연성을 꼽았다. 그의 표현에 따르면 단순성과 필연성의 아름다움은 완벽한 구조의 아름다움이다.[69] 필연성이란 반드시 그러해야만 하는 이유나 근거다. 말하자면 '논리적 외길'이라고도 할 수 있다. 필연성이 중요한 이유는 과학자들이 궁극적으로 궁금해하는 질문, 즉 '왜'라는 질문에 답을 줄 수도 있기 때문이다.

아인슈타인은 이런 유명한 말을 했다. "내가 정말로 관심이 있는 것은 신이 세상을 창조할 때 어떤 선택의 여지가 있었는지 여부다."

신도 어떻게 하지 못하는 요소가 있었다면 그건 신에게도 필연적인 무엇이었을 것이다. 아인슈타인이 추구했던 것은 바로 그 지점, 신도 어쩔 수 없는 자연의 필연성이었다. 아인슈타인은 이런 말을 할 자격이 충분했다. 그의 일반상대성이론은 필연성으로부터 구현된 가장 아름다운 이론으로 꼽히기 때문이다.

일반상대성이론의 필연성

일반상대성이론이 내포하고 있는 필연성의 첫 번째 요소는 앞서 말했던 상대성원리다. 상대성이론에서는 어떤 좌표계를 움직이는 좌표계로 바꾸더라도 물리법칙이 똑같이 적용된다. 특히 일반상대성이론에서는 가속운동을 하는 좌표계에 대해서도 마찬가지다. 다만 가속운동을 하는 좌표계로 옮겨갔을 때 원래 좌표계에서 이를 구현하려면 중력이라는 힘이 있어야 한다. 그러니까 좌표계들 사이에 물리법칙이 동일하다는 대칭성은 '중력의 존재'를 필요로 한다고 말할 수 있다.[70] 즉 이 우주에 중력이라는 힘이 '왜' 존재하는지에 대한 답이 좌표계들 사이의 대칭성이라는 말이다.

뉴턴은 중력이라는 개념을 처음으로 정식화했지만 중력이라는 힘이 어떻게 원격으로 작동하는지, 왜 중력이라는 힘이 존재하는지에 대해서는 답을 줄 수 없었다. 일반상대성이론에서는 중력의 본질을 시공간의 곡률로 이해하며, 그 곡률의 변화는 시공간의 요동, 즉 중력파의 형태로 광속으로 전파된다. 또한 등가원리에 따라 가속하는 좌표계로 변환했을 때 원래 좌표계에서와 같은 물리법칙이 작용하려면 중력이라는 개념이 반드시 필요하다.

일반상대성이론의 또 다른 필연성은 그 이론의 핵심인 중력장 방정식에서 살펴볼 수 있다. 아인슈타인의 중력장 방정식을 다시 살펴보자.

$$G_{\mu\nu} = 8\pi G T_{\mu\nu}$$

여기서 좌변은 시공간의 기하를 나타내고, 우변은 시공간에 퍼져 있는 에너지 분포를 표현한다. 즉 시공간에 에너지가 퍼져 있으면 위의 방정식에 따라 시공간의 기하가 결정된다. 등가원리를 일단 받아들이면 중력과 가속도가 (국소적으로) 등가의 효과를 내고, 움직이는 좌표계의 시공간은 일반적으로 어떤 변형을 겪을 것으로 예상할 수 있으므로 자연스럽게 중력을 시공간의 기하와 관련지어 생각할 수 있다.

이때 시공간의 기하를 나타내는 수학은 19세기 비유클리드 기하학이 완성되면서 마침 마련돼 있었다. 그에 따라 시공간의 곡률을 표현할 적당한 수단은 극히 제한적으로 정해져 있었다. 이를 우변의 에너지 분포와 맞추기 위해서 아인슈타인이 가장 신경을 썼던 대목은 고전적인 극한에서 자신의 새로운 방정식이 뉴턴의 만유인력의 법칙을 재현해야 한다는 조건이었다. 바로 그 조건 때문에 우변의 계수가 $8\pi G$로 정해진다. 여기서 G는 만유인력의 법칙에 등장하는 중력상수다. 그러니까 G는 고전적인 중력이론과 현대적인 중력이론을 이어주는 다리 역할을 하는 셈이다.

지금까지의 논의를 잘 살펴보면 위의 중력장 방정식에 이르는 데에 다른 선택의 여지는 거의 없다. 가장 기본적인 원리를 확립하고 나면 중력장 방정식은 거의 필연적으로 도출된다. 와인버그를 포함해 많은 물리학자들이 일반상대성이론을 아름답다고 말하는 이유다.

표준모형의 필연성

이와 비슷한 필연성이 소립자 세계를 설명하는 표준모형에도 있다. 표준모형의 근간을 이루는 원리는 게이지 대칭성이다. 게이지 대칭성은 게이지 변환에 대해 변하지 않는 성질이다. 앞선 예에서 봤듯이 게이지 변환을 하면 물리적으로 의미가 없는 방위 같은 값, 정확하게는 위상phase이라 부르는 값이 방정식에 따라다니게 된다. 이 위상을 제거하지 않으면 게이지 대칭성이 성립되지 않는다. 따라서 게이지 대칭적인 이론에서는 물리적으로 무의미한 이 위상을 자동적으로 없애주는 기제가 반드시 필요하다. 이 요소를 게이지 장guage field이라 부른다. 그러니까 게이지 대칭성이 성립하려면 게이지 장이 '반드시' 존재해야 한다. 게이지 대칭성은 게이지 장의 존재를 필요로 한다. 그리고 게이지 장이 양자역학적으로 들뜬 상태일 때, 이를 게이지 입자(게이지 보손)라 한다. 우리가 잘 아는 입자 중에 게이지 입자가 있다. 바로 빛이다!

빛은 우리 우주에서 아주 흔하고도 친숙하며 없어서는 안 될 존재다. 빛이라는 게 이 우주에 '왜' 있을까? 이 질문에 대한 최초의 문헌적 답변은 바로 성서의 〈창세기〉에 나와 있다. "하느님이 빛이 있으라 하시니 빛이 있었고"라는 문장이다. 종교적인 답변이긴 하지만, 빛이라는 게 왜 있느냐는 질문에 답을 주고 있는 것은 분명하다. 하느님이 세상을 만들 때 가장 먼저 빛이 있으라 했다는 것도 흥미롭다. 종교에서나 과학에서나 역시 빛은 중요한 요소다. 과학자들의 답변은 〈창세기〉의 답변보다 좀 더 딱딱하고 복잡하다. 과학자들에 따르면 이 우주에는 게이지 대칭성이 있다. 그런데 이 대칭성을 만족하려면 반드시 게이지 입자라는 요소가 있어야만 한다. 그래야 게이지 변환 때 생기는 불필요한 항들을 제거해 게이지 대칭성을 유지할 수 있다. 그중의 하나가 빛이다.

빛과 같은 게이지 입자의 존재를 필연적으로 요구한다는 점에서, 그리고 왜 존재하는지에 대한 답을 준다는 점에서 게이지 대칭성은 대단히 매혹적이다. 그런데 흥미롭게도 표준모형의 약전기 이론에서는 빛 말고도 두 개의 게이지 입자가 더 존재한다. 각각 W와 Z로 불리는 이들 입자는 약한 핵력을 매개하는 입자다. 게이지 이론이 옳다면 이들 입자가 반드시 존재해야만 하므로, 과학자들은 당연히 이들 입자를 찾기 위해 실험 장비를 가동했다. 이들 입자는 1983년 유럽의 입자가속기에서 발견되었다.

표준모형에는 또 다른 새로운 입자가 반드시 존재해야만 했다. 게이지 대칭성이 있는 것까지는 좋은데, 이 대칭성이 현실에서 계속 유지되면 표준모형이 포괄하는 모든 입자(전자에서 쿼크, W 및 Z 입자까지)들이 질량을 가질 수 없다. 대칭성이 있다는 것은 뭔가를 구분할 수 없다는 뜻이다. 게이지 대칭성 때문에 구분할 수 없는 물리량 중 하나가 바로 입자의 질량이다. 즉 질량이 있으면 게이지 대칭성이 깨져 있어야만 한다. 그렇다면 표준모형에는 게이지 대칭성을 깨면서 입자들에게 질량을 부여하는 어떤 요소가 반드시 포함돼야만 한다. 바로 그 역할을 수행하는 장이 힉스장이다. 힉스장이 다른 입자들과의 상호작용을 통해 게이지 대칭성을 깨면서 각 입자들에 질량을 부여하는 과정을 힉스 메커니즘이라 한다. 그리고 힉스 메커니즘의 부산물로 남는 입자가 힉스입자다.

그러니까 표준모형이 현실을 기술하는 올바른 이론이라면 힉스입자가 반드시 존재해야만 한다. 힉스입자는 1964년 그 존재가 처음 예측되었으나 반세기 가까이 실험적으로 검출되지 않아 과학자들의 애를 태웠다. 과학자들은 반드시 있어야만 하는 입자를 발견하기 위해 천문학적인 돈을 들여 유럽입자물리연구소에 LHC(대형강입자충돌기)라는 입자가속기를 새로 만들었고, 2012년에 힉스입자를 발견하는 데 성공했다.

이처럼 필연성은 새로운 이론을 세우거나 평가하는 데에도 큰 역할을 하지만 때로는 엄청나게 많은 돈과 사람을 모아 역사상 유례가 없는 거대한 과학 설비를 만들기도 한다.

4장

자연스러운 쪽으로 생각하기

과학자들의 미적 감각이 가장 극적으로 드러나는 대목은 자연스러움naturalness에 대한 감각이다. 사실 정량적으로 엄밀함을 따지는 과학자에게 애매하고도 주관적인 단어인 자연스러움은 왠지 어울리지 않는 것 같다. 그럼에도 자연스러움은 과학자들이 상당히 진지하게 받아들이는 덕목이다. 간단히 말해 자연을 설명하는 우리의 과학 체계는 자연스러워야 한다는 것이다. 여기서 말하는 자연스러움이란 자연을 기술하는 어떤 모수parameter가 상식적으로 기대할 수 있는 값보다 지나치게 크거나 작아서는 안 된다는 뜻이다. 오랜 세월에 걸쳐 과학자들은 자연스러움의 관점에서 자연을 들여다봤고, 부자연스러운 모습이 나타나면 이를 해결하기 위해 온갖 방법을 동원했다. 그 과정에서 물리학이 크게 발전하기도 했고 그 해법이 일러주는 길을 따라 비싼 장비를 들여 실험을 수행하기도 했다.

그중에서 아직도 해결되지 않은 대표적인 세 가지 사례를 소개한다.

힉스입자의 미세조정

첫 번째는 힉스입자의 질량과 관련된 문제다. 자연스러움의 문제를 좁은 의미에서 쓸 때는 이 문제를 뜻하는 경우가 많다. 힉스입자의 질량이 문제가 되는 이유는 양자역학적인 보정 때문이다. 양자역학이 지배하는 미시세계에서는 끊임없이 새로운 입자들이 생겨나고 사라지는 일이 반복된다. 입자들이 갑자기 쌍으로 생성되고 이들이 다시 만나 쌍으로 사라진다고 해도 그 과정에서 에너지는 보존된다. 이는 고전역학에는 존재하지 않는, 양자역학(양자장론)에서만 가능한 독특한 현상이다. 이런 양자보정quantum correction의 과정을 거치면 입자의 질량이나 전하량 등의 실제 물리량이 영향을 받는다.

과학자들에게 아주 익숙한 전자의 질량이나 전하량도 마찬가지이고, 표준모형에서 새로이 그 존재가 예측된 힉스입자도 마찬가지다. 힉스입자도 양자보정의 과정을 통해 순간적으로 다른 입자들을 방출하고 다시 그 입자를 되받는 것이 가능하다. 이 과정을 그림으로 표현하면 중간 단계의 입자의 움직임은 고리 모양으로 드러난다. 이 효과를 모두 고려한 결과는 힉스입자의 질량의 제곱을 보정하게 된다. 이는 마치 은행에서 대출을 받아 집을 사고 나중에 원리금을 다 갚더라도 집값이 올라 돈을 버는 것과 비슷하다.

문제는 전자나 다른 입자들의 경우 이 양자역학적인 보정이 통제 가능한 수준이지만 힉스입자는 그렇지 않다는 데 있다. 기술적으로 말하자면 전자의 질량에 대한 양자보정은 그 과정에 관여하는 에너지의 로그값으로 기여하기 때문에, 관여하는 에너지 값에 아주 둔감하다. 반면 힉스입자의 질량에 대한 양자보정은 고리 형태로 기여하는 중간 단계의 입자가 가질 수 있는 에너지의 제곱에 비례한다. 그래서 이 현상을 '2차 발산quadratic divergence'이라 부르기도 한다. 현실적으로 이게 왜 문제인가 하면 양자보정에 투입되는 에너지가 커질수록 양자보정의 정도가 걷잡을 수 없이 커지기 때문이다.

만약 이 에너지의 한계를 흔히 하듯이 플랑크 질량•으로 잡으면, 힉스입자 질량의 제곱은 양자역학에 의한 보정효과가 실험적으로 확인된 값보다 무려 10^{32} 정도 더 (음으로) 크다. 실험으로 확인된 힉스입자의 질량은 양성자 질량의 약 125배다. 그렇다면 이론적인 계산 결과를 실험과 맞추기 위해 애초에 이론에서 도입한 질량을 다시 정의해야 하는데, 그렇게 해서 양자보정의 효과인 10^{32} 정도 되는 양을 상쇄시켜야 한다. 비유적으로 말하자면 두 사람이 서른두 자리의 숫자를 각각 하나씩 임의로 골랐는데 우연히도 그 두 숫자가 같은 일이 벌어져야 하는 셈이다.

물론 우리 우주에서 그런 믿기 힘든 일이 그냥 벌어졌을 수도 있지만, 이런 결과는 우리의 일상 용어를 쓰더라도 매우 '부자연스럽다'. 힉스입자의 질량이 너무나 미세조정되어 있다는 뜻이기 때문이다. 그래서 이 문제를 힉스 질량의 미세조정 문제, 또는 위계 문제hierarchy problem라고 부른다.

과학자들은 힉스 질량의 미세조정 문제를 해결하기 위해 정말 다

• 미시세계에서 중력효과가 중요해지는 에너지 척도로서, 양성자 질량의 약 10^{19}배 정도 되는 질량이다.

양한 해결책을 제시해왔다. 결론부터 말하자면 아직 만족할 만한 해결책은 없다. 가장 유명한 방안은 초대칭성supersymmetry을 도입하는 것이다. 초대칭성은 스핀이 1/2만큼 차이가 나는 입자들 사이의 대칭성이다. 즉 스핀이 정수인 보손에 대해 스핀이 반정수인 페르미온이 그 짝으로 존재하고, 스핀이 반정수인 페르미온에 대해 스핀이 정수인 보손이 그 짝으로 존재한다. 힉스 질량의 제곱에 가장 크게 기여하는 입자는 톱쿼크다. 만약 초대칭성이 있다면, 톱쿼크의 초짝superpartner(초대칭짝)이 존재한다. 톱쿼크가 스핀이 1/2인 페르미온이므로 그 초짝은 스핀이 0인 보손이다. 특별히 스핀이 0인 입자를 스칼라 입자라 한다(그래서 톱쿼크의 초짝을 스칼라톱scalar top 또는 스톱stop이라 부르기도 한다). 힉스입자도 스핀이 0인 스칼라 입자다.

스칼라톱 입자가 있으면 이 입자가 힉스 질량에 기여하는 정도는 톱쿼크가 기여하는 정도와 정확하게 반대다. 마찬가지로 다른 입자들이 기여하는 정도도 초짝들이 상쇄시켜 힉스 질량의 2차 발산을 없앨 수 있다.

그렇다면 초짝 같은 초입자superparticle들은 실험적으로 발견되었는가? 그렇지 않다. 과학자들은 LHC 등의 입자가속기에서 초입자를 찾아 나섰지만 아직까지 그 어떤 신호도 발견하지 못했다. 게다가 실험이 탐색하는 영역이 점점 더 넓어지면서 초입자들이 존재할 수 있는 영역도 그만큼 줄어들고 있다.

또 다른 해결책으로는 덧차원extra dimension이 있다. 우리가 살고 있는 보통의 3차원 공간에 더해서 새로운 차원이 더 있을 수 있다는 주장이다. 덧차원에서는 덧차원의 공간 효과 때문에 플랑크 질량이 보통의 표준모형에서처럼 그리 크지 않을 수 있다. 그 결과 힉스 질량의 제곱에 기여하는 에너지의 한계가 심하게 커지지 않기 때문에 표준모형에서와 같은 정도로 미세조정할 필요가 사라진다.

이 밖에 힉스입자가 원래 다른 입자들의 복합 상태라는 복합힉스 이론도 있다. 다만 이미 말한 대로 그 어느 방책들도 실험적으로 검증되지 않았다. 힉스입자의 질량 문제는 여전히 과학자들에게 중요한 미해결 과제로 남아 있다.

우주상수 문제

힉스 질량보다도 더 최악의 상태로 이론과 실험이 어긋나는 사례가 있다. 바로 우주상수다. 우주상수는 참 사연이 많은 상수다. 5부 2장에서도 소개했듯이, 우주상수는 아인슈타인이 영원불멸의 우주를 만들기 위해 '임의로' 도입한 상수로서, 공간 자체가 가지는 에너지 밀도에 비례하는 양이고 반중력의 효과를 낸다. 이런 성질 때문에 우주상수는 가장 유력한 암흑에너지의 후보다(이에 관해서는 5부 5장을 참고하라).

암흑에너지가 전체 우주의 에너지 밀도에서 차지하는 비중이 70퍼센트이지만 이는 대략 1세제곱미터 부피에 양성자가 네 개 정도 있는 수준밖에 안 된다. 즉 만약 우주상수가 암흑에너지라면 그 값은 관측적으로 매우 작은 값을 갖게 된다. 그런데 이론적인 관점에서 봤을 때 공간 자체가 가지는 가장 자연스러운 에너지 밀도는 플랑크 질량의 4제곱이다.

이는 관측 값보다 무려 10^{120}배 정도 더 크다. 이 정도 차이는 지금까지 과학자들이 직면한 최악의 불일치라 할 수 있다. 그 불일치하는 정도가 너무나 커서 모른 체하고 넘어갈 수 없는 수준이다. 이를 우주상수 문제라고 한다.

이 상황을 조금 다르게 표현하자면, 우리 우주의 우주상수는 어떤 과정(예컨대 양자역학적인 보정)을 통해 대단히 높은 수준으로 미세조정돼 있는 셈이다. 과학자들은 이런 식의 미세조정을 매우 싫어한다.

인류원리

이 모든 부자연스러움이 진짜 우주의 모습일 수도 있다. 예컨대 우리 우주는 4부 2장에서 소개했던 다중우주 속에 포함된 수많은 우주 중 하나일 수도 있다. 그리고 우연히, 하필 우리가 살고 있는 우주에서만 힉스 질량이나 우주상수가 대단한 정밀도로 미세조정되었을 수도 있다. 그 결과로 생명에 친화적인 행성이 생겨날 수 있었고, 그곳에 우리가 출현하게 된 것이다. 만약 끈이론에서 예상하는 것처럼 다중우주 속 우주의 수가 10^{500} 정도나 된다면, 그중 어떤 우주는 이론적으로 자연스러운 값보다 10^{120} 정도 작은 값을 가질 수도 있을 것이다. 우리는 하필 딱 그런 우주 속에 살고 있다. 왜냐하면 우주상수가 그렇게 작은 우주가 우리 같은 생명체가 탄생하고 살아가기에 적합하기 때문이다. 이처럼 수많은 다양성의 우주가 풍경처럼 펼쳐져 있다면 어지간한 미세조정의 문제는 이런 식으로 해결될 수 있다.

우주에서 우리의 존재 자체가, 우주상수가 왜 그렇게 이상한 값을 가지는지에 대해 어떤 단서를 제공할 수 있을까? 1987년 와인버그는 이처럼 아주 흥미로운 시각에서 이 문제에 접근했다. 만약 우주상수가 관측 값보다 훨씬 더 크다면 어떻게 될까? 우주상수는 반중력의 효과를 내므로 우주상수가 크다면 초기 우주에서 물질들이 뭉쳐 별이나 은하를 형성하기가 쉽지 않았을 것이다. 반대로 우주상수가 음수로 아주 커지면 어떻게 될까? 이때는 중력상수의 부호가 바뀌므로 반중력이 아니라 중력효과를 내게 된다. 그렇다면 우주는 지금처럼 빅뱅 직후 계속 팽창하기보다 얼마 지나지 않아 중력 수축으로 모든 것이 한 점으로 붕괴했을 것이다. 이로부터 와인버그는 우주상수의 값이 지금 우리가 알고 있는 값에서 크게 벗어나지 않아야 함을 보여주었다.

와인버그의 논리는 이른바 인류원리의 대표적인 사례다. 인류원리anthropic principle란 우리 우주의 어떤 물리량이 인간이라는 고등한 지적 생명체의 출현에 적합하게끔 정해졌다는 것이다. 우주상수가 너무 크거나 너무 작으면 우리 우주는 지금과 같이 수많은 은하와 별과 행성을 형성할 수 없었을 것이고, 따라서 우리 같은 지적 생명체도 탄생하지 못했을 것이다. 즉 우리의 존재 자체가 우주상수의 값에 한계선을 주는 셈이다.

인류원리에 대해서는 이것이 과학적인 논증이냐 아니냐를 두고 논란이 있다. 무엇보다 인류원리는 결과론적인 측면이 강하다. 태초에 우주가 탄생할 때 우주상수가 먼 훗날 은하수 은하의 변두리에 있는 별의 세 번째 행성에서 지적 생명체가 탄생하게끔 특정한 값으로 세팅되었다고 믿기는 어렵다. 그보다는 우연히 우주상수의 값이 인류의 출현과 생존에 유리했을 뿐이다. 이처럼 인류원리는 전통적인 과학적 설명 방식과는 정반대 방향이다.

그렇다고 인류원리가 전혀 쓸모없는 것은 아니다. 예컨대 지구와 태양 사이의 거리가 1억 5000만 킬로미터인 것에는 그 어떤 자연의 근본 원리도 작용하지 않는다. 태양과 행성 사이의 거리는 임의로 정해질 수 있었다. 지구는 우연히 태양에서 적당한 거리만큼 떨어져 있어서 생명이 탄생하고 진화할 수 있었다. 하지만 수백 년 전 사람들은 태양과 행성 사이의 거리에 우주의 근본 원리가 숨어 있다고 생각했다. 케플러가 대표적인 인물이었다. 케플러는 그때까지 알려진 다섯 행성의 궤도에 플라톤의 다섯 정다면체를 대응시켜 태양계를 이해하려고 했다. 지금은 아무도 지구와 태양 사이의 거리가 왜 꼭 그 값이어야 하는지를 연구하지 않는다. 우주상수도 그런 성질의 물리량이 아닐까?

여기에 끈풍경이 큰 힘을 보탠다. 끈이론에서 가능한 진공상태가 10^{500}개나 있고 그 모든 진공상태가 각각 독자적인 우주를 기술한다면, 그렇게 기술되는 우주가 수없이 많이 존재한다면, 그중의 어떤 우주에서는 우주상수가 이론적으로 자연스러운 값보다 10^{120} 정도 작거나 또는 그 정도의 정밀도로 미세조정되었다고 해서 크게 이상할 것이 없다. 이는 마치 내가 로또에 당첨될 확률은 극히 희박하지만 매주 전국에서 누군가는 1등에 당첨되는 것과 마찬가지다. 희박한 확률을 능가하는 수많은 시행 횟수(즉 수많은 로또 구매자들)가 존재하기 때문이다. 즉 끈풍경이 다중우주와 연결되고 실제 우리가 다중우주 속의 수없이 많은 거품우주들 중의 하나라면, 이 우주에서 우주상수가 그렇게 작은 것도 별로 이상하지 않다. 그저 우리는 우연히 우주상수가 작은 우주에 살고 있을 뿐이고, 그 덕분에 우리라는 존재가 생겨날 수 있었던 것이다.

우주상수뿐만 아니라 자연의 다른 상수 또는 모수들도 인간의 존재를 위해 대단히 미세조정된 것처럼 보이기도 한다. 예를 들면 자연의 네 가지 근본 힘인 중력, 전자기력, 약한 핵력, 강한 핵력의 크기가 조금만 달라졌어도 우주의 모습이 많이 달라졌을 것이다. 전자기력과 강한 핵력은 원자핵 내부에서 서로 반대되는 작용을 한다. 일반적으로 원자핵은 여러 개의 양성자와 중성자로 구성돼 있다. 이들을 핵자라 부른다. 양의 전기를 띠는 양성자는 전기적으로 반발하는 반면, 강한 핵력은 핵자들 사이를 묶어주는 힘을 발휘한다. 이들 사이의 균형이 달라졌다면 원소들의 물리적, 화학적 성질도 많이 달라졌을 것이다.

가령 강한 핵력이 좀 약해지면 중양성자, 즉 중성자 하나와 양성자 하나가 결합된 원자핵이 형성되기 어렵다. 중양성자는 중수소의 원자핵이다. 중양성자는 수소가 모여 헬륨 원자핵을 만드는 핵융합 과정에서 중요한 역할을 수행한다. 따라서 별이 핵융합 반응을 통해 빛을 내는 것도 훨씬 더 어려워질 것이다.

또한 강한 핵력이 좀 약해지고 전자기력이 강해진다면 탄소 같은 원소들도 불안정해질 수 있다. 그렇게 되면 우리 주변에서 흔히 보이는 탄소 중심의 유기체는 존재하기 힘들 것이다. 사실 지금 우리 우주에서도 별 속에서 탄소가 만들어지는 것은 쉽지 않다. 별이 핵융합을 통해 헬륨을 생성하면, 이들 헬륨 둘이 모여 우선 베릴륨8을 만든다. 그런데 이 베릴륨8은 대단히 불안정해서 반감기가 1경분의 1초에 불과하다. 그 짧은 시간 안에 베릴륨8이 다시 헬륨과 만나 탄소의 들뜬 상태를 만든다. 이 상태는 처음 제안자의 이름을 따서 호일 상태Hoyle state라 불리며, 이 과정을 3중 알파 과정이라 부른다(호일은 정상상태우주론의 주창자이도 하다). 호일 상태 탄소는 보통의 탄소보다 7.65메가전자볼트 정도 에너지가 더 높다. 이는 대략 전자 열다섯 개 정도의 질량에 해당하는 에너지다. 게다가 호일 상태 탄소 중에서 겨우 0.04퍼센트 정도(약 2400여 개 중 하나)만 보통의 탄소로 바뀐다. 호일은 이런 희귀한 탄소의 상태가 반드시 존재해야 우리 같은 탄소 기반의 유기체가 존재할 수 있다고 생각했다. 이 또한 인류원리가 적용된 사례라 할 수 있다. 호일은 캘리포니아공과대학교의 핵물리학자인 윌리엄 파울러에게 들뜬 상태의 탄소를 찾아보라고 권유했고, 파울러 연구진은 정확하게 7.65메가전자볼트의 에너지만큼 차이가 나는 새로운 들뜬 상태를 찾아냈다. 만약 물리상수가 약간 변해서 호일 상태가 존재하지 않거나 3중 알파 과정이 성립하지 않는다면 탄소의 존재를 기대할 수 없었을지도 모른다.

자연의 근본 상수는 아니지만 지금의 우주는 입자들의 질량에도 꽤나 민감하다. 예컨대 전자의 질량이 몇 배 더 컸더라면 양성자가 전자와 결합해 중성자와 중성미자로 변환하는 과정이 성립해 양성자가 불안정해진다. 그 결과 수소원자가 안정된 상태로 존재하기 어렵다. 중성자의 질량이 양성자와 전자의 질량보다 더 가벼웠어도 같은 일

이 벌어졌을 것이다.[71]

아직까지 이들 자연 상수나 모수들이 왜 하필 이런 값을 가지는지는 근본 원리로부터 설명할 수 없다. 그래서 정말 이 값들이 인간의 존재를 위해 특별히 세팅된 것처럼 보이기도 한다. 종교인이라면 이런 설명을 아주 좋아할 것이다. 그러나 설명의 방향을 뒤집고 다중우주를 도입한다면 굳이 신이나 절대자의 존재를 도입하지 않아도 된다. 탄소 기반의 생명체가 생겨나기 위해서는 전자기력이나 강한 핵력의 세기가 균형을 이뤄야 하고, 탄소의 호일 상태가 반드시 존재해야만 한다. 즉 우리의 존재 자체가 자연의 상수나 물리적 모수들이 취할 수 있는 값의 범위를 크게 제한하고 있는 것이다. 다중우주의 관점에서 보면 수많은 가능성의 우주 중에서 하필 그런 우주 속에 우리가 살고 있을 뿐이다.

자연의 중요한 상수가 어떤 값을 가지는지 달리 설명할 방법이 없다면 인류원리에 기대는 것도 나쁘진 않을 것이다. 다만 인류원리는 말하자면 결과론적인 설명에 가깝다. 전통적인 과학의 설명 방식이 아니라서 여전히 많은 과학자들은 인류원리를 썩 좋아하지는 않는다. 어떤 상수가 이런 값이어야 인간이 생겨날 수 있다는 논리라면, 태초에 조물주가 먼 훗날 인류의 존재를 위해 이 모든 것을 세팅했다는 것일까? 인류원리에 지나치게 의존하면 자칫 어떤 절대적인 존재가 우리 인간을 위해 이 우주 전체를 아주 절묘하게 설계했다는 논리로 빠질 수도 있다. 아마도 절대자를 숭배하는 종교인이라면 무척이나 환영할 만한 논리다. 하지만 과학적인 관점에서 보면 인간은 우주에서 그저 하찮은 존재일 뿐이다. 코페르니쿠스 이래로 지구는 우주에서 더 이상 특별한 존재가 아니다. 왜 우주가 그런 존재를 위해서 특정한 방식으로 세팅돼야만 할까? 그 주체가 조물주이든 아니면 우주 자체이든 여전히 부자연스럽긴 마찬가지다. 반면, 우리 우주가 다중우주 속 수많은 우주들 가운데 하나라면, 분명히 우리 같은 생명체는 그중에서 우주상수가 적당히 작은 우주에서만 생겨났을 가능성이 무척 높을 것이다. 이런 면에서 다중우주론은 인류원리의 약점을 다소 완화해주는 역할도 하는 셈이다.

어쨌든 우주를 관측하고 그 질서를 이해하려고 애쓰는 우리의 존재 자체가 우리 우주를 이해하는 데에 보탬이 된다는 사실은 무척 흥미로운 일이다.

후기

지난 2022학년도 대학수학능력시험에서 생명과학 II 과목의 20번 문항이 문제가 됐었다. 어떤 유전자풀에서 세대를 거듭하더라도 대립유전자의 빈도가 일정하게 유지되는 하디-바인베르크 평형과 관련된 문항이었다. 이 문항에서 제시한 조건에 따라 계산해보면 특정한 유전형을 가진 개체 수가 음수로 나올 수 있다. 이런 결과가 나온다면 전문적으로 따져볼 필요도 없이 이것이 애초에 잘못 설계된 오류 문항임을 알 수 있다. 주어진 선택지에서 정답을 찾는 것도 아무런 의미가 없다.

수능 같은 국가의 중대사에서 오류 문항이 출제된 것도 문제였지만, 더 큰 문제는 그 이후에 일어났다. 학생들의 이의신청이 이어지자 수능을 주관하는 한국교육과정평가원에서는 "문항의 조건이 완전하지 않다고 하더라도, 교육과정의 성취기준을 준거로 학업성취 수준을 변별하기 위한 평가 문항으로서의 타당성은 유지된다고 판단"해 이의신청을 받아들이지 않았다. 한마디로 말해, 문항에 다소 문제가 있더라도 학생들이 얼마나 공부를 잘하는지를 가리는 '변별력'에는 문제가 없다는 것이다. 이 사태는 결국 법원 소송으로까지 이어졌다. 재판부는 학생들의 손을 들어주었고, 문제가 오류라는 사실이 인정되어 모두 정답으로 처리되었다.

한 차례의 해프닝으로 치부할 수도 있겠지만 이 사건은 한국에서 과학과 과학 교육이 어떻게 받아들여지고 있는지 그 단면을 보여주는 좋은 사례이다. 과학은 결과보다는 과정이며 방법론이고 세상을 바라보는 관점과 자세의 문제라는 것을 모르는 사람은 없을 것이다. 그러나 이것을 말과 문장으로 받아들이는 것과 몸으로 체화해 실제 상황에서 적용하는 것은 전혀 다른 문제다. 학력고사 세대였던 나도 이미 그 시절부터 결과만 중시하는 입시제도의 문제점에 대해 귀에 못이 박히게 들어왔다. 이후 삼십 년이 넘는 세월 동안 수많은 사람들이 한국 교육의 이런 문제를 해결하기 위해 노력해왔고, 그 결과 긍정적인 변화도 많았다. 그럼에도 여전히 우리 사회가 지향하는 인재상이 어떠한지에 대해서는 생각해볼 여지가 많다.

수능 오류 문항 논란이 있은 지 꼭 1년 뒤 미국에서는 한 인공지능 회사가 전 세계를 깜짝 놀라게 한 새로운 서비스를 출시했다. 바로 챗GPT다. 나는 챗GPT가 등장했을 때, 한국 교육이 지향했던 인재상의 디지털 현현이 바로 이것이로구나 싶었다. 윗사람이 궁금해서 뭔가를 물어봤을 때, 머릿속에 많은 지식을 담고 있어서 짧은 시간 안에 즉시 원하는 답을 주는 사람 말이다. 수능 시험을 아주 단순화시켜서 말하자면 바로 그런 능력을 측정하는 시험이 아닐까 싶다. 사실 그 또한 대단한 능력임에 틀림없다. 다만 많은 사람들이 이미 말했듯이, 이제 우리가 개발도상국에서 벗어나 명실상부한 선진국의 지위를 확실하게 하려면 빠른 추격자가 아니라 선도자의 능력이 더 필요하다. 이제는 우리 스스로가 전에 없던 길을 새로 열어야 하는 상황이다. 이전까지 우리가 추구했던 인재상이 지식의 저장과 유통에 초점을 맞추었다면 앞으로는 지식을 생산 또는 창조할 수 있는 역량을 가진 인재가 필요하다. 지식의 저장과 유통은 이미 인터넷이 큰 역할을 담당해왔고, 이제는 거대언어모형으로 학습한 인공지능이 그 위에 더해져 있다. 인간 개인의 능력을 넘어선 지가 이미 오래다.

우리가 과학에 다시 주목해야 하는 이유가 여기 있다. 지식의 창조에서 가장 성공적이었던 분야가 바로 과학이기 때문이다. 단순히 수많은 과학지식 자체가 중요한 것이 아니다. 그 지식들이 대체 어떻게 탄생했는지, 과학은 왜 과학적이며 왜 그토록 성공적이었는지를 메타과학적인 관점에서 분석하고 벤치마킹할 필요가 있다. 물고기 잡는 법을 제대로 알아야 한다. 요즘 유행하는 단어를 빌리자면, 과학은 하나의 플랫폼, 즉 지식 창출에 가장 성공적인 플랫폼이다. 플랫폼의 시대에는 플랫폼에 나타나는 최종 결과물에만 집착하지 말고(그건 이제 기계가 훨씬 더 잘한다) 플랫폼의 구조와 작동방식을 이해하고 익혀야 한다. 그것이 새로운 시대에 효과적인 생존전략이다. 이 책에서 과학자들의 발상법을 추적한 것도 이런 이유에서다. 지식 창조의 방법론을 알아야 인공지능에 휘둘리지 않고 인공지능이 내놓은 결과물을 냉정하게 평가할 수 있다.

요즘은 인공지능 기술이 하루가 다르게 발전하고 있어서, 이 추세라면 인간을 뛰어넘는 인공지능이 출현하는 기술적 특이점singularity

이 머잖아 도래할지도 모른다는 두려움을 누구라도 가질 법하다. 그러나 특이점이 피할 수 없는 미래라면, 미리 마음의 준비를 하는 것이 보다 현명한 방법일 것이다.

조금 위안이 될 만한 얘기를 하자면, 오랜 세월 과학이 발전해온 여정을 돌아봤을 때 자연에서 인간의 지위가 강등되는 것은 아주 자연스러운 일이다. 과학의 역사는 끊임없이 인간을 'One of Them', 즉 '여럿 중 하나'로 바꿔온 역사였다. 이런 원리를 코페르니쿠스의 원리, 또는 평범성의 원리라 한다. 코페르니쿠스는 지구를 우주의 중심에서 주변부로, 여러 행성 중 하나로 내쫓아버렸다. 다윈의 진화론에 따르면 인간 종이 자연에서 그리 특별한 존재가 아니다. 1920년대 초까지는 우리의 은하수 은하가 우주의 전부라고 여겼지만 지금은 우리은하가 수천억 개의 은하들 중 하나임을 알고 있다. 어쩌면 이 우주도 거대한 다중우주 속의 수많은 거품우주들 중 하나일지도 모른다.

만약 우리가 우주 어딘가에서 우리보다 훨씬 더 뛰어난 지적 능력을 가진 초고도문명의 외계인을 만난다면 어떻게 될까? 그 순간 가장 똑똑한 생명체라 자부해온 인간의 지위는 상실된다. 인간의 뛰어난 지능 또한 '여럿 중 하나'가 되는 것이다. 사실 많은 과학자들이 우주에 우리와 비슷하거나 우리보다 뛰어난 문명을 구축한 외계 지적 생명체가 반드시 존재하리라는 추측에 동의하고 있다.

인간 지능의 평범화, 또는 주변부화라는 관점에서만 보면 인간을 뛰어넘는 강력한 인공지능의 출현은 우리보다 훨씬 더 뛰어난 문명을 가진 외계인을 만나는 것과도 같다. 우리보다 뛰어난 외계인을 만

나는 상황은 한편으로는 굉장히 기대되면서도 다른 한편으로는 두려운 것도 사실이다. 인공지능에 대해서도 마찬가지다. 다른 기술보다 유독 인공지능에 대한 경고가 많이 들리는 까닭은 인공지능이 우리 호모 사피엔스의 종 특성에 큰 위협이 될 수 있기 때문이다. 인공지능의 등장은 호모 사피엔스의 유별난 똑똑함을 '여럿 중 하나'로 만들어버린다. 이는 마치 코페르니쿠스의 발상의 전환 때문에 지구가 우주의 유일한 중심에서 주변부로 밀려나 여러 행성들 중 하나가 되어버린 것과도 비슷하다. 만약 인공지능이 인간을 뛰어넘는 기술적 특이점이 도래한다면, 인간의 지능은 주변부로 밀려나게 될 것이다.

그래도 인공지능은 인간의 피조물이니까 외계인보다는 두려움이나 거부감이 덜할 것 같다. 다만 머잖은 미래에 우리의 가장 유별난 종적 특성인 똑똑함이 '여럿 중 하나'로 평범하게 강등될 것이라는 사실을 우리 스스로가 어떻게 받아들일 것인지, 지금부터 어떻게 준비해야 할 것인지는 쉽지 않은 문제다. 똑같은 평범화라 하더라도 인간 지능의 평범화가 던질 충격은 이를테면 코페르니쿠스의 태양중심설이나 다윈의 진화론이 던진 충격보다 훨씬 더 클 것이 분명하다.

인간 똑똑함의 최전선을 이끌었던 과학자들이 인간보다 뛰어난 '인공지능 과학자'의 출현을 어떻게 받아들일까? 과학 활동이라는 직업적 울타리 속에서만 일어나는 일로 한정하자면 아마도 두려움보다는 지금까지의 미해결 과제를 해결하고 우주의 비밀을 더 잘 알 수 있을 것이라는 기대감이 더 클 것이다.

책을 쓰면서 인공지능 시대에는 어떤 발상법이 가장 오래 살아남을 것인가를 스스로에게 많이 물어보았다. 원고를 마무리한 지금 돌이켜보니, 이런 질문이 별다른 의미가 없겠다는 생각이 든다. 앞으로는 인간을 앞서는 인공지능 과학자로부터 인공지능의 발상법을 인간이 배워야 하는 시대가 열릴 것이다. 이미 바둑에서는 이런 일이 벌어졌다. 인공지능 바둑의 수준은 인간을 한참 넘어선 지 오래다. 인간 기사들은 인공지능이 왜 그런 수를 두었는지 세부적인 이유를 모르는 채로 인공지능이 둔 수를 연구한다. 이런 과정을 통해 바둑에 대한 인간의 이해는 인공지능 시대 이전보다 훨씬 더 깊고 넓어졌다. 과학도 예외는 아닐 것이라 생각한다. 인공지능이 놀라운 법칙이나 방정식, 또는 이론 체계를 제시하고 인간 과학자들이 그 의미와 세부 사항을 연구하는 풍경을 쉽게 그려볼 수 있다.

그런 시대에도 '인간 과학자의 발상법'을 알아둘 필요가 있을까? 아마도 그럴 것이다. 인공지능이 자신의 결과물이 어떻게 도출되었는지, 그 세부적인 단계를 일일이 설명할 수 없을 때 결과물을 인간이 제대로 이해하기 위해서는 여전히 인간 과학자의 발상법이 동원될 수밖에 없다. 물론 거기서 촉발된 새로운 인간의 아이디어가 인공지능 과학자를 통해 검증되고 구현될 수도 있다. 인간 과학자와 인공지능 과학자가 사고실험을 하며 벌이는 논쟁도 무척 흥미로울 것이다. 블랙홀에서의 정보모순을 인공지능은 어떻게 해결할까? 우주의 탄생과 미래를 설명할 수 있을까? 다중우주론을 어떻게 평가할까? 함께 토론하고 싶은 주제가 한둘이 아니다. 다만 그때 '인공지능의 발상법'에도 미학적 발상이 중요한 요소로 남아 있으면 좋겠다. 인간 최고의 걸작으로 남을 인공지능이 자연과 우주의 아름다움을 느끼지 못한다면 무척 아쉬울 것 같다.

과학에서 인간과 인공지능은 바둑같이 승부를 가리는 시합을 하는 라이벌 관계가 아니라 서로 협력하는 동반자 관계에 가깝다. 어쩌면 그 과정에서 인간이 여태 알지 못했던, 오직 인공지능만이 가지고 있는 새로운 발상법을 인간이 알게 될지도 모른다. 새로운 미학적인 기준으로 전례 없는 아름다움의 실체를 알려줄 수도 있다.

나는 그날이 무척 기대된다.

주

1. Hiroaki Kitano(2021). "Nobel Turing Challenge: creating the engine for scientific discovery", *Nature*, npj *Systems Biology and Applications* 7, article number 29. https://www.nature.com/articles/s41540-021-00189-3.
2. Matthew Hutson, "Hypotheses devised by AI could find 'blind spots' in research", *Nature*, 17 Nov 2023. https://www.nature.com/articles/d41586-023-03596-0.
3. S. Bubeck et al., "Sparks of Artificial General Intelligence: Early experiments with GPT-4." arXiv: 2303.12712 [cs.CL].
4. 박성완, 〈일론 머스크 "인간보다 똑똑한 AI, 내년 안에 등장 가능"〉, 노컷뉴스, 2024년 4월 9일, https://www.nocutnews.co.kr/news/6126140.
5. 찰스 길리스피, 이필렬 옮김,《객관성의 칼날》(2005), 새물결, 244-245쪽.
6. Wikipedia, s. v. "Base rate fallacy", last edited on 5 June 2024. https://en.wikipedia.org/wiki/Base_rate_fallacy.
7. 최제호,《통계의 미학》(2007), 동아시아.
8. 스티븐 와인버그, 박배식 옮김,《아원자 입자의 발견》(1994), 민음사.
9. Brown, L. M.(1978), "The idea of the neutrino", *Physics Today*, Vol. 31, Issue 9, pp.23-28.
10. Rubin, V., Thonnard, N., Ford, W. K. Jr.(1980), "Rotational Properties and Radii from NGC 4605 (R=4kpc) to UGC 2885 (R=122kpc)", *The Astrophysical Journal*, Vol. 238, pp. 471-487.
11. https://www.nsf.gov/about/budget/fy2022/pdf/66i_fy2022.pdf.
12. 존 그리빈, 강윤재·김옥진 옮김,《과학: 사람이 알아야 할 모든 것》(2004), 들녘.
13. Right. Hon. Lord Kelvin, G.C.V.O., D.C.L., LL.D., F.R.S., M.R.I.(1901), "I. Nineteenth century clouds over the dynamical theory of heat and light", *The London, Edinburgh, and Dublin Philosophical Magazine and Journal of Science*, Vol. 2, Issue 7, 1-40, DOI: 10.1080/14786440109462664.
14. Ade, P. A. R, et al.[Planck Collaboration](2016), "Planck 2015 results. XIII. Cosmological

parameters", *Astronomy & Astrophysics*, Vol. 594, A13.

15. S. Weinberg, *Lectures on Quantum Mechanics*(2013), Cambridge Univ. Press.
16. Frank J. Blatt, *Modern Physics*(1992), McGraw-Hill, p.66.
17. 조지 존슨, 고중숙 옮김, 《스트레인지 뷰티》(2004), 승산.
18. "for his contributions and discoveries concerning the classification of elementary particles and their interactions" The Nobel Prize Organization, The Nobel Prize in Physics 1969. https://www.nobelprize.org/prizes/physics/1969/summary/.
19. R.A. Serway, C.J. Moses, C.A. Moyer, *Modern Physics*(2004), 3rd Ed., Thomson Brooks/Cole.
20. N. Bohr(1913), "Ⅰ. On the constitution of atoms and molecules", *The London, Edinburgh, and Dublin Philosophical Magazine and Journal of Science*, Series 6, Vol. 26, Issue 151, pp. 1-25.
21. 브라이언 그린, 박병철 옮김, 《엘러건트 유니버스》(2002), 승산, 305쪽.
22. 존 그리빈, 강윤재 · 김옥진 옮김, 《과학: 사람이 알아야 할 모든 것》(2004), 들녘.
23. 샘 킨, 이충호 옮김, 《사라진 스푼》(2011), 해나무.
24. 스티븐 와인버그, 이종필 옮김, 《최종 이론의 꿈》(2007), 사이언스북스.
25. 리처드 로즈, 문신행 옮김, 《원자 폭탄 만들기》(2003), 사이언스북스.
26. R.A. Serway, C.J. Moses, C.A. Moyer, *Modern Physics*(2004), 3rd ed., Thomson Cengage Learning.
27. 고시바 마사토시, 안형준 옮김, 《도쿄대 꼴찌의 청춘 특강》(2012), 더스타일.
28. 고시바 마사토시, 한명수 옮김, 《중성미자 천문학의 탄생》(1994), 전파과학사.
29. M. Caspar, *Kepler*(1993), Dover Publications.
30. 리처드 로즈, 문신행 옮김, 《원자 폭탄 만들기》(2003), 사이언스북스.
31. 지노 세그레 · 베티나 호엘린, 배지은 옮김, 《엔리코 페르미 평전》(2019), 반니.
32. 데이비드 슈워츠, 김희봉 옮김, 《엔리코 페르미, 모든 것을 알았던 마지막 사람》(2020), 김영사.
33. 리처드 로즈, 문신행 옮김, 《원자 폭탄 만들기》(2003), 사이언스북스.
34. "The Nobel prize-Nomination archive-Lise Meitner". nobelprize.org. April 2020. Retrieved 30 August 2022.
35. J. G. Bednortz, K. A. Müller(1986), "Possible High-Tc Superconductivity in the Ba-La-Cu-O System", *Zeitschrift für Physik B Condensed Matter*, Vol. 64, pp. 189-193.
36. 존 그리빈, 강윤재 · 김옥진 옮김, 《과학: 사람이 알아야 할 모든 것》(2004), 들녘.
37. 짐 배것, 박병철 옮김, 《퀀텀스토리》(2014), 반니.
38. The Nobel Prize Organization, The Nobel Prize in Physics 1929. Nobel Prize Outreach AB 2023. Wed. 5 Apr 2023. https://www.nobelprize.org/prizes/physics/1929/summary/.
39. L. Susskind, "The Anthropic landscape of string theory", arXiv:hep-th/0302219.
40. 레너드 서스킨드, 김낙우 옮김, 《우주의 풍경》(2011), 사이언스북스.

41. 위의 책, 286쪽.
42. 위의 책, 286쪽.
43. 스티븐 호킹 · 레오나르드 믈로디노프, 전대호 옮김, 《위대한 설계》(2010), 까치, 181쪽.
44. 짐 배것, 박병철 옮김, 《퀀텀스토리》(2014), 반니.
45. 아미르 악젤, 김형도 옮김, 《얽힘》(2007), 지식의 풍경.
46. 김영훈, 〈2022 필즈상 수상자 허준이〉, Horizon, 2022년 7월 5일. https://horizon.kias.re.kr/21745.
47. 이종필, 《물리학 클래식》(2012), 사이언스북스.
48. 지노 세그레 · 베티나 호엘린, 배지은 옮김, 《엔리코 페르미 평전》(2019), 반니, 365쪽.
49. 사이먼 싱, 곽영직 옮김, 《빅뱅: 우주의 기원》(2015), 영림카디널.
50. A. Einstein, M. Grossmann, *Entwurf einer verallgemeinerten Relativitätstheorie und einer Theorie der Gravitation*(1913), Leipzig und Berlin Druck und Verlag von B. G. Teuber.
51. 토머스 헤이거, 홍경탁 옮김, 《공기의 연금술》(2015), 반니.
52. 이영애, 〈인공지능 활용한 신약개발 속도 예상보다 느린 이유는〉, 동아사이언스, 2022년 9월 26일. https://m.dongascience.com/news.php?idx=56335.
53. 데이비드 슈워츠, 김희봉 옮김, 《엔리코 페르미, 모든 것을 알았던 마지막 사람》(2020), 김영사, 230쪽.
54. 한국초전도저온학회 LK-99 검증위원회, 〈LK-99 검증 백서〉(2023년 12월 13일).
55. Ron Cowen, "Gravitational waves discovery now officially dead", *Nature*, 30 Jan 2015. https://www.nature.com/articles/nature.2015.16830.
56. 한세희, 〈그래핀 발견자, "LK-99 논란은 과학 발전 한 과정"〉, ZDNET Korea, 2023년 9월 24일, https://zdnet.co.kr/view/?no=20230924150743.
57. 쑨이린, 송은진 옮김, 《생물학의 역사》(2012), 더숲.
58. "for his discoveries concerning the role played by the chromosome in heredity." The Nobel Prize Organization, The Nobel Prize in Physiology or Medicine 1933. https://www.nobelprize.org/prizes/medicine/1933/summary/.
59. 싯다르타 무케르지, 이한음 옮김, 《유전자의 내밀한 역사》(2017), 까치.
60. 김우재, 《플라이룸》(2018), 김영사.
61. 스티븐 와인버그, 박배식 옮김, 《아원자입자의 발견》(1994), 민음사.
62. S. Perlmutter et al.(The Supernova Cosmology Project)(1997), "Measurements of the cosmological parameters Omega and Lambda from the first 7 supernovae at $z \geq 0.35$", *The Astrophysical Journal*, Vol. 483, p. 565, astro-ph/9608192.
63. S. Perlmutter et.al.(The Supernova Cosmology Project)(1999), "Measurements of Ω and Λ from 42 high redshift supernovae", *The Astrophysical Journal*, Vol. 517, p. 565, astro-ph/9812133.

64. A.G. Adame et al. [DESI], "DESI 2024 VI: Cosmological Constraints from the Measurements of Baryon Acoustic Oscillations." arXiv:2404.03002.
65. 스티븐 와인버그, 이종필 옮김, 《최종 이론의 꿈》(2007), 사이언스북스.
66. Ball, Philip, "The Tyranny of Simple Explanations", *The Atlantic*, 11 August 2016.
67. 갈릴레오 갈릴레이, 이무현 옮김, 《대화: 천동설과 지동설, 두 체계에 관하여》(2016), 사이언스북스, 503쪽.
68. 스티븐 호킹 · 레오나르드 믈로디노프, 전대호 옮김, 《위대한 설계》(2010), 까치.
69. 스티븐 와인버그, 이종필 옮김, 《최종 이론의 꿈》(2007), 사이언스북스, 194쪽.
70. 위의 책, 189쪽.
71. S.G. Rubin(2002), "Fine tuning of parameters of the universe", *Chaos, Solitons and Fractals*, Vol. 14, p. 891(astro-ph/0207013); T. Damour and John F. Donoghue(2008), "Constraints on the variability of quark masses from nuclear binding", *Physics Review*, D78, 014014, hep-ph/0712.2968.

찾아보기

단행본, 논문, 영화 등

A~Z

ㄴ

ㄷ

ㅅ

ㅇ

ㅈ